教育部文科计算机基础教学指导委员会立项教材
高等学校计算机基础课程规划教材

数据库原理与应用

姜继忱　张春华　主编

岳小婷　高　明　王洪艳　副主编

U0316496

中国铁道出版社
CHINA RAILWAY PUBLISHING HOUSE

内 容 简 介

本书根据教育部高等学校文科计算机基础课程教学指导委员会编写的《高等学校文科类专业大学计算机教学基本要求（2008 年版）》中面向大学财经类专业计算机数据库课程教学要求编写。

本书共分 9 章，内容包括数据库系统基础，Visual FoxPro 系统环境及语言基础，数据库与数据表，SQL 语言、查询与视图，Visual FoxPro 程序设计基础，表单设计，报表设计，菜单设计，数据库应用系统的开发。本书各章均有内容提要和本章小结，便于读者掌握知识要点。各章还配有大量的习题，以便读者检验和强化所学知识，同时也便于组织教学。

本书内容详实，结构清晰，特别适合作为高等院校财经类专业大学计算机基础课程的教材或各类计算机培训班的教材，也可供各类计算机应用人员阅读参考。

图书在版编目（CIP）数据

数据库原理与应用 / 姜继忱，张春华主编. -- 北京：
中国铁道出版社，2011.2（2013.12 重印）
教育部文科计算机基础教学指导委员会立项教材. 高
等学校计算机基础课程规划教材
ISBN 978-7-113-12542-4

Ⅰ．①数… Ⅱ．①姜… ②张… Ⅲ．①数据库系统－
高等学校－教材 Ⅳ．①TP311.13

中国版本图书馆 CIP 数据核字（2011）第 014907 号

书　　名：数据库原理与应用
作　　者：姜继忱　张春华　主编

策划编辑：秦绪好　辛　杰
责任编辑：辛　杰
编辑助理：王　婷　　　　　　　　　　读者热线电话：400-668-0820
封面设计：付　巍　　　　　　　　　　封面制作：白　雪
责任印制：李　佳

出版发行：中国铁道出版社（北京市西城区右安门西街 8 号　　邮政编码：100054）
印　　刷：北京新魏印刷厂
版　　次：2011 年 2 月第 1 版　　　2013 年 12 月第 4 次印刷
开　　本：787mm×1092mm　1/16　印张：15.75　字数：371 千
印　　数：9 501～12 500 册
书　　号：ISBN 978-7-113-12542-4
定　　价：27.00 元

高等学校计算机基础课程规划教材

大学生应用计算机的能力已成为他们毕业后择业的必备条件。能够满足社会与专业本身需求的计算机应用能力已成为合格大学毕业生的必备素质。因此，对大学各专业学生开设具有专业倾向或与专业相结合的计算机课程是十分必要、不可或缺的。

　　为了满足大学生在计算机教学方面的不同需要，教育部高等教育司组织高等学校文科计算机基础教学指导委员会编写了《高等学校文科类专业大学计算机教学基本要求》（下面简称《基本要求》）。《基本要求》把大文科各门类的计算机教学，按专业门类分为文史哲法教类、经济管理类与艺术类等三个系列。其计算机教学的知识体系由计算机软硬件基础、办公信息处理、多媒体技术、计算机网络、数据库技术、程序设计，以及艺术类计算机应用7个知识领域组成。知识领域下分若干知识单元，知识单元下分若干知识点。

　　文科类专业大学生所需要的计算机的知识点是相对稳定、相对有限的。由属于一个或多个知识领域的知识点构成的课程则是不稳定、相对活跃、难以穷尽的。课程若按教学层次可分为计算机大公共课程、计算机小公共课程和计算机背景专业课程三个层次。

　　第一层次的教学内容是文科各专业学生应知应会的。这些内容可为文科学生在与专业紧密结合的信息技术应用方向上进一步深入学习打下基础。这一层次的教学内容是对文科生信息素质培养的基本保证，起着基础性与先导性的作用。

　　第二层次是在第一层次之上，为满足同一系列某些专业的共同需要（包括与专业相结合而不是某个专业所特有的）而开设的计算机课程。这部分教学在更大程度上决定了学生在其专业中应用计算机解决问题的能力与水平。

　　第三层次，也就是使用计算机工具，以计算机软硬件为依托而开设的为某一专业所特有的课程，其教学内容就是专业课。如果没有计算机为工具的支撑，这门课就开不起来。这部分教学在更大程度上显现了学校开设的特色专业的能力与水平。

　　为了落实《基本要求》，教指委还启动了"教育部高等学校文科计算机基础教学指导委员会计算机教材立项项目"工程。中国铁道出版社出版的"教育部高等学校文科计算机基础教学指导委员会计算机教材立项项目系列教材"，就是根据《基本要求》编写的由教指委认同的教材立项项目的集成。它可以满足文科类专业计算机各层次教学的基本需要。

　　由于计算机、信息科学和信息技术的发展日新月异，加上编者水平毕竟有限，因此本系列教材难免有不足之处，敬请同行和读者批评指正。

2010 年 10 月
于北京中关村科技园

　　卢湘鸿　北京语言大学信息科学学院计算机科学与技术系教授，原教育部高等学校文科计算机基础教学指导委员会副主任、现教育部高等学校文科计算机基础教学指导委员会秘书长，全国高等院校计算机基础教育研究会常务理事，原全国高等院校计算机基础教育研究会文科专业委员会主任、现全国高等院校计算机基础教育研究会文科专业委员会常务副主任兼秘书长

随着数据库技术的广泛应用，了解并掌握数据库已经成为各类财经管理人员的基本要求。大学计算机数据库课程已成为财经类大学各专业学生必修的公共基础课程，掌握数据库原理和程序设计，不仅有益于学生日后烦琐的数据处理工作，也益于培养其先进的思维方法和管理理念。

Visual FoxPro 数据库既是一个优秀的小型关系型数据库管理系统，也是数据库应用系统的开发工具，具有强大的数据库管理系统功能，并提供了面向对象程序设计的各类开发工具。它将可视化设计界面和关系数据库合二为一，用户不需要借助任何其他的开发工具，就可以在此平台上开发出功能强大的数据库管理应用系统。通过学习 Visual FoxPro，让财经类专业的学生掌握和了解数据库及程序设计的概念、基本原理和应用技术，并且能够在实际工作中使用数据库管理系统和开发工具。

本书根据教育部高等学校文科计算机基础课程教学指导委员会编写的《高等学校文科类专业大学计算机教学基本要求（2008 年版）》中面向大学财经类专业计算机数据库课程教学要求编写。全书以数据库管理系统设计基础知识、实际操作、数据库管理系统应用为中心，强调理论与实践相结合，既注重基本原理、基本概念的介绍，又注重应用实践，旨在进一步推动计算机教与学的结合统一，使得财经专业的计算机课程教学更加适应信息化社会的需求。

本书的一个特色是先从数据库基本原理、概念出发，介绍数据表及数据库的建立、查看、修改、使用与维护等操作，以"商品进销存系统"实例承载贯穿本书大部分章节，让读者循序渐进地掌握 Visual FoxPro 的同时了解如何在进销存这样的基本营销环节使用数据库，并逐步形成面向数据库程序设计的思想。本书的另一个特色是通过详解 Visual FoxPro 语言，给学生介绍了面向对象的理念和方法，对于开阔思路和进一步学习都是必要的。

本书可以作为高等院校财经类专业大学计算机基础课程的教材或此类计算机培训班的教材，也可供各类计算机应用人员阅读参考。

本书由姜继忱组织编写，第 1 章和第 2 章由姜继忱编写，第 3 章、第 6 章以及第 9 章由张春华编写，第 4 章和第 8 章由岳小婷编写，第 5 章由高明编写，第 7 章由王洪艳编写。在本书的编写过程中，我们得到了中国铁道出版社的大力支持，以及卢湘鸿教授的指导，在此表示诚挚的谢意。此外，我们还参考了大量文献资料和许多网站的资料，在此一并表示衷心的感谢。

由于计算机技术发展很快，加上编者水平有限，书中难免有疏漏之处，恳请广大读者批评指正。

编　者

2010 年 12 月

目录

第 **1** 章　数据库系统基础

现代社会产生的数据量逐年增长，一项 IDC 开展的研究其结果显示，仅 2009 年的数字信息量就比 2008 年增长 62%，达到 800 000PB（1PB=2^{50}B）。如此巨量的数据如果没有高效的数据管理技术的支持，那么数据将成为负担，数据管理的代价将超过从数据中发掘出信息的价值。数据库技术正是解决这一矛盾的技术，它研究的问题是如何科学地组织和存储数据以便为人们提供安全可靠、可共享的数据的技术。它几乎涉及所有的应用领域，从小型的电子数据处理系统到大型企业信息系统，从电子商务到电子政务，乃至人工智能，数据库技术都发挥着不可替代的作用。因此，数据库技术是计算机领域最重要的技术之一，同时数据库系统也成为当代计算机系统的重要组成部分。

1.1　数据与数据处理

数据库系统是信息处理与数据管理发展的产物。在数据处理这一计算机应用领域，人们首先遇到的基本概念是信息和数据，它们是两个不同的术语，却有着不可分割的联系。

1.1.1　数据与信息

数据是数据库存储的基本对象，它是记录下来的描述事物状态或属性的物理符号。这种物理符号的表现形式不仅仅是数字（狭义的数据理解）、文字和其他特殊字符，还包括图形、图像、声音等多媒体数据，这些数据都可以经数字化后存入计算机。

日常生活中，为了了解、研究事物和相互交流，需要对事物进行描述。通常，我们采用自然语言描述事物，然而非形式化的自然语言不便于用计算机进行存储和处理。为此，人们常常用抽象的符号序列对其所研究事物的某些方面的特征或属性进行描述，并记录下来。这些记录下来的描述事物特征或属性的物理符号就是数据。例如一个银行账户（张明，4367420280010532818，4350.00），这样一行数据就称为一条记录。仅从这行数据是无法得知其确切意义的，但如果知道这行记录每个数据项的确切含义，我们就得到如下信息，张明的银行账号是 4367420280010532818，余额是 4350 元。数据有一定的格式，例如，银行账号的长度是 19 位数字，账户余额的小数点位数是 2 位。这些格式的规定就是数据的语法，而数据的含义就是数据的语义。通过解释、分析归纳、演绎推导等手段从数据中抽取出的对人们有价值、有意义的数据，称为信息。因此，数据是信息的载体，是信息存在的形式，信息要依靠数据表达，数据是原始事实，它必须通过解释或处理之后才能成为有用的信息。

1.1.2　数据处理

简单地讲，数据处理就是将数据转换成信息的过程。广义地讲，数据处理是对各种类型的数据进行收集、整理、存储、分类、加工、检索、维护、统计和传播等一系列活动的总称。数据处理的目的是从大量的、原始的已知数据出发，根据事物之间的联系和运动规律，通过分析归纳、演绎推导等手段从中抽取出对人们有价值、有意义的数据，即信息，并以此信息作为行为和决策的依据。由此可见，信息是被加工成特定形式的数据，这种数据对数据的接收者是有意义的。数据的加工可以比较简单，也可以相当复杂。简单加工包括分类、排序等；复杂加工甚至要通过使用统计学、数学模型、人工智能对数据进行深层次的加工。

在数据处理过程中，数据与信息的概念表现出了相对性，数据是数据处理"原料"，是输入，而信息则是输出。而且，当两个或两个以上数据处理过程前后相继时，前一数据处理过程的输出信息相对于后一数据处理则是二次数据。例如，某一学生的"出生日期"是该学生不可改变的基本数据，属于原始数据，而年龄则是经加工得到的数据，属于二次数据。

1.2　计算机数据管理技术的发展

为了获取有价值的信息必须进行数据处理，而数据处理需要以大量原始数据为基础，因此，如何有效地管理大量的数据成为数据处理的基本的问题。可以说，数据管理是数据处理的核心问题。数据管理是指对数据进行组织、分类、编码、存储、检索和维护。它是数据处理的基本环节，而且是任何数据处理过程中必不可少的共有部分。

与其他任何事物一样，计算机数据管理技术也经历了产生以及由低级到高级的发展过程。其中，实际应用的需求和硬件、软件承载平台是其发展的决定因素。随着计算机硬件、软件技术的发展及计算机应用范围的发展，计算机数据管理技术经历了如下三个阶段：

（1）人工管理阶段。
（2）文件系统阶段。
（3）数据库系统阶段。

1.2.1　人工管理阶段

20 世纪 50 年代中期以前，计算机主要用于科学计算。当时在硬件方面，外存储器只有纸带、卡片和磁带，没有磁盘这样的直接存储设备。软件方面，没有专门管理数据的软件，数据由处理它的程序自行携带，数据处理方式是批处理。这一阶段，数据与应用程序的关系如图 1–1 所示。

图 1–1　人工管理阶段程序与数据的关系

在人工管理方式下，数据与程序不具有独立性，一组数据对应一组程序，当数据的类型、格式、输入输出方式改变时，应用程序必须做相应修改；同时由于数据与程序直接相关，在一个程序中使用的数据，无法被其他程序共享使用，程序之间存在大量的重复数据。

1.2.2　文件系统阶段

从 20 世纪 50 年代后期到 60 年代中期，计算机已大量应用于管理。硬件方面，外存储器有磁盘、磁鼓等直接存储设备。软件方面，操作系统已经有了专门管理数据的软件，一般称为文件系统。数据处理方面，也能够实现联机实时处理。文件系统阶段数据与应用程序的关系如图 1-2 所示。

在文件系统管理方式下，数据以文件形式长期保存在外存上，通过文件系统提供的数据管理功能和存取方法，使数据与程序之间保持一定的独立性，因此比人工管理阶段前进了一步。然而，文件仍然是面向应用程序的，文件系统是以文件、记录、数据项的结构组织数据的，而文件系统中数据存取的基本单位是记录，记录内各个数据项的结构必须经过应用程序处理，才能被访问。这一点使得各应用程序之间即使有大部分相同的数据项，也必须建立各自的文件，而不能共享数据。因此，程序之间也存在大量重复的数据，即数据冗余度大。另外，文件系统中对文件的并发访问支持并不完善。因此，无法满足多用户联机实时处理的要求。

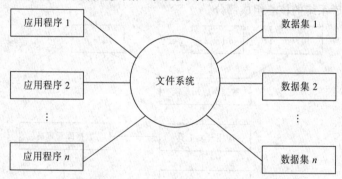

图 1-2　文件系统阶段程序与数据的关系

1.2.3　数据库系统阶段

这一阶段是从 20 世纪 60 年代后期开始的。随着计算机应用规模的扩大，数据量急剧增长，联机实时处理对多用户并发访问数据和多应用程序共享数据的要求越来越高。在硬件方面，有了大容量的磁盘；在软件方面，系统软件与应用程序成本在快速上升。此时，文件系统已不能满足用户在数据管理上的要求。在这种背景下，数据库作为新的数据管理技术应运而生。

数据库系统有效地克服了文件系统的缺陷，提供了对数据更高级、更有效的管理，提高了数据的一致性、完整性，减少了数据冗余。在数据库系统阶段，应用程序与数据之间的关系如图 1-3 所示。

数据库技术经历了以上三个阶段的发展，已比较成熟，但随着应用需求及计算机软硬件的发展，数据库技术仍不断向前发展，如 20 世纪 80 年代出现了分布式数据库系统，90 年代出现了面向对象数据库、网络数据库和并行数据库。

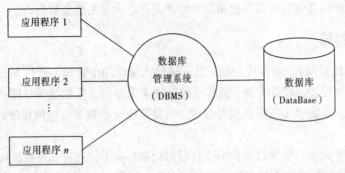

图 1-3　数据库系统阶段程序与数据的关系

1.3　数据库系统概述

数据库系统本质上是一个基于数据库的应用系统，它在计算机硬件、软件系统支持下由数据库、数据库管理系统、数据库应用系统和人员构成的数据处理系统，如图 1-4 所示。其中数据库管理系统是数据库系统的核心组成部分。

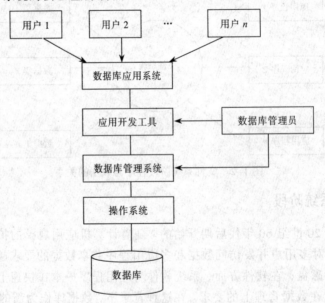

图 1-4　数据库系统的基本构成

1. 数据库

数据库（Database，DB）是指长期存储在计算机内的、有组织的、可共享的数据集合。数据库中的数据按一定的数据模型组织、描述和存储，具有较小的冗余度、较高的数据独立性和扩展性，并可以由多名用户共享。

2. 数据库管理系统

数据库管理系统（Database Management System，DBMS）是管理数据的系统软件。数据库管理系统负责对数据库的统一管理、统一控制，使用户能方便地定义数据、操纵数据，并保证数据的安全性和完整性，提供多用户访问时的并发控制，当出现故障时，还能实现系统恢复。数据库管理系统分为大型数据库管理系统和桌面数据库管理系统，常见的 Oracle、DB2、SQL Server 属于大型数据库管理系统，它们能高效地管理大量的数据，具有网络功能并能提供并发数据访问服务。而 Visual FoxPro、Access 则属于桌面数据库管理系统，它们主要运行在 PC 上供个人进行数据管理。

3．数据库应用系统

数据库应用系统是指在数据库管理系统之上根据用户的实际需要开发的数据库应用程序，以及开发中使用的应用开发工具等软件。例如，实际生活中的超市收银系统、银行交易系统、订票系统，以及大家常用的选课系统等都属于数据库应用系统。

4．人员

数据库系统中的人员是指管理、开发和使用数据库系统的全部人员，主要包括数据库管理员（Database Administrator，DBA）、应用程序员和最终用户。

数据库系统中不同的人员涉及不同的数据抽象级别。数据库管理员负责全面地管理和控制数据库系统；应用程序员负责设计应用系统的程序；最终用户通过应用系统提供的用户接口使用数据库或者通过数据库管理系统提供的用户接口访问数据库。

5．硬件与软件平台

数据库系统必须运行在一定的硬件和操作系统平台上。硬件平台是指保证数据库系统正常运行的计算机硬件资源，如内存、外存等。同时，数据库管理系统必须运行在一定的操作系统环境之上。比如 SQL Server 必须运行在 Windows 服务器版的操作系统上。

1.4　数　据　模　型

数据是对事物的描述，现实世界中的事物不但有其本身的属性和状态，而且事物之间也是相互联系的。同样，数据库也要能比较真实地反映现实世界中事物的属性、状态及其联系。然而由于计算机不具有对现实世界中事物及事物之间的联系的自主认识能力，因此，计算机不可能直接处理现实世界中的具体事物。在数据库中，这一矛盾的解决必须借助于数据模型，即人们把自身对现实世界的理解和认识通过数据模型这一工具"传授"给计算机。基于上述原因，数据模型一般应满足三个要求。第一，数据模型要能比较真实地模拟现实世界；第二，数据模型要容易被人们理解；第三，数据模型要能够很方便地在计算机上实现。由于一种模型很难同时满足这三方面的要求，所以在数据库系统中根据模型应用的不同目的，将模型分为不同层次的两大类，即概念层数据模型和组织层数据模型。

1．概念模型

概念层数据模型称为概念模型或信息模型，它是从数据的应用语义的角度来抽取模型并按用户的观点对数据和信息建模。由于这类模型容易被人们理解，因此，它主要用于数据库的设计阶段，与具体的数据库管理系统无关。

2．逻辑模型

组织层数据模型称为逻辑模型，它从数据的组织层来描述数据并以计算机系统的观点对数据建模，指明我们采用什么样的数据逻辑结构来组织数据。目前数据库常用的逻辑模型有层次模型、网状模型及关系模型。具体的数据库管理系统都是基于以上三种逻辑模型中的一种。因此，逻辑模型与所使用的数据库管理系统相关，同时逻辑模型也易于在计算机上实现。

为了使在某一具体数据库管理系统管理下的数据库中的数据模型比较真实地模拟现实世界,应首先将现实世界抽象为信息世界,也就是说,将现实世界中的事物及其联系抽象为某一种信息结构,这种结构反映了人们对现实世界的认识和理解,它不依赖于具体的计算机系统和数据库管理系统,而是概念层次的数据模型,也就是上述的概念模型。然后再把概念模型转换成计算机上 DBMS 支持的逻辑模型。从现实世界到信息世界的模型是通过人的“抽象”思维来完成的,其中体现了人对现实世界的认识和理解,从概念模型到逻辑模型使用的是“转换”,也就是说,仅作形式上的变化,而其中的信息结构并不变化。因此,得到数据模型的过程是先有概念模型,后有逻辑模型,概念模型是逻辑模型的基础。如果在获得概念模型的抽象过程中人的认知符合现实世界,那么,最终得到的数据模型就能较好地满足数据模型的三个要求。数据模型的设计过程如图 1-5 所示。

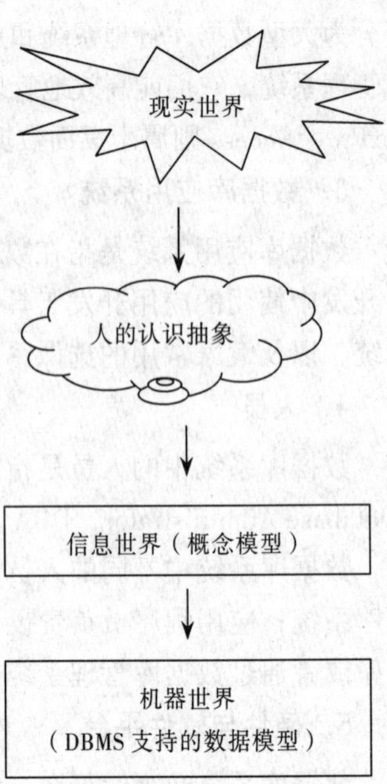

图 1-5　数据建模过程

1.4.1　概念模型与 E-R 图

从图 1-5 可知,概念模型是数据库设计过程的一个中间层次,也是一个关键环节,它决定了最终得到的数据模型是否能真实地反映现实世界。它既是数据库设计人员的设计工具,也是数据库设计人员与用户交流的工具。现在采用的概念模型主要是实体-联系(Entity-Relationship, ER)模型。表示概念模型的工具是由 P.P.Chen 于 1976 年提出的 E-R 图,使用 E-R 图描述的结果称为 E-R 模型。实体-联系模型是建立于对现实世界的这样一种认识:现实世界由一组称为实体的基本对象以及这些对象间的联系构成。

1. 实体

客观存在并且可以相互区别的事物称为实体。如一名学生、一件商品、一份订单等;也可以是抽象的事件,如一次比赛,一笔交易。

一个数据库中往往存储许多类似的实体数据。例如,某一超市中有多位供货商,需要在数据库中存储多位供货商的数据,而所有供货商的数据都是类似的,如名称、地址、电话联系人等。这些供货商实体都具有相同的属性,但对于不同的供货商,这些属性的值不同。我们把具有相同属性的一类实体抽象为一个实体型(Entity Type)。实体型是用实体型的名字和一组属性来定义,如供货商(供货商号,名称,地址,电话,联系人)就是一个实体型,实体型所表示的实体集合中的任一实体称为该实体型的实例,简称实体。同型实体的集合称为实体集(Entity Set)。例如,全体供货商就是一个实体集。

在 E-R 图中,用矩形表示实体型,矩形框内写明实体名。如图 1-6 中供货商所示。

2. 属性(Attributes)

实体的某一特征称为属性。如供货商有供货商号、名称、地址、电话、联系人等方面的属性。

属性有“型”和“值”的区别,属性名是属性的型,如(供货商号,名称,地址,电话,联系人)就是属性的型,它规定了数据的语义。值是属性的具体内容,如(000010, 三环乳制品公司,向阳街, 87623891, 姜文波)是对应上述属性的值。

在 E-R 图中，实体的属性用椭圆表示，椭圆内写明属性名，并用无向边将实体与其属性连接起来，如图 1-6 中"地址"属性所示。

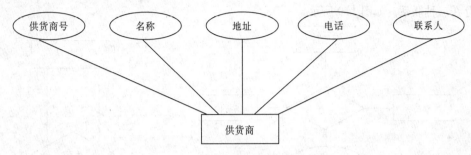

图 1-6　供货商实体及其属性联系

3．联系(Relationship)

现实世界中，事物内部及事物之间是相互联系的。这种联系必然要反映到信息世界中，在信息世界中，实体联系被抽象为实体型内部的联系和实体型之间的联系。实体型内部的联系通常是指组成实体型的各属性之间的联系。实体型之间的联系通常是指不同实体集中实体的对应关系。

两个不同实体型之间的联系有以下三种情况：

（1）一对一联系（1:1）。实体集 A 中的一个实体至多与实体集 B 中的一个实体相对应（相联系），反之亦然，则称实体集 A 与实体集 B 的联系为一对一的联系，记作 1:1。例如，一个部门中只有一名员工做主管，如果企业规定主管不能兼任，则部门与员工之间的管理联系为一对一联系，如图 1-7(a)所示。

（2）一对多联系（1:n）。实体集 A 中的一个实体与实体集 B 中的多个实体相对应，反之，实体集 B 中的一个实体最多与实体集 A 中的一个实体相对应，记作 1:n。例如，一个部门中有多名员工，一名员工只属于一个部门，则部门与员工之间的从属联系为一对多联系，如图 1-7(b)所示。

（3）多对多联系（m:n）。实体集 A 中的一个实体与实体集 B 中的多个实体相对应，而实体集 B 中的一个实体又与实体集 A 的多个实体相对应，记作 m:n。例如，一门课程同时可以有多个学生选修，而每个学生又可以同时选修多门课程，则学生与课程之间的选课联系为多对多联系，如图 1-7（c）所示。

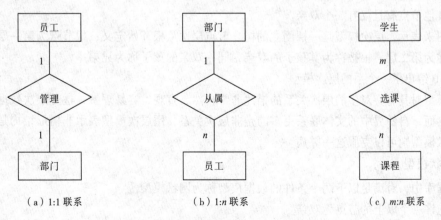

（a）1:1 联系　　　　　　（b）1:n 联系　　　　　　（c）m:n 联系

图 1-7　两个实体之间的联系

在以上三种联系中，一对一联系是一对多联系的特例，一对多联系是多对多联系的特例。实际上，两个以上不同实体型也可以存在这三种联系，如图 1-8 所示。同一实体集内的各实体之间也可以存在三种联系，如图 1-9 所示。

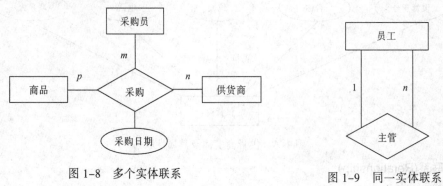

图 1-8　多个实体联系　　　　　　　　　　图 1-9　同一实体联系

在 E-R 图中，联系用菱形表示，菱形框内写明联系名，并用无向边与有关实体型连接，同时在无向边旁标明联系的类型。如果联系具有属性，也要把属性和联系用无向边连接上，如图 1-8 中的采购日期所示。

1.4.2　逻辑数据模型

概念模型接近现实世界，但比较抽象，不便于在计算机上实现，因此，还必须将其转换成计算机能够处理的逻辑数据模型。目前，最常用的逻辑数据模型有层次模型、网状模型和关系模型。这些数据模型按其存储数据的逻辑结构来命名。层次模型、网状模型又称非关系模型。三种模型的根本区别在于数据结构不同，即数据之间联系的表示方式不同。

1. 层次模型

层次模型是数据库系统中最早出现的数据模型，它用树形结构表示各类实体以及实体间的联系，其中用节点表示各类实体，用节点间的连线表示实体间的联系。

在数据库中，对满足以下两个条件的数据模型称为层次模型：

（1）有且仅有一个节点无双亲，这个节点称为"根节点"。

（2）其他节点有且仅有一个双亲。

若用图来表示，层次模型是一棵倒立的树。节点层次从根开始定义，根节点为第一层，根的孩子节点称为第二层。根被称为其孩子的双亲，同一双亲的孩子称为兄弟。

图 1-10 给出了一个系的层次模型。

层次模型对具有一对多的层次关系的描述非常自然、直观、容易理解，这是层次数据库的突出优点。然而，自然界中的实体联系更多的是非层次关系，用层次模型表示非树形结构是很不直接的，网状模型则可以克服这一弊病。

2. 网状模型

在数据库中，对满足以下两个条件的数据模型称为网状模型。

（1）允许一个以上的节点无双亲。

（2）一个节点可以有多于一个的双亲。

若用图表示，网状模型是一个网络，实际上，层次模型可以看作网状模型的特例。

图 1-11 给出了一个简单网状模型。

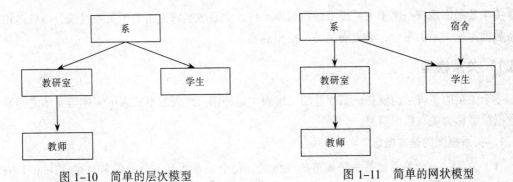

图 1-10　简单的层次模型　　　　　　　图 1-11　简单的网状模型

3．关系模型

关系模型是发展较晚的一种数据模型。一个关系模型的逻辑结构是一张规范的二维表，如表 1-1 所示。

表 1-1　员工关系

员 工 号	姓 名	性 别	岗 位	基 本 工 资	部 门 号
000010	张振国	男	经 理	3500.00	000010
000020	张 丽	女	收银员	2000.00	000030
000030	刘 强	男	会 计	3500.00	000010
000040	向秀丽	女	主 管	6000.00	000030
000050	李文婷	女	收银员	3000.00	000030
000060	王卫东	男	采购员	4500.00	000020
000070	郑小娟	女	主 管	5000.00	000020
000080	赵治军	男	主 管	5000.00	000040
000090	孙 晴	女	调研员	3000.00	000060
000100	吴 昊	男	司 机	4000.00	000050
000110	孙 琪	女	采购员	4000.00	000020

（由于版面原因未列出所有属性）。

关系模型与非关系模型不同，它建立在严格的数学概念的基础上。关系模型的概念单一，无论实体还是实体之间的联系都用关系来表示，对数据进行检索的结果也是关系（即表）。关系模型具有结构简单、清晰，用户易懂易用的优点，因此，关系模型是当今主要的数据模型。具有关系模型的数据库称为关系数据库，关系数据库具有更高的数据独立性，更好的安全保密性，也简化了程序员的工作和数据库开发工作。所以，关系数据库管理系统是当今主流的数据库管理系统。下节我们将详细介绍关系模型及关系数据库的内容。

1.5　关系数据库

关系数据库系统是基于关系模型的数据库系统。关系数据库是由若干关系组成，也就是说，关系数据库是关系的集合，必须满足关系模型的要求。

1.5.1　关系模型

一个关系的逻辑结构就是一张规范的二维表。这种用二维表的形式表示实体与实体之间联系的数据模型称为关系数据模型。

1. 关系模型的基本概念

（1）关系：一个关系就是一张规范的二维表，每个关系都有一个关系名。在 Visual FoxPro 中，关系又称为数据表，用一个文件来存储，其文件扩展名为.dbf，在这个数据表中包含了数据或数据间的联系。

（2）关系模式：对关系结构的描述称为关系模式。一个关系模式对应一个关系的结构。关系模式可记作：

关系名（属性名 1，属性名 2，…，属性名 n）

例如，表 1-1 所示的员工关系的关系模式可记作：

员工（员工号，姓名，性别，岗位，基本工资，部门号）

在 Visual FoxPro 中，通常使用表名（字段名 1，字段名 2，…，字段名 n）来表示关系模式。数据库设计人员设计得出 E-R 模型后，为方便将 E-R 模型表示成关系，设计人员会通过关系模式来描述转换得到的关系。

（3）元组：关系中的一行称为元组。它实际上是对一个具体实体的描述。例如（000010，张振国，男，经理，3500.00，000010）就是一个元组，它是对张振国这名员工的描述信息。表 1-1 所示的员工关系共有 11 个元组。元组在 Visual FoxPro 中称为记录。

（4）属性：关系中的列称为属性，实体常常有多个属性，体现在关系中就有多个列。例如，表 1-1 所示的员工关系的属性有员工号、姓名、性别、岗位、基本工资和部门号。属性在 Visual FoxPro 中称为字段。

（5）域：属性的取值范围。例如性别属性的域为"男"和"女"。

（6）分量：元组中的每个属性值称为元组的一个分量。例如，元组（000010，张振国，男，经理，3500.00，000010）有六个分量，对应"姓名"属性的分量是"张振国"。

（7）候选键与主键：能唯一标识元组且不包括多余属性的最小属性组合称为关系的候选键。一个候选键可以由一个属性组成，也可以由一组属性组成。例如，在员工关系中，员工号是唯一的，因此，员工号是候选键。再例如，在表 1-2 所示的订单明细关系中仅用订单号或仅用明细项号是无法区分各元组，而只有将订单号与明细项号组合在一起才能唯一标识一条订单明细项，因此，（订单号，明细项号）是订单明细关系的候选键。在进行数据库设计时，如果关系中有多个候选键，则可根据实际应用的需要选择其中的一个候选键作为主键。在 Visual FoxPro 中，为了提高数据的处理效率，一般我们为主键建立主索引，为候选键创建候选索引。

表1-2 订单明细关系

订 单 号	明 细 项 号	商 品 号	数 量	订 货 价
100602001	1	000080	100	10
100602002	1	000060	10	52
100807001	1	000070	200	3.5
100807001	2	000030	50	1.1
100807002	1	000040	20	7

（8）主属性：候选键中的各属性称为主属性。例如订单明细关系中的订单号和明细项号都是主属性。

（9）外键：如果某关系 R 的一个（或一组）属性不是关系自身的候选键，而在另一个关系 S 中相对应的属性是主键，则称该属性（或属性组）为关系 R 的外键。其中，关系 R 称为参照关系，在 Visual FoxPro 中参照关系称为子表；关系 S 称为被参照关系，在 Visual FoxPro 中被参照关系称为父表。外键通过与其对应的另一个关系的主键起着两个关系的连接和参照作用。数据库通过外键体现数据之间的联系。如图 1-12 所示，员工关系与采购订单关系之间就有参照关系，其中员工关系是被参照关系，采购订单关系是参照关系，采购订单关系中的"订货人"为外键。

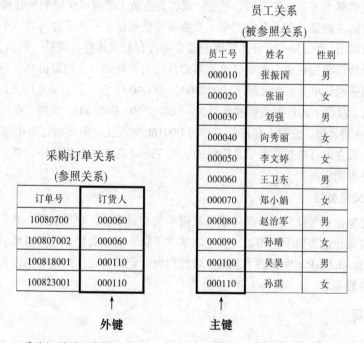

图1-12 采购订单关系与员工关系的参照关系示意（由于版面原因未列出所有属性）

2．关系的特点

关系是一张规范的二维表，也就是说，一张二维表要成为关系则必须满足一定的要求。最基本的要求是关系中的每个属性必须是不可再分的基本数据单元，即表中不能有表。除此之外还有以下四个特点。

（1）在同一个关系中不能出现相同的属性名，即不允许同一个数据表中有重名字段。

（2）关系中不允许有完全相同的元组，即一个数据表中没有重复行。

（3）在一个关系中元组的次序无关紧要。

（4）在一个关系中列的次序无关紧要。

1.5.2 关系的完整性

为了维护数据库中数据与现实世界的一致性，对关系数据库的插入、删除和修改操作必须满足一定的约束条件，这就是关系模型的三类完整性，即实体完整性，参照完整性和用户自定义完整性。其中实体完整性与参照完整性是关系模型必须满足的约束条件，它是由关系数据库系统自动支持的。

1．实体完整性

实体完整性要求基本关系的所有主属性值都不能取空值。在数据库中，所谓空值就是"不知道"、"不确定"或"不存在"的值，在 Visual FoxPro 中用.NULL.表示。例如，在员工关系中，员工号是主属性，因此不能取空值。如果主属性取空值，就说明存在某个不可标识的实体，即存在不可区分的实体，这与现实世界相矛盾，这个实体就一定不是一个完整的实体。因此，这个规则称为实体完整性。在 Visual Foxpro 数据库中，采用主索引以提供对实体完整性约束的支持。

2．参照完整性

参照完整性要求基本关系的外键值必须是：或者为空值（即组成外键的所有属性均为空值），或者等于目标关系的主键值。在关系模型中，参照完整性保证了一个实体与另一个实体要么不存在联系（当取空值时），要么与一个具体明确的或实际存在的实体存在联系。例如，在图 1–12 所示的员工关系和采购订单关系中，采购订单关系的订货人是外键，它的取值必须与员工关系中的员工号相对应。如采购订单关系的元组（10080700，000060），它与员工关系的元组（000060，王卫东，男）相对应。假设上述订单关系的元组为（10080700，000160），此时，在员工关系中找不到员工号为 000160 的元组，说明不存在员工号为 000160 的员工，而此时订单中却出现了 000160 员工号，因此这一孤立的订单数据必定是错误的。在 Visual FoxPro 数据库中，参照完整性的约束是通过参照完整性规则实现的。

3．用户自定义完整性

用户自定义完整性就是针对某一具体关系数据库的约束条件，它反映某一具体应用所涉及的数据必须满足的语义和语法要求。例如，员工的基本工资不能取负值，联系电话只能包含数字字符这些限制等。Visual FoxPro 中提供了字段有效性约束、记录有效性约束和触发器等方法来满足用户自定义完整性的要求。

1.5.3 关系运算

在关系中查询所需要的数据，就要使用关系运算，关系运算的操作对象是关系，而不是行或元组。也就是说，参与运算的对象以及运算的结果都是完整的关系。基本的关系运算分两类：一类是传统的集合运算；另一类是专门的关系运算。

1．传统的集合运算

参加集合运算的两个关系必须具有相同的关系模式，即结构相同。现在以图 1–13 所示的两个关系为例，说明三种集合运算。

员工号	姓　名	性　别	岗　位
000010	张振国	男	经　理
000020	张　丽	女	收银员
000030	刘　强	男	会　计

（a）员工表 A

员工号	姓　名	性　别	岗　位
000030	刘　强	男	会　计
000040	向秀丽	女	主　管
000050	李文婷	女	收银员

（b）员工表 B

图 1-13　两个描述员工信息的关系

（1）并运算。关系 R 和关系 S 的所有元组合并，再删去重复的元组，组成一个新关系。

图 1-14（a）显示了图 1-13（a）与图 1-13（b）两个关系的并运算结果。

（2）交运算。关系 R 和关系 S 的交是由既属于 R 又属于 S 的元组组成的集合，即在两个关系 R 与 S 中取相同的元组，组成一个新关系。

图 1-14（b）显示了图 1-13（a）与图 1-13（b）两个关系的交运算结果。

（3）差运算。关系 R 和关系 S 的差是由属于 R 而不属于 S 的所有元组组成的集合，即在关系 R 中删去与 S 关系中相同的元组，组成一个新关系。

图 1-14（c）显示了图 1-13（a）与图 1-13（b）两个关系的差运算结果。

员工号	姓　名	性　别	岗　位
000030	刘　强	男	会　计

（b）员工表 A 与员工表 B 交运算结果

员工号	姓　名	性　别	岗　位
000010	张振国	男	经　理
000020	张　丽	女	收银员
000030	刘　强	男	会　计
00040	向秀丽	女	主　管
000050	李文婷	女	收银员

（a）员工表 A 与员工表 B 并运算结果

员工号	姓　名	性　别	岗　位
000010	张振国	男	经　理
000020	张　丽	女	收银员

（c）员工表 A 与员工表 B 差运算结果

图 1-14　员工表 A 与员工表 B 集合运算结果

2．专门的关系运算

专门的关系运算有选择、投影和连接运算。选择运算和投影运算是对一个表的操作运算，连接运算是将两个表连接成一个新表的运算。

（1）选择运算。在指定的关系中选取满足给定条件的若干个元组，组成一个新关系。也就是说，选择运算是在二维表中挑选满足指定条件的行。

例如，对表 1-1 所示的员工关系，选取岗位是"收银员"的选择运算的运算结果如表 1-3 所示。

表 1-3　选择运算结果

员工号	姓　名	性　别	岗　位	基本工资	部门号
000020	张　丽	女	收银员	2000.00	000030
000050	李文婷	女	收银员	3000.00	000030

由此可见，选择是从行的角度进行的运算，即从水平方向抽取记录，结果仍是一个关系。

（2）投影运算。在指定的关系中选择指定的若干属性，删除重复元组后，组成一个新关系。由此可见，投影运算提供了垂直调整关系的手段，是从列的角度进行的运算，相当于对关系进行垂直分解，产生新的关系，并且新关系的属性个数、排列顺序都可以与原始关系不同。

例如，对表 1-1 所示的员工关系，选择姓名和基本工资两列的投影运算结果如表 1-4 所示。

表 1-4　投影运算结果

姓　名	基 本 工 资
张振国	3500.00
张　丽	2000.00
刘　强	3500.00
向秀丽	6000.00
李文婷	3000.00
王卫东	4500.00

（3）连接运算。将两个表按给定的连接条件，将第一个关系中的所有记录逐个与第二个关系中的所有记录按连接条件进行连接，即选择在连接属性上满足连接条件的元组拼接成一个新关系。连接运算是关系的横向结合，是将两个关系模式拼接成一个新的、更宽的关系模式的操作。

连接过程是通过连接条件来控制的，而连接条件必须表现为两个表中的公共属性名或者具有相同语义、可比的属性。一般的连接条件为：表 1.属性 1=表 2.属性 2。这种以字段值相等为条件进行的连接运算称为等值连接，等值连接是最常用的连接运算。例如，将表 1-1 所示员工关系与表 1-5 所示的部门关系按"员工.部门号=部门.部门号"的条件进行等值连接的运算结果如表 1-6 所示。

表 1-5　部门关系

部 门 号	名　　称	经 理 号	上级部门	办公地点
000010	管理部	000010		314
000020	采购部	000060	000010	320
000030	营业部	000040	000010	105
000040	外营部	000080	000030	107
000050	物流部		000010	108
000060	市场企划部		000020	308

表 1-6　等值连接运算结果

员工号	姓　名	性　别	岗　位	基本工资	部门号	部门号	名　称	经理号	上级部门	办公地点
000010	张振国	男	经　理	3500.00	000010	000010	管理部	000010		314
000020	张　丽	女	收银员	2000.00	000030	000030	营业部	000040	000010	105
000030	刘　强	男	会　计	3500.00	000010	000010	管理部	000010		314
000040	向秀丽	女	主　管	6000.00	000030	000030	营业部	000040	000010	105

员工号	姓 名	性 别	岗 位	基本工资	部门号	部门号	名 称	经理号	上级部门	办公地点
000050	李文婷	女	收银员	3000.00	000030	000030	营业部	000040	000010	105
000060	王卫东	男	采购员	4500.00	000020	000020	采购部	000060	000010	320
000070	郑小娟	女	主 管	5000.00	000020	000020	采购部	000060	000010	320
000080	赵治军	男	主 管	5000.00	000040	000040	外营部	000080	000030	107
000090	孙 晴	女	调研员	3000.00	000060	000060	市场企划部		000020	308
000100	吴 昊	男	司 机	4000.00	000050	000050	物流部		000010	108
0000110	孙 琪	女	采购员	4000.00	000020	000020	采购部	000060	000010	320

　　如果表 1 的属性 1 与表 2 的属性 2 同名，即两个表具有同名属性，按同名属性相等的条件进行等值连接后，去掉重复属性的连接运算称为自然连接。自然连接是最常用的连接运算。例如，员工关系与部门关系都有"部门号"属性，员工关系与部门关系按"员工.部门号=部门.部门号"的条件进行自然连接的运算结果如表 1-7 所示。

表 1-7　自然连接运算结果

员工号	姓 名	性 别	岗 位	基本工资	部门号	名 称	经理号	上级部门	办公地点
000010	张振国	男	经 理	3500.00	000010	管理部	000010		314
000020	张 丽	女	收银员	2000.00	000030	营业部	000040	000010	105
000030	刘 强	男	会 计	3500.00	000010	管理部	000010		314
000040	向秀丽	女	主 管	6000.00	000030	营业部	000040	000010	105
000050	李文婷	女	收银员	3000.00	000030	营业部	000040	000010	105
000060	王卫东	男	采购员	4500.00	000020	采购部	000060	000010	320
000070	郑小娟	女	主 管	5000.00	000020	采购部	000060	000010	320
000080	赵治军	男	主 管	5000.00	000040	外营部	000080	000030	107
000090	孙 晴	女	调研员	3000.00	000060	市场企划部		000020	308
000100	吴 昊	男	司 机	4000.00	000050	物流部		000010	108
0000110	孙 琪	女	采购员	4000.00	000020	采购部	000060	000010	320

　　总之，在对关系数据库的操作中，利用关系的投影、选择和连接运算可以方便地分解或构造新的关系。同时，关系运算也是查询数据的基本方法。

1.6　商品进销存系统的数据库设计

　　我们将通过案例的形式学习和使用 Visual FoxPro 开发一个实用的数据库应用系统。本书将以某商业企业的商品进销存系统为案例，讲解一个商品进销存数据库应用系统的设计与实现过程。本节主要讲述该系统的数据库设计过程。

1.6.1 商品进销存系统背景介绍

某仓储式零售业企业提供商品零售服务，该企业设置了管理部、营业部、采购部等部门以保证日常经营活动。每个部门按部门职责设置必要的岗位来完成具体的业务活动。该企业的主要业务环节为商品的采购与销售。在采购业务中，由采购员负责与供货商签订订单，供货商按订单上要求的供货日期提供货物，并由采购员安排入库保管；在销售业务中，收银员按顾客选购的货物开具发票，并收取货款。为保证供货商按时供货履约，该企业规定：只有订单商品入库后，才能由会计记账并由出纳支付订单货款。为了及时了解企业的经营情况，以便制定正确的订货和销售策略，由企业经理对经营情况进行核算，计算出企业的利润、商品库存、应付货款等数据。这些数据的计算方法如下：

商品库存量=商品进货量－商品销售量
商品进货平均单价=商品进货额÷商品进货量
商品库存成本=商品进货平均单价×商品库存量
商品利润=商品销售额－商品进货额＋商品库存成本

其中的商品进货额是将所有订单中该商品的进货量与订货价相乘后再累加得出的，该商品的进货量、销售量、销售额也是采用累加的方法得到的。而这时仅仅是得到了某一商品的统计数据，要得到整个企业的相关统计数据则还需要将各商品的相关数据进行汇总。对一个正常经营的企业来说，这些数据量是相当大的。如果依靠有限人力来完成这些工作，是无法及时完成的，同时也是不经济的，因此必须使用数据库应用系统才能完成任务。

1.6.2 商品进销存系统功能介绍

按照上述系统背景的要求，商品进销存系统应具有以下功能，为方便对企业员工的管理，系统应支持对企业部门、员工的管理；为方便对进销业务的管理，系统应支持对商品、供应货、签订订单、订单入库、订单付款、销售发票的业务活动管理；为能方便的了解和掌握商品库存量，系统应设置对商品库存的查询功能。为方便经理对相关业务经营情况的掌握，系统还应设置业务查询、统计报表等功能。该系统的所有功能如表1-8所示。

表1-8 商品进销存系统的主要功能

系 统 功 能		系 统 功 能	
基础数据维护	商品目录	查 询	订单查询
	部门设置		发票查询
	员工管理		经营成果查询
	供应商管理	统计报表	商品销售报表
日 常 交 易	销售发票		员工销售报表
	采购订单		应付款报表
	采购入库		库存及销售利润报表
	订单付款	系统功能	系统登录
			退出

1.6.3 商品进销存系统数据库设计

数据库设计对数据库应用系统至关重要，数据库设计合理与否关系到数据库中的数据是否真实地反映企业的业务运营情况。因此，必须要按 1.4 节所讲的过程设计数据库。首先设计 E-R 模型，然后将 E-R 模型转换为关系数据模型。

1. E-R 模型

根据 1.6.2 节中所述的系统功能要求，在数据库中必须有部门、员工、订单、发票、商品、供货商、发票明细和订单明细这些实体。在仔细分析各实体之间的关系后得到的 E-R 模型如图 1-15 所示。

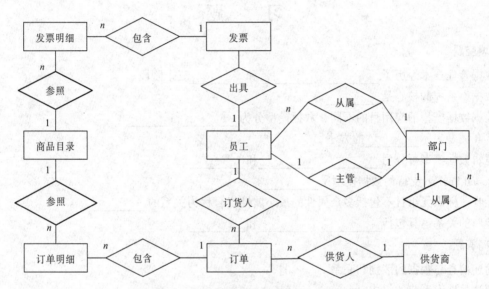

图 1-15   商品进销存系统数据库 E-R 模型

2. 关系模型

根据 E-R 模型和业务数据处理的要求确定每个实体的属性后，再将其中的实体转换成关系，得到如下的基本关系模式：

部门 (部门号，名称，经理号，上级部门，办公地点)
员工 (员工号，姓名，性别，岗位，基本工资，部门号，出生日期，简历，婚否，照片，登录密码)
采购订单 (订单号，订单日期，供货人，订货人，已入库，入库日期已付款，付款日期供货日期)
订单明细 (订单号，明细项号，商品号，数量，订货价)
发票 (发票号，日期，收款人)
发票明细 (发票号，明细项号，商品号，数量，售价)
供货商 (供货商号，名称，地址，电话，联系人)
商品目录 (商品号，品名，类别，售价，单位)

这些基本关系模式是构成商品进销存数据库数据模型的关键，它将是我们建立数据库及其数据表的依据。

本 章 小 结

数据库是当代计算机系统的重要组成部分，也是数据处理不可缺少的工具。本章通过对数据管理技术发展的介绍，阐述了数据库技术产生和发展的背景，以及数据库系统的组成，同时对数据库的一些基本概念作了介绍。

　　由于计算机不能直接处理现实世界的具体事物，所以必须事先对现实世界的事物进行抽象，转换成计算机能处理的数据模型，从概念模型到逻辑数据模型的转换是数据库设计的重要方法。在概念模型中，介绍了基于 E-R 图的概念模型的表示方法。在数据模型中，介绍了三种主要的逻辑数据模型，即层次模型、逻辑模型和关系模型。

　　本章还重点介绍了关系数据库的基本概念、关系完整性和关系运算。这些概念是学习后续章节的基础。最后，本章以商品进销存系统为例，介绍了该系统中数据库的设计过程。

习　　题

一、填空题

1. 数据管理技术经历了_____、_____和_____三个阶段。

2. 数据库系统的核心是_____。

3. 根据数据模型的应用目的不同，数据模型分为_____和_____。

4. E-R 图是表示_____的方法。

5. 逻辑数据模型可分为_____、_____和_____。

6. Visual FoxPro 支持的数据模型是_____。

7. 能唯一标识元组且不包括多余属性的最小属性组合称为关系的_____。

8. 专门的关系运算包括_____、_____和_____。

二、简答题

1. 简述信息与数据的区别和联系。

2. 简述数据库系统的组成。

3. 简述关系模型的三类完整性。

4. 简述关系的集合运算与专门关系运算。

5. 试说明关系、元组、属性、域之间的关系。

6. 简述候选键、主键、外键之间的联系与区别。

7. 为某图书馆设计一个图书借阅管理系统数据库的关系模型，为简化处理，系统中只涉及对读者、图书的管理。要求此系统能够记录读者的借阅情况以及读者和图书的基本情况。具体要求为：

　　（1）每本书有"书号、书名、作者、附光盘、出版社、出版时间、单价、册数、简介、封面及借出数"这些属性。其中书号是区分不同书籍的唯一标识。

　　（2）每位读者有编号、姓名、单位、类型四个属性。其中每位读者的编号是唯一的。读者分为教师、教工、学生三种类型，借书期限分别为 90 天、45 天、30 天。

　　（3）除上述要求外，当读者借书时需要记录其借书的日期以方便还书时计算是否超期及超期天数。

　　请先画出上述系统的 E-R 图，然后将该 E-R 图转换为关系模式。

第 2 章 Visual FoxPro 系统环境及语言基础

Visual FoxPro 是 Microsoft 公司推出的功能强大的关系型数据库管理系统，它以其完善的编程语言，良好的用户界面，操作方便，适用面广，成为微型计算机数据库管理系统的首选开发平台。本章将结合 Visual FoxPro 的发展，介绍其系统环境和语言基础。

2.1 Visual FoxPro 概述

Visual FoxPro 不仅是数据库管理系统，而且是一种先进的数据库应用程序开发工具。它在长期的发展中形成了与其他数据库产品不同的特点。

2.1.1 Visual FoxPro 的发展与特点

1. Visual FoxPro 的发展

Visual FoxPro 简称为 VFP，它起源于 xBASE 兼容数据库系列。最早的 xBASE 数据库——FoxBASE 是美国 Fox Software 公司于 1984 年推出的数据库产品，它是 20 世纪 80 年代的主流 PC 机数据库产品。Fox Software 公司于 1989 年推出的升级换代产品 FoxPro 是今天 Visual FoxPro 的前身。FoxPro 极大地扩充了 xBASE 语言命令，使之成为 xBASE 语言标准。1992 年，Microsoft 收购 Fox Software 后，又相继推出了 FoxPro 2.5 和 FoxPro 2.6。Microsoft 在 1995 年推出了 Visual FoxPro 3.0。Visual FoxPro 3.0 支持可视化编程和面向对象程序设计，使用户能够快速地建立和维护应用程序。通过引入数据库，Visual FoxPro 3.0 第一次把 xBASE 数据库的概念与关系数据库理论接轨。1998 年 Microsoft 推出 32 位版本的 Visual FoxPro 6.0。由于 Visual FoxPro 6.0 成熟稳定，并拥有大量的用户，因此被许多学校定为数据库教学语言，本书就是以 Visual FoxPro 6.0 为基础讲解关系型数据库技术。

2. Visual FoxPro 的特点

Visual FoxPro 的广泛应用是因为它不仅有 xBASE 系统的功能及特性，同时还有如下功能及特性：

（1）用户界面良好，简单易学易用。Visual FoxPro 系统提供了三种操作方式，即菜单方式、命令方式和程序方式。通过这三种工作方式，可方便地完成数据管理任务。

（2）面向对象的可视化编程技术。Visual FoxPro 在支持标准 xBASE 面向结构的编程方式的同时，也提供了面向对象的可视化编程（OPP）功能。通过 Visual FoxPro 的对象和事件模型，用户可以充分利用可视化的编程工具完成面向对象的程序设计。

（3）更先进的数据组织和管理机制。Visual FoxPro 系统中的数据库，是以数据表的集合形式表示的。每个表有一个数据字典，允许用户为数据库的每一个表增加规则、视图、持久关系以及连接。每个 Visual FoxPro 系统数据库都可以由用户扩展并通过编程语言和可视化设计工具来操作。

2.1.2 Visual FoxPro 的启动与退出

1. 启动 Visual FoxPro

启动 Visual FoxPro 有常用的方法有以下两种：

（1）双击桌面上的 Visual FoxPro 图标。

（2）选择"开始"→"程序"→Microsoft Visual FoxPro 6.0→Microsoft Visual FoxPro 6.0 命令。

2. 退出 Visual FoxPro

当要退出 Visual FoxPro 系统时，可使用以下三种方法：

（1）在 Visual FoxPro 系统菜单中，选择"文件"→"退出"命令。

（2）按【Alt+F4】组合键。

（3）在"命令"窗口中入命令 Quit，并按[Enter]键。

2.2 Visual FoxPro 系统环境

使用 Visual FoxPro，首先需要了解其系统环境，系统环境包括窗口组成及操作、项目管理器的使用及系统的设置。

2.2.1 Visual FoxPro 的窗口组成

当正常启动 Visual FoxPro 系统后，首先进入的是 Visual FoxPro 系统窗口，即 Visual FoxPro 的主界面，如图 2-1 所示。系统主界面包含菜单栏、工具栏、主窗口、命令窗口、状态栏五大部分。

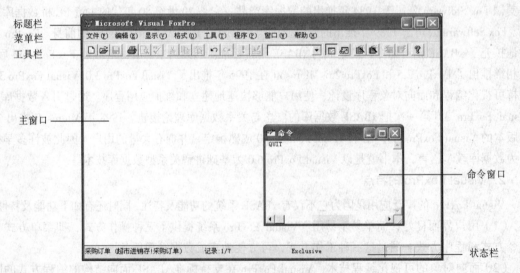

图 2-1　Visual FoxPro 主界面

1. 菜单栏

菜单栏是在交互方式下实现人机对话的工具。Visual FoxPro 6.0 主界面顶端的菜单栏实际上是各种操作命令的分类组合，其中包括 8 个菜单：文件、编辑、显示、格式、工具、程序、窗口、帮助。绝大多数操作均可以通过菜单命令实现。

在 Visual FoxPro 6.0 的菜单系统中，菜单栏里的各个选项不是一成不变的。随着当前执行任务的不同，菜单中的选项会发生动态的变化。例如，浏览一个数据表时，系统在主菜单上将不显示"格式"菜单，而自动添加"表"菜单，供用户对此数据表执行追加记录、编辑数据等操作。

2．工具栏

为方便快速交互操作，Visual FoxPro 还将常用的菜单命令以工具栏的方式提供给用户，默认情况下，"常用"工具栏随系统启动时一起打开，其他工具栏则在某一种类型的文件打开后自动打开。

选择"显示"→"工具栏"命令，打开"工具栏"对话框，可以在此选择需要的工具栏；取消选中复选框则可关闭相应的工具栏，如图 2-2 所示。

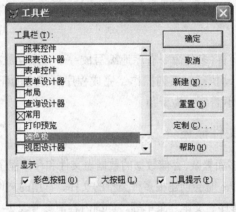

图 2-2　Visual FoxPro "工具栏"对话框

3．命令窗口

"命令"窗口是系统的一个重要部分。选择"窗口"→"命令窗口"命令或按[Ctrl+F2]组合键可打开命令窗口。在命令窗口中，可以直接输入 Visual FoxPro 6.0 的交互命令，按[Enter]键后便立即执行该命令，操作结果就可以直观地显示在主窗口中。例如，在命令窗口输入命令 QUIT 之后按[Enter]键，则可以直接退出 Visual FoxPro 系统。

4．主窗口

该窗口用于显示菜单或交互命令操作的过程或结果。主窗口中的显示内容不能修改。当显示内容超过一屏时，主窗口中的显示内容会自动滚屏，若要清除主窗口中的显示内容，可在命令窗口中执行 Clear 命令。

5．状态栏

位于系统窗口的最底端，用于显示当前操作过程的各种状态。执行 Set Status Bar on 命令可以打开状态栏，执行 Set Status Bar Off 命令可以关闭状态栏。

2.2.2　Visual FoxPro 的窗口及其操作

Visual FoxPro 有三种工作方式：①利用菜单系统、工具栏按钮执行命令；②在"命令"窗口直接输入命令进行交互式操作；③编写 FoxPro 程序文件，然后执行它。前两种属于交互式工作方式，可以通过这两种方法得到同一结果。交互式方式便捷、直观、易于掌握，是我们学习的起点，但交互方式不适合解决复杂的数据管理问题。

1. 菜单操作

根据所需的操作从菜单中选择相应的命令。每执行一次菜单命令，命令窗口中就显示出与菜单命令对应的命令内容。

2. 命令操作

在命令窗口中严格按命令的语法格式输入所需操作的命令，按[Enter]键后，命令就会立即执行。已经执行过的命令会在命令窗口中自动保留，如果需要再次执行相同命令，只要将光标移到该命令行所在的任意位置，按[Enter]键即可。按[Esc]键可清除已键入但尚未执行的命令。

尽管通过菜单中的命令就可以实现大多数功能，然而熟练使用命令对于提高操作速度和编写程序是很有帮助的。

3. 程序方式

在程序执行方式下，我们将多条命令有序地编写成一个程序存放在文件中，通过运行该程序中的命令，系统可连续地自动执行一系列操作，完成程序所规定的任务。 一个程序可以被反复执行，且在执行过程中一般不需要人为干预。

2.2.3　Visual FoxPro 文件概述

Visual FoxPro 文件类型多而繁杂，存储数据的数据表文件和存储程序的程序文件是其最常用的两类文件。实际使用 Visual FoxPro 时会创建很多种类型的文件，常用的文件类型有：数据库、项目、表单、格式、报表、标签、源程序、文本、菜单等。详细内容请参考表 2-1。

表 2-1　Visual FoxPro 中常用的文件扩展名

扩 展 名	文 件 类 型	扩 展 名	文 件 类 型
.dbc	数据库	.dtc	数据库备注
.dcx	数据库索引	.bak	备份
.dbf	数据表	.fpt	数据表备注
.pjx	项目	.pjt	项目备注
.prg	源程序	.fxp	编译后的程序
.cdx	数据表复合索引	.idx	单一索引
.scx	表单	.sct	表单备注
.spr	生成的屏幕程序	.spx	目标程序
.frx	报表	.frt	报表备注
.lbl	标签	.lbt	标签备注
.mnx	菜单	.mnt	菜单备注
.mpr	自动生成的菜单源程序	.mpx	编译后的菜单程序
.qpr	生成的查询程序	.qpx	编译后的查询程序
.vue	视图	.app	应用程序
.txt	文本	.exe	可执行应用程序
.fmt	格式	.mem	内存变量

其中需要注意的是，数据表文件为.dbf 文件和.fpt 文件，前者为数据表文件，存储表结构和除备注型、通用型以外的数据，后者为数据表备注文件，存储备注型和通用型数据。如果表中没有备注型和通用型数据，则该数据表对应的文件只有.dbf 文件；程序存放在.prg 源程序文件中，程序首次运行后，系统会生成一个.fxp 编译文件，以提高再次运行的速度。

2.2.4　项目管理器

项目是 Visual FoxPro 应用程序系统开发中所使用的文件、数据、文档和对象的集合，项目保存在扩展名为.pjx 的文件中，称为项目文件。项目管理器是应用系统开发者对项目进行综合管理的工作平台。它采用可视化界面，按一定的逻辑关系组织项目中各种对象的文件。一方面，它提供了简便可视化的方法来组织和处理表、数据库、表单、报表、查询及其他一切文件，通过单击就能实现对文件的创建、修改、删除等操作；另一方面，在项目管理器中可以将应用程序编译成一个扩展名为.app 的应用文件或扩展名为.exe 的可执行文件。

1．创建项目

创建新项目，具体操作步骤如下：

（1）选择"文件"→"新建"命令，弹出"新建"对话框。

（2）在"文件类型"选项区域选择"项目"单选按钮，然后单击"新建文件"按钮，弹出"创建"对话框。在"创建"对话框的"项目文件"文本框中输入项目名称，如"商品进销存"，然后在"保存在"下拉列表框中选择保存该项目的文件夹。

（3）单击"保存"按钮，Visual FoxPro 就在指定文件夹中建立一个"商品进销存.pjx"项目文件。

2．打开和关闭项目

使用菜单方式打开项目的操作步骤如下：

（1）选择"文件"→"打开"命令，弹出"打开"对话框。

（2）在"打开"对话框的"文件类型"下拉列表框中选择"项目"选项，在"查找范围"下拉列表框中双击打开项目所在的文件夹。

关闭项目时，只须单击项目管理器窗口右上角的"关闭"按钮即可。项目关闭时，就会将打开项目过程期间对项目的操作结果保存在项目文件中。

3．项目管理器的组成

如图 2-3 所示，项目管理器窗口由分类选项卡、分层结构视图、对象信息栏和功能按钮等几部分构成。

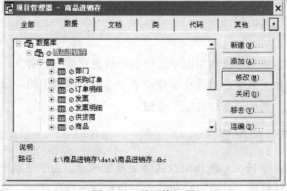

图 2-3　项目管理器

（1）分类选项卡。为方便进行项目对象的定位，项目管理器对项目中的对象按类别分为数据、文档、类、代码和其他五大类来管理，在界面中分别有五个选项卡与之对应。同时，为方便对项目对象的全体对象进行观察，在界面中还提供了一个"全部"选项卡。

（2）分层结构视图。它将选项卡内各对象的层次关系按与 Windows 资源管理器类似的树型目录结构展示在各选项卡内。对视图内各对象的展开和折叠操作与 Windows 资源管理器的文件夹操作类似。

（3）对象信息栏。对象信息栏在选项卡的下方，其中显示了在分层结构视图中选中的具体对象的说明信息及该对象的存储路径。

（4）命令按钮。在项目管理器右边有 6 个命令按钮，即"新建"、"添加"、"修改"、"运行"（"打开"或"浏览"）、"移去"及"连编"按钮，其中"运行"、"打开"或"浏览"使用同一个按钮，但其标题与功能和所选中的文件对象有关。这些命令按钮分别能实现在项目管理器中新建、添加、修改、运行或浏览、移去文件对象及连编项目。

4．项目管理器的操作

在项目管理器中管理项目是通过管理其中的对象完成的。具体的操作包括新建和添加对象、删除和移去对象、修改对象以及编辑对象说明。

1）新建和添加对象

新建或添加文件时，首先在分层结构视图中选中所需添加的对象类型，如数据库。如要新建文件，则单击命令按钮中的"新建"按钮，在"新建"对话框中执行相应的操作。要将已存在的文件添加到项目中，以方便项目管理时，则单击命令按钮中的"添加"按钮，在打开对话框中选中要添加的文件名，单击"确定"按钮即可。

2）删除和移去对象

删除或移去对象时，首先在分层结构视图中选中所需删除的对象，如某一个具体的数据库。单击"移去"按钮，然后在弹出的对话框中单击"移去"或"删除"按钮把文件对象从项目管理器中移去或删除即可。若单击对话框中的"移去"按钮，系统从项目中移去该文件，但文件仍在文件系统中保留；若单击"删除"按钮，系统不仅从项目中移去文件，还将从文件系统中删除该文件。

3）修改对象

修改对象时，在分层结构视图中选中所需修改的对象，然后单击"修改"按钮。即可进入相应对象的修改界面。如选择数据库进行修改时，则打开"数据库设计器"窗口；选择数据表修改时，则打开"表设计器"对话框。

4）编辑对象说明

为对象添加说明时，在分层结构视图中选中要编辑说明信息的对象。选择"项目"→"编辑说明"命令，或在该对象上单击右键并在快捷菜单中选中"编辑说明"命令，在打开的编辑说明对话框中输入说明信息，然后单击"确定"按钮。

2.2.5　Visual FoxPro 的配置

安装完 Visual FoxPro 之后，系统使用默认值来设置环境。为了使系统能满足个性化的要求，用户可以定制自己的系统环境。环境设置包括主窗口标题、默认目录、项目、编辑器、调试器及表单工具选项、临时文件存储、拖放字段对应的控件和其他选项等内容。

Visual FoxPro 使用"选项"对话框或 SET 命令对系统环境进行附加的配置设定。

1. 使用"选项"对话框

选择"工具"→"选项"命令，弹出"选项"对话框。"选项"对话框中包括一系列代表不同类别环境的选项卡（共 12 个）。表 2-2 列出了各个选项卡名称及其设置的功能。

表 2-2　"选项"对话框中的选项卡及其功能

选 项 卡	设 置 功 能
显示	显示界面选项。例如，是否显示状态栏、时钟、命令结果或系统信息
常规	数据输入与编程选项。例如，设置警告声音、是否记录编译错误或自动填充新记录、使用的定位键、调色板使用的颜色、改写文件之前是否警告等
数据	表选项。例如，是否使用 Rushmore 优化，是否在索引中不出现重复记录，设置备注块大小、记录计数器间隔以及使用什么锁定选项
远程数据	远程数据访问选项，设定连接超时的秒数，一次获取的记录数目以及如何使用 SQL
文件位置	Visual FoxPro 默认目录位置，设定帮助文件以及辅助文件的存储位置
表单	表单设计器选项。例如，网格面积、所用的刻度单位、最大设计区域以及使用何种模板类
项目	项目管理器选项。例如，是否使用向导提示，双击时是运行还是修改文件以及源代码管理选项
控件	"表单控件"工具栏中的"查看类"按钮所提供的可视类库和 ActiveX 控件选项
区域	日期、时间、货币及数字的格式
调试	调试器显示及跟踪选项，确定使用什么字体与颜色
语法着色	区分程序元素（注释与关键字）所用的字体与颜色
字段映像	确定从数据环境设计器、数据库设计器或项目管理器中向表单拖动表或字段时创建何种控件

在各个选项卡中均可以采用交互的方式来查看和设置系统环境。下面以默认目录的设置为例说明。

为了提高系统效率和方便用户的使用，Visual FoxPro 引入了默认目录的概念，如果文件在默认目录中，则仅指出文件名即可，而不必指出文件所在的目录。系统安装后的默认目录就是系统的安装目录。通常为便于管理，用户开发的应用系统文件应当存放在某工作目录中，然后将系统的默认目录修改为自己工作目录，以便于操作工作目录中的文件。

【例 2.1】使用"选项"对话框将"d:\商品进销存\Data"文件夹设置为系统默认目录。

操作步骤如下：

（1）选择系统菜单中的"工具"→"选项"命令，弹出"选项"对话框。

（2）在"选项"对话框中选择"文件位置"选项卡。

（3）在"文件类型"列直接双击"默认目录"选项，在弹出的"更改文件位置"对话框中选中"使用默认目录"复选框。激活"定位默认目录"文本框。

（4）在"定位默认目录"文本框中直接输入"d:\商品进销存\Data"；或者单击文本框右侧的按钮，在弹出的"选择目录"对话框中，定位至"d:\商品进销存\Data"之后单击"选定"按钮。如图 2-4 所示。

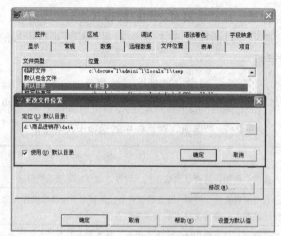

图 2-4 "文件位置"选项卡

若要永久保存本次设置的默认目录，应把它们保存为默认设置。在图 2-4 中，用户对当前设置做出更改之后，"设置为默认值"按钮被激活，单击"设置为默认值"按钮，再单击"确定"按钮。这样，以后每次启动 Visual FoxPro 时，用户的设置将始终有效。如果仅单击"确定"按钮，则相应设置仅在本次使用系统时有效。

2. 使用 SET 命令

大多数使用选项对话框进行的配置都可以通过 SET 命令进行修改，例 2.1 中完成的默认目录设置就可以通过在命令窗口执行 SET DEFAULT TO D:\商品进销存\DATA 来完成。如果使用 SET 命令配置环境，设置仅在本次系统运行期间有效，当退出系统后将放弃这些设置。表 2-3 介绍了常用的 SET 命令。

表 2-3 常用的 SET 命令

命　　令	格　　　式	功　　能
SET DATE	SET DATE TO AMERICAN|ANSI|BRITISH|USA|MDY	设置当前日期格式
SET CENTURY	SET CENTURY ON/OFF	确定是否显示日期表达式的世纪值
SET MARK	SET MARK TO[日期分隔符]	设置日期的分隔符
SET HOURS	SET HOURS TO [12|24]	设置系统时钟为 12 小时制或 24 小时制
SET SECONDS	SET SECONDS ON|OFF	设置显示日期时间值时，是否显示秒数
SET EXACT	SET EXACT ON|OFF	设置是否精确比较
SET COLLATE	SET COLLATE TO <排序方式>	指定字符型数据的排序方式
SET DEVICE	SET DEVICE TO SCREEN|TO PRITER|TO FILE <文件名>	设置输出设备
SET PATH TO	SET PATH TO　<目录列表>	设置系统路径
SET DEFAULT	SET DEFAULT TO	设置默认目录
SET TALK	SET TALK ON|OFF	确定是否显示命令的执行结果
SET DECIMALS	SET DECIMALS TO <数值表达式>	指定数值型表达式显示的十进制小数位数
SET SAFETY	SET SAFETY ON|OFF	在改写文件时，是否显示对话框确认改写有效
SET DELETED	SET DELETED ON|OFF	设置是否对逻辑删除记录进行操作

2.3　Visual FoxPro 语言基础

在 Visual FoxPro 的命令方式和程序方式中，必须使用 Visual FoxPro 语言来的操作。Visual FoxPro 作为一门高级语言，有它自己的符号书写规则和语言成分。这些语言成分包括命令、数据、函数、表达式和运算符。

2.3.1　Visual FoxPro 命令

命令是由用户发出的，指示 Visual FoxPro 执行某种操作的指令。在命令操作方式中，要求操作人员熟悉和掌握各种命令的使用方法。为避免二义性，Visual FoxPro 采用形式化的符号来描述命令的语法格式，其语法格式符号见表 2-4。

表 2-4　命令格式中所用的符号及含义

符　　号	含　　　　义
<>	表示必须提供一个特定类型的语法项，以满足尖括号内项目的要求
[]	表示方括号内的语法项是可选的
|	表示在竖线两边的语法项可选择其中一项
…	表示前面的语法项可以根据需要重复多次，各语法项之间用逗号隔开

注：在实际输入命令时，不输入<>,[], | 和…。

1．命令的一般格式

FoxPro 的命令一般是由命令动词和若干命令子句组成。FoxPro 命令结构的一般格式为：

命令动词　[命令子句]…

（1）命令动词：所有命令都以命令动词开头，这个命令动词决定了此命令所要执行的操作。

（2）命令子句：命令子句用于修饰和限制命令。常用的命令子句有范围子句、表达式、FIELD 子句、FOR 子句、WHILE 子句。这些子句的具体使用方法将在 3.2.3 节详细讲述。

2．FoxPro 命令的书写规则

（1）FoxPro 命令不区分大小写，系统将大写、小写或大小写混合字母同样对待。

（2）几乎每个命令都必须以命令动词开头，除个别命令动词外，多数命令动词只须键入前四个字符即可，不必键入整个命令动词。如 CREATE 可省略成 CREA。

（3）各短语之间必须用半角空格分开，空格的个数不限。

（4）FoxPro 的命令中各个命令子句的次序可以任意调换。

（5）每条命令的字符数不超过 8KB，单行命令的长度不超过 2KB，若命令较长，一行写不完时可分行书写，用半角分号续行。

2.3.2　Visual FoxPro 的主要数据类型

数据是计算机操作和处理的主要对象，为了方便数据在计算机中的处理和表示，计算机将数据分为若干类型。一旦确定了数据的数据类型，就确定了该数据能够参与的运算集合及该数据能够表示的数据范围。因此，使用计算机处理数据时，必须根据数据的处理要求及所需的数据范围为其选择合适的数据类型。

Visual FoxPro 提供了 13 种字段数据类型和 6 种数据类型，有丰富的数据表达能力。6 种数据类型是字符型、数值型、货币型、逻辑型、日期型和日期时间型。13 种字段数据类型除了包括以上的 6 种类型外，还包括整型、单精度浮点型、双精度浮点型、备注型、通用型、二进制字符型和二进制备注型数据。内存变量和常量可以使用 6 种数据类型，而数据表中的字段可以使用全部 13 种数据类型。下面详细介绍其中常用的几种数据类型。

1. 字符型

字符型（Character）数据是表示不具有计算能力的文字字符序列，简称 C 型。字符型数据是由中文字符、英文字符、数字字符和其他可打印的 ASCII 字符组成的字符序列，称为字符串，其长度不超过 254B。需要注意的是字符型的数字字符不能参与数学运算。

2. 数值型、整型、单精度浮点型、双精度浮点型

数值型（Numeric）、整型(Integer)、单精度浮点型(Float)、双精度浮点型(Double)是表示数量、可以进行数值运算的数据。其中数值型简称 N 型，单精度浮点型简称 F 型，这两者的数据宽度最大为 20 位，在内存中占 8B，在表文件中占 1~20B。整型用于存放整数，整型数据的表示范围为 –2147483647 ~ 2147483646，它采用二进制格式存储，占 4B。双精度浮点型用于存放双精度数，主要用于科学计算，可达到 15 位精度，其数据的表示范围为+/–4.94065645841247E–324 ~ +/–8.9884656743115E307。

3. 货币型

货币型(Currency)用于表示货币量，简称 Y 型。在存储和运算过程中若超过 4 位小数则进行四舍五入，结果保留 4 位小数。货币型在内存中占 8B，其数据的表示范围为 –922337203685477.5808 ~ 922337203685477.5807。

4. 日期型

日期型（Date）数据是表示日期的数据，简称 D 型。日期数据的默认输出格式是 mm/dd/yy，其中 yy 表示年度，mm 表示月份，dd 表示日期，存储时占用 8B。

5. 日期时间型

日期时间型（Date Times）数据是表示日期和时间的数据，简称 T 型。日期时间数据的默认输出格式是 mm/dd/yyyy hh:mm:ss AM 或 PM，其中 mm、dd、yyyy 的意义与日期型相同，hh 表示小时，mm 表示分钟，ss 表示秒数。日期时间型数据也是采用固定长度 8B，取值范围日期为 01/01/0001～12/31/9999，时间为 00:00:00～23:59:59。

6. 逻辑型

逻辑型（Logic）数据是描述表示逻辑判断的结果的数据，简称 L 型。逻辑型数据值只有真（.T. 或.Y.）和假（.F.或.N.）两种，存储时占 1B。

7. 备注型

备注型（Memo）数据用于表示、存放较长字符的数据，简称 M 型。备注型数据没有数据长度限制，仅受限于磁盘空间。它只用于数据表中字段类型的定义，在表中字段长度固定为 10 位，实际数据存放在与表文件同名的备注文件（.fpt）中，长度依数据的内容而定。

8. 通用型

通用型（General）数据，简称 G 型，是用于存储 OLE（对象链接嵌入）对象的数据。通用型数据中的 OLE 对象可以是电子表格、文档、图片等。它只用于数据表中的字段类型的定义，在表中长度固定为 4 个字节。

在数据表中存放的通用型数据其实际内容、类型和数据量取决于连接或嵌入 OLE 对象的操作方式。如果采用链接 OLE 对象方式，则数据表中只包含对 OLE 对象的引用说明，以及对创建该 OLE 对象的应用程序的引用说明。如果采用嵌入 OLE 对象方式，则数据表中除包含对创建该 OLE 对象的应用程序的引用说明，还包含 OLE 对象中的实际数据。其实际数据也是存放在与表文件同名的备注文件（.fpt）中，长度根据数据的内容而定。

2.3.3　常量

在 Visual FoxPro 中，数据可以存储在常量、变量、数组中，还可以存储于记录的字段中。因此，常把这些存储数据的常量、变量、数组、字段等称为数据存储容器。不同数据容器有不同的特点，用户可以根据数据处理的要求为数据选择相应的数据存储容器。

常量是在操作过程中值固定不变的数据，可以在命令或程序运行中直接引用，一般用于给变量赋初始值或进行比较。Visual FoxPro 支持多种类型的常量，例如，数值常量、字符常量、货币常量、日期常量、逻辑常量、日期时间常量等。这些常量都有不同的书写格式。

1. 数值常量

数值常量可以是整数或小数，由数字、小数点和正负号组成，如 625，2.14，−234.154；也可以是用科学计数法表示的很大或很小的数值常量，如用 6.6328E12 表示 $6.6328×10^{12}$，其中 6.6328 是尾数，一般采用纯小数形式；+12 是阶码，它必须是整数。尾数和阶码可正可负，之间用 E 分隔。

2. 字符常量

字符常量又称字符串。字符常量使用时要用定界符单引号、双引号或方括号括起来，例如，'china'、"123456"、[中国]。定界符必须成对出现，如果字符串本身包含某种定界符，则须用另一种定界符定界，如"I'm a student."。如果字符串中不包含任何字符，那么称其为空串，如由两个单引号定界的空串''。空串与包含空格的字符串是不同的。

3. 货币常量

货币常量表示一个确切的货币量，其书写格式与非科学计数法的数值常量相同，但要在数值前加上一个前置符号"$"，如$158.2876。

4. 日期常量

日期常量用来表示一个确切的日期，系统默认的日期常量格式为严格的日期格式。其格式为{^yyyy-mm-dd}，如{^2005-01-01}。使用错误的日期常量如{^2005-01-32}时，系统会报错。

5. 日期时间常量

日期时间常量由用空格分隔的日期和时间两部分内容构成，如 2007 年 8 月 5 日 9 时 5 分 20 秒表示为{^2007-8-5　9:5:20}。它的日期部分与日期型常量格式相同，时间部分的格式为 [hh:mm:ss][a|p]。其中 hh、mm 和 ss 分别代表时、分和秒，默认值分别为 12、0 和 0。a 和 p 分别代表上午和下午，默认值为 a。如果指定的时间大于等于 12，则代表下午的时间。

6．逻辑常量

逻辑常量只有两个值，即逻辑"真"和逻辑"假"。在 Visual FoxPro 中，分别用.T.、.t.、.Y.和.y.表示逻辑"真"；而用.F.、.f.和.N.和.n.这四种符号表示逻辑"假"。

2.3.4　变量

变量是在操作过程中其值可以变化的数据容器。在 Visual FoxPro 中，变量分为内存变量和字段变量两种。内存变量又可分为简单内存变量、系统内存变量和数组变量。

1．字段变量

字段变量是指数据表中已定义的任意一个字段。每个数据表中都包含若干个字段，同一个字段名下有若干行数据项，而字段变量的值会随着当前记录所对应的数据项的值的变化而变化，所以字段变量具有变量的特点。字段变量是在定义数据表结构时定义的，因此使用字段变量前首先要建立并打开数据表。

2．内存变量

内存变量可以用来暂时存放程序执行过程中的中间结果或最终结果。除非用内存变量文件保存内存变量值，否则它会随着 Visual FoxPro 的关闭而自动释放。内存变量本质上是内存中的一个临时存储区域，其变量值就是存放在这个存储区域里的数据值。为了引用某个变量中存储的数据，我们用一个称为变量名的标识符来标识该变量，以将该变量与其他变量区分开来。变量名的长度不能超过 254 个字符，必须以字母开头并由字母、汉字、数字或下画线组成，中间不能有空格。如果打开的数据表的字段变量与内存变量同名，则访问内存变量时，必须在内存变量前加上前缀"M."或"M->"，否则系统将优先访问同名的字段变量。

对内存变量的操作主要包括内存变量的赋值、输出、显示和删除。

1）内存变量的建立与赋值

内存变量从无到有的建立过程是通过赋值来完成的。通过赋值，既可以定义一个新变量，也可以改变已有变量的值和类型。

以下两种形式的赋值命令可用于给内存变量赋值。

格式 1：<内存变量名>=<表达式>

功能：将表达式的计算结果送到内存变量中。

格式 2：STORE <表达式> TO <内存变量名表>

功能：将表达式的值赋给<内存变量名表>中指定的那些内存变量。

赋值命令可用于建立内存变量，改变内存变量和数组的值，但对字段变量使用赋值命令是无效的。

【例 2.2】给内存变量 a、b、c 赋值。

```
a="东北财经大学"
store 0 to b,c
```

2）输出内存变量的值

格式 1：?<表达式列表>

格式 2：??< 表达式列表>

功能：先计算<表达式列表>中各表达式的值，并在屏幕上显示出结果。格式 1 在输出前先执行一次换行，再输出各表达式的值；格式 2 直接在当前光标位置处输出表达式的值。

【例 2.3】 输出内存变量的值，执行例 2.2 中的命令后，继续在命令窗口中输入以下命令并执行。

```
?a
??a,b,c
?b,c
```

屏幕上显示：

```
东北财经大学东北财经大学        0    0
0    0
```

3）显示内存变量

格式 1： LIST MEMORY [LIKE <通配符>][TO PRINTER|TO FILE <文件名>]

格式 2： DISPLAY MEMORY [LIKE < 通配符>][TO PRINTER |TO FILE<文件名>]

功能：显示内存变量的当前信息，包括变量名、作用域、类型和取值。

在显示内存变量命令中，若不使用 LIKE 子句，则显示全部变量的信息。当只需要查看指定的某一些变量时，可使用 LIKE 子句，命令的输出结果只包含与通配符相匹配的内存变量。通配符包括 "*" 和 "?"，"*" 表示 0 个或任意多个字符；"?" 表示任意一个字符。例如，在例 2.4 中的通配符 "?A*" 表示所有变量名的第二个字母为 "A" 的变量。

可选子句 TO PRINTER 或 TO FILE<文件名>用于在显示的同时送往打印机，或者存入指定文件名的文本文件中，文件的扩展名为.txt。

LIST MEMORY 命令用于连续显示与通配符匹配的所有内存变量，如果显示内容超过一屏时，则自动向上滚动。DISPLAY MEMORY 用于分屏显示与通配符匹配的所有内存变量，如果显示内容超过一屏时，显示一屏后暂停，按任意键之后再继续显示下一屏。

【例 2.4】 显示内存变量。

```
AA=10
BA="VISUAL FOXPRO"
BC=.T.
LIST MEMORY LIKE ?A*
```

屏幕上显示：

```
AA          Pub      N          10   ( 10.00000000)
BA          Pub      C          "VISUAL FOXPRO"
```

4）内存变量的清除

格式 1： RELEASE <内存变量名表>

功能：清除内存变量名表中指定的内存变量。

格式 2： RELEASE ALL [LIKE| EXCEPT <通配符>]

功能：选用 LIKE 子句时，清除与通配符相匹配的内存变量，选用 EXCEPT 子句时，清除与通配符不相匹配的内存变量。

3. 数组

数组是由一个标识符指定的内存中的一片连续存储区域，是一组变量的有序集合。或者说，数组是一个名称相同、下标不同的内存变量的有序集合。其中每个下标不同的内存变量都是这个数组的一个元素。为区分不同的数组元素，每个数组元素通过数组名及相应的下标引用，并将其视为一个一般内存变量。因此，每个数组元素一般又被称为下标变量。

与一般内存变量不同，使用数组之前要先定义它。在 Visual FoxPro 中，系统允许定义一维数组和二维数组。数组一经定义，每个元素都可作为一个独立的内存变量使用，其默认值为逻辑型的.F.。定义数组使用如下命令：

格式：DIMENSION <数组名 1>(<数值表达式 1>[,<数值表达式 2>])
[,< 数组名 2>(<数值表达式 1>[,<数值表达式 2>])]…

【例 2.5】定义一维数组和二维数组。

```
DIMENSION X(3),Y(2,3)
? X(1)
X(1) = 9
Y(2,1) = {^2010-06-25}
? X(1),Y(2,1)
```

屏幕上显示：

```
.F.
9    06/25/10
```

例 2.5 定义了一个一维数组 X 和一个二维数组 Y。X 和 Y 是数组名，其中一维数组 X 含有 3 个数组元素，分别用 X(1)、X(2)和 X(3)引用。二维数组 Y 含有 6 个数组元素，分别用 Y(1，1)、Y(1，2)、Y(1，3)、Y(2，1)、Y(2，2)和 Y(2，3)引用。圆括号内的数字称为数组元素的下标，数组元素间用下标区分。

在 Visual FoxPro 系统中，数组可以重新定义，并能动态地改变数组的维数和容量，且原数组中元素的值不变，但要注意内存空间的大小，避免出现内存不足的现象。

4．系统变量

以字符"_"开头的、由 VFP 系统自动定义生成的变量，其名称也是系统事先定义好的。系统变量主要用于控制外部设备、屏幕输出格式或处理有关计算器、日历、剪贴板等方面的信息。例如，_PAGENO 用于控制打印输出的页码。通常为避免用户定义的内存变量与已有的系统变量产生命名冲突，在定义内存变量时应尽量避免使用"_"开头的内存变量名。

2.3.5　常用标准函数

函数是一种能够完成某种特定操作或功能的数据处理形式。它一般需要 0 个或若干个运算对象（即函数的参数），函数的运算结果（即函数值）只有一个。函数的调用格式如下：

函数名（[参数 1][,参数 2[,…]])

在 Visual FoxPro 中，函数有两种：一种是系统函数，一种是用户自定义函数。系统函数是由 Visual FoxPro 提供的内部函数，可以直接使用。本节只介绍常用的数值函数、字符处理函数、日期类函数和数据类型转换函数。在学习这些函数时要注意准确掌握函数的功能、函数对参数的要求（包括参数的作用、数据类型、顺序），以及函数返回值的数据类型。

1．数值函数

数值函数是指函数值为数值的函数，它们的函数参数和返回值往往都是数值型数据。常用的数值函数见表 2-5。

表 2-5　常用的数值函数表

函　　数	功　　能
ABS(<数值表达式>)	返回数值表达式的绝对值
SIGN(<数值表达式>)	返回数值表达式的符号。当表达式的运算结果为正、负或零时，返回值分别为 1、-1 和 0
LOG(<数值表达式>)	求数值表达式的自然对数。数值表达式的值必须为正数
LOG10(<数值表达式>)	求数值表达式的常用对数。数值表达式的值必须为正数
EXP(<数值表达式>)	求以 e 为底、数值表达式的值为指数的幂
SIN(<数值表达式>)	返回数值表达式的正弦值。数值表达式以弧度为单位
COS(<数值表达式>)	返回数值表达式的余弦值。数值表达式以弧度为单位
SQRT(<数值表达式>)	返回数值表达式的平方根。数值表达式的值不能为负
PI()	返回圆周率 π 的值
INT(<数值表达式>)	返回数值表达式的整数部分
CEILING(< 数值表达式>)	返回大于或等于数值表达式的最小整数
FLOOR(< 数值表达式>)	返回小于或等于数值表达式的最大整数
ROUND(<数值表达式 1>,<数值表达式 2>)	返回数值表达式在指定位置四舍五入后的结果，<数值表达式 2>指明四舍五入的位置
MOD(<数值表达式 1>,<数值表达式 2>)	返回两个数值相除后的余数，<数值表达式 1>是被除数，<数值表达式 2>是除数。余数的正负号与除数相同
MAX(<数值表达式 1>,<数值表达式 2>[,<数值表达式 3>…])	计算各个数值表达式的值，并返回其中的最大值
MIN(<数值表达式 1>,<数值表达式 2>[,<数值表达式 3>…])	计算各个数值表达式的值，并返回其中的最小值

【例 2.6】求数值的绝对值和符号。

```
STORE 10 TO x
? ABS(5-x), ABS(x-5), SIGN(5-x), SIGN(x-10),SIGN(x-5)
```

屏幕上显示：

```
5        5        -1        0        1
```

【例 2.7】求数值的平方根。

```
STORE -100 TO x
? SQRT(2*6), SIGN(x)*SQRT(ABS(x))
```

屏幕上显示：

```
3.46        -10.00
```

【例 2.8】求整数。

```
STORE 5.8 TO x
? INT(x), INT(-x), CEILING(x), CEILING(-x), FLOOR(x), FLOOR(-x)
```

屏幕上显示：

```
5  -5  6  -5  5  -6
```

【例 2.9】对数值进行四舍五入。

```
X=345.345
? ROUND(X,2), ROUND(X,1), ROUND(X,0), ROUND(X,-1)
```

屏幕上显示：

```
345.35   345.3   345   350
```

【例 2.10】求余数。

```
? MOD(10,3), MOD(10,-3), MOD(-10,3), MOD(-10,-3)
```

屏幕上显示：

```
1   -2   2   -1
```

【例 2.11】求最大值和最小值。

```
? MAX(2,12,5), MIN(2,12,5)
```

屏幕上显示：

```
12      2
```

2. 字符函数

字符函数是指函数参数一般是字符型数据的函数。常用字符函数如表 2-6 所示。

表 2-6　常用字符函数表

函　数	功　能
LEN(<字符表达式>)	返回字符表达式所包含的字符个数。返回值为数值型
LOWER(<字符表达式>)	将字符表达式中的大写字母转换成小写字母，其他字符不变
UPPER(< 字符表达式>)	将字符表达式中的小写字母转换成大写字母，其他字符不变
SPACE(<数值表达式>)	返回由指定数目的空格组成的字符串
TRIM(<字符表达式>)	返回字符表达式去掉尾部空格后形成的字符串
LTRIM(<字符表达式>)	返回字符表达式去掉前导空格后形成的字符串
ALLTRIM(<字符表达式>)	返回字符表达式去掉前导和尾部空格后形成的字符串
LEFT(<字符表达式>,<长度>)	从字符表达式的左端取一个指定长度的子串作为函数值
RIGHT(< 字符表达式>,<长度>)	从字符表达式的右端取一个指定长度的子串作为函数值
SUBSTR(< 字符表达式>,<起始位置>[,<长度>])	从字符表达式的指定起始位置取指定长度的子串作为函数值。在 SUBSTR 函数中，若采用默认<长度>，则函数从指定位置一直取到最后
STUFF(< 字符表达式 1>, <数值表达式 1>, <数值表达式 2>, <字符表达式 2>)	从数值表达式 1 指定位置开始，用字符表达式 2 替换字符表达式 1 中的字符，替换长度由数值表达式 2 说明
AT(<字符表达式 1>,<字符表达式 2>[,<数值表达式>])	函数值为数值型。若字符表达式 1 是字符表达式 2 的子串，则返回字符表达式 1 的首字符在字符表达式 2 中的位置；若不是子串，则返回 0
PADC(<字符表达式 1>,<数值表达式>[,<字符表达式 2>])	在字符表达式 1 的两边填充字符，填充的字符由字符表达式 2 的值确定，填充后的结果字符串长度由数值表达式的值指定
CHRTRAN(<字符表达式 1>,<字符表达式 2>,<字符表达式 3>)	将字符表达式 1 中与字符表达式 2 中相匹配的字符用字符表达式 3 的值去替代

【例 2.12】求字符串长度。

```
x="中文 Visual FoxPro 6.0"
?LEN(x)
```

屏幕上显示：

```
21
```

【例 2.13】 进行大小写转换。

```
? LOWER("Visual FoxPro"),  UPPER("Visual FoxPro")
```

屏幕上显示：

```
visual foxpro   VISUAL FOXPRO
```

【例 2.14】 删除字符串的前后空格。

```
STORE  SPACE(1)+"TEST"+SPACE(3)   TO   SS
? TRIM(SS) + LTRIM(SS) + ALLTRIM(SS)
? LEN(SS), LEN(TRIM(SS)), LEN(LTRIM(SS)), LEN(ALLTRIM(SS))
```

屏幕上显示：

```
TESTTEST   TEST
8    5    7    4
```

【例 2.15】 求子串。

```
STORE  "GOODBYE!"  TO  x
? LEFT(x,2),  SUBSTR(x,6,2),  SUBSTR(x,6,3),  RIGHT(x,3)
```

屏幕上显示：

```
GO   YE   YE!   YE!
```

【例 2.16】 求子串位置。

```
STORE "This is Visual FoxPro" TO  x
?AT("fox",x),  ATC("fox",x),  AT("is",x,3),  AT("xo",x)
```

屏幕上显示：

```
0   16  10  0
```

3. 日期和时间函数

日期和时间函数的函数参数一般是日期型数据或日期时间型数据。常用日期和时间函数如表 2-7 所示。

表 2-7　常用日期和时间函数表

函　　数	功　　　能
DATE()	返回当前系统日期，函数值为日期型
TIME()	以 24 小时制 hh：mm：ss 格式返回当前系统时间，函数值为字符型
DATETIME()	返回当前系统日期时间
DOW(<日期时间表达式>)	返回日期表达式或日期时间表达式是一周中的第几天
YEAR(<日期时间表达式>)	从指定的日期表达式或日期时间表达式中返回年份值（如 2001），函数值为数值型
MONTH(<日期时间表达式>)	从指定的日期表达式或日期时间表达式中返回月份，函数值为数值型
DAY(<日期时间表达式>)	从指定的日期表达式或日期时间表达式中返回日期，函数值为数值型
HOUR(<日期时间表达式>)	从指定的日期时间表达式中返回小时部分（24 小时制）
MINUTE(<日期时间表达式>)	从指定的日期时间表达式中返回分钟部分
SEC(<日期时间表达式>)	从指定的日期时间表达式中返回秒数部分
SECONDS( )	以秒为单位返回自午夜以来经过的时间，精确到毫秒。函数值为数值型

【例 2.17】 将日期数据以中文格式日期输出。

```
d={^1992-09-28}
?d
```

屏幕上显示：

09/28/92

输入：

? str(year(d),4)+"年"+str(month(d),2)+"月"+ str(day(d),2)+"月"

屏幕上显示：

1992 年 9 月 28 日

4．数据类型转换函数

数据类型转换函数的功能是将某一种类型的数据转换成另一种类型的数据。由于不同类型的数据不能直接运算，数据类型转换函数用于将不同类型的数据转换为同一种类型的数据，然后再进行运算。常用数据类型转换函数见表 2-8。

表 2-8　常用数据类型转换函数表

函　　数	功　　　　能
ASC (<cExp>)	返回 cExp 串首字符的 ASCII 码值。函数值为 N 型
CHR (<nExp>)	返回以 nExp 为 ASCII 码值的字符。函数值为 C 型
STR(<数值表达式>[,<长度>[,<小数位数>]])	将<数值表达式>的值转换成字符串，转换时根据需要自动将值四舍五入
VAL(<字符表达式>)	将由数字符号（包括正号、负号、小数点）组成的字符型数据转换成相应的数值型数据
CTOD(<字符表达式>)	将<字符表达式>值转换成日期型数据，字符串中日期部分的格式要与 SET DATE TO 命令设置的格式一致
DTOC(<日期表达式>|<日期时间表达式>[,1])	将日期型数据或日期时间数据的日期部分转换成字符串
TTOC(<日期表达式>)	转换日期时间表达式为字符串
CTOT(<字符表达式>)	将字符表达式值转换成对应的日期时间值

【例 2.18】把数值转换成字符串。

```
STORE -122.456 TO n
? STR(n,9,2), STR(n,6,2), STR(n,3), STR(n,6), STR(n)
```

屏幕上显示：

 -122.46 -123.5 *** -122   -122

【例 2.19】把字符串转换成数值。

```
STORE "-123." TO x
STORE "45A" TO y
STORE "A45" TO z
? VAL(x+y), VAL(x+z), VAL(z+y)
```

屏幕上显示：

-123.45 -123.00 0.00

2.3.6　运算符和表达式

表达式是由常量、变量和函数通过特定的运算符连接起来的式子。在 Visual FoxPro 中大多数命令中都包含表达式的语法成分，表达式使这些命令的功能更加灵活、强大。表达式的形式有两种。第一种形式是由单独的常量、变量或函数表示的表达式，因此，常量、变量和函数可以看作表达式的特例；第二种形式是由运算符将常量、变量和函数这些运算对象连接起来形成的式子。无论是简单的还是复杂的合法表达式，按照规定的运算规则最终均能计算出一个结果，即表达式的值。根据表达式值的类型，表达式可分为算术表达式、字符表达式、日期表达式、关系表达式和逻辑表达式。为了增强命令的处理能力，VFP 还提供了名称表达式。另外，在表达式的使用中还应注意表达式中的优先级问题和空值运算问题。

1. 算术表达式

算术表达式是指常量、变量和函数用算术运算符（含括号）按一定规则连接起来的表达式，其运算结果仍然是数值型数据。算术运算符及其运算功能见表 2-9。

表 2-9　算术运算符

运 算 符	运 算 功 能	运 算 符	运 算 功 能
**或^	乘方	%	取余(或求余)
*	乘法	+	加法
/	除法	-	减法

算术运算符的优先级别从高到低是：括号、**(或^)、*、/、%，+和-。同级运算符的运算顺序是自左向右顺序运算。Visual FoxPro 中的算术表达式与数学中的数学表达式有相似之处，但又有严格的区别。

例如：　　数学表达式　　　　　　Visual FoxPro 的算术表达式

$2x+y^2$　　　　　　　2*x+y**2

$3|x|+\sqrt{b^2-1}$　　　　3*abs(x)+sqrt(b*b-1)

【例 2.20】计算算术表达式的值。

```
A=3
B=9
C=5
?B**2-4*A*C,2*B/A,B%C
```

屏幕上显示：

```
21.00        6.0000        4
```

2. 字符表达式

字符表达式是由字符串运算符将字符型数据连接起来的式子，其运算结果仍然是字符型数据。字符串运算符有以下两个，它们的优先级相同。

+：前后两个字符串首尾连接形成一个新的字符串。

-：连接前后两个字符串，并将前一字符串的尾部空格移到合并后的新字符串尾部。

【例 2.21】计算字符表达式的值。

```
? "VISUAL  "+"FOXPRO"+"6.0", "VISUAL  "-"FOXPRO"+"6.0"
```

屏幕上显示：

```
VISUAL  FOXPRO6.0        VISUALFOXPRO  6.0
```

3. 日期表达式

日期型或日期时间型数据也可以进行运算，生成日期时间表达式。日期时间表达式中可以使用的运算符有+和-。但日期时间表达式的运算符对其运算对象有一定限制，不能将运算符与运算对象任意组合。

一个日期或日期时间型数据加减一个数值，结果为新的日期或日期时间。两个日期或日期时间型数据相减的结果为相差的天数或秒数。

【例 2.22】计算日期表达式的值。

```
SET DATA TO YMD
?{^2005-04-12}+5, {^2005-04-12}-5 , {^2005-04-12}-{^2004-12-05}
```

屏幕上显示：

```
05/04/17        05/04/07         128
```

输入：

```
? {^2009-05-19 14:28:30}-{^2009-05-19 14:27:30}
```

屏幕上显示：

```
60
```

输入：

```
? {^2009-05-19 14:28:30}-60
```

屏幕上显示：

```
09/05/19 02:27:30 PM
```

输入：

```
? {^2009-05-19 14:28:30}+60
```

屏幕上显示：

```
09/05/19 02:29:30 PM
```

4．关系表达式

关系表达式是由关系运算符将两个运算对象连接起来形成的式子。关系运算符的作用是对两个表达式进行比较运算，其运算结果是逻辑型数据.T.或.F.。关系运算符如表 2-10 所示。

表 2-10　关系运算符

运　算　符	名　　称	运　算　符	名　　称
<	小于	<=	小于等于
>	大于	>=	大于等于
=	等于	==	字符串精确比较
<>、# 、!=	不等于	$	字符串包含比较

关系运算符的优先级相同，从左到右依次进行比较。运算符"=="和"$"仅适用于字符型数据，其他运算符适用于任意类型的数据，但要求前后两个运算对象的数据类型一致。另外，在使用关系表达式时，要注意数据比较的规则和字符串精确比较与非精确比较这两个问题。

1）数据比较的规则

不同的数据类型的比较规则各有特点，下面分别加以说明：

（1）数值型数据比较时，按数值的大小比较，包括负号。例如，123<456 的运算结果为.T.。

（2）日期和日期时间型数据比较时，越早的日期或时间越小，越晚的日期或时间越大。依次按年月日的值比较。例如，表达式{^2002-12-23}<{^2004-01-09}的运算结果为.T.。

（3）逻辑型数据比较时，逻辑真值大于逻辑假值。例如，.T.>.F. 的运算结果为.T.。

（4）子串包含测试时，如表达式"<字符表达式 1>$< 字符表达式 2>"在进行比较时，如果前者是后者的一个子字符串，结果为.T.，否则为.F.。例如，"财经"$"东北财经大学" 的运算结果为.T.。

（5）字符型数据的比较。当两个仅含一个字符的字符串进行比较时，系统根据这两个字符的在字符编码表中的前后顺序决定两个字符的大小。排在编码表前部的字符比排在后部的字符小，西文字符以 ASCII 码表为比较标准；汉字则以汉字国标码表为比较标准。在国标码表中一级汉字按拼音顺序排列，二级汉字按偏旁部首顺序排列。比较两个由多个字符组成的字符串时，系统对两个字符串的字符自左向右逐个进行比较，一旦发现两个对应位置的字符不同，就以该位置上的两个字符的比较结果作为整个字符串的比较结果。

2）字符串精确与非精确比较

在用双等号运算符"= ="比较两个字符串时，只有当两个字符串完全相同（包含的空格以及各字符的位置、大小写均相同）时，运算结果才会是.T.，否则为.F.。

在用单等号运算符"="比较两个字符串时，运算结果与 SET EXACT ON|OFF 设置有关。该命令是设置精确匹配与否的开关。系统默认该命令为 OFF 状态，在此状态下只要等号右边字符串是等号左边字符串的子串，即可得到.T.的结果。当该命令处于 ON 状态时，单等号在将左右字符串的后续空格去掉后再进行精确比较。在 VFP 中使用不精确比较的主要目的是为了方便模糊查询。

【例 2.23】在 EXACT 的不同设置下比较字符串大小。

```
SET EXACT OFF
? "出版社"="出版", "出版社"=="出版", "出版"="出版 "
SET EXACT ON
? "出版社"="出版", "出版社"=="出版", "出版"="出版 "
```

屏幕上显示：

```
.T.    .F.    .F.
.F.    .F.    .T.
```

5．逻辑表达式

逻辑表达式是由逻辑运算符将逻辑型数据连接起来而形成的式子，其运算结果仍然是逻辑型数据。逻辑运算符有三个：.NOT.(或！)、.AND.和.OR.。也可以省略两端的句点，写成 NOT、AND 和 OR。其优先级顺序依次为 NOT、AND、OR。

逻辑运算符的运算规则见表 2-11。

表 2-11　逻辑运算规则

A	B	.NOT.A	A.AND.B	A.OR.B
.T.	.T.	.F.	.T.	.T.
.T.	.F.	.F.	.F.	.T.
.F.	.T.	.T.	.F.	.T.
.F.	.F.	.T.	.F.	.F.

【例 2.24】求逻辑表达式的值。

```
? 6>3.AND.4<>12.OR..NOT.5=6,((6>3).AND.(4<>12)).OR.(.NOT.(5=6))
```

屏幕上显示：

```
.T.    .T.
```

由于 6>3.AND.4<>12.OR..NOT.5=6 的运算顺序与((6>3).AND.(4<>12)).OR.(.NOT.(5=6))完全相

同。因此，例 2.24 中等式两边的两个表达式的运算结果也完全相同。

6.名称表达式

名称表达式是由圆括号括起来的字符表达式，其作用是替换命令或函数中的名称。使用名称表达式可以替换命令中的变量名或文件名，或作为函数的参数。

【例 2.25】名称表达式示例。

```
nSalary=1000
sName="李军"
sVarname="nSalary"
STORE 1234 TO (sVarname)   &&用 sVarname 的值替代 Store 命令的变量名
                           && 等价于 STORE 1234 TO nSalary
sVarname="sName"
STORE "张明" TO (sVarname)&&此时等价于 STORE "张明" TO sName
? sName,nSalary
```

屏幕上显示：

```
张明        1234
```

7. 表达式运算的优先级

前面介绍了各类表达式以及其使用的运算符。在每一类运算符中，各个运算符有一定的运算优先级。而不同类型的运算符也可能出现在同一个表达式中，这时它们的运算优先级顺序依次是：算术运算符，字符串运算符，日期时间运算符，关系运算符和逻辑运算符。

每类运算符内部按其内部优先级进行运算。同一级别的运算符则按照从左到右的规则进行运算。使用了圆括号运算符时，可以改变其他运算符的运算次序。圆括号中的内容作为整个表达式的子表达式，在与其他运算对象进行各类运算前，其结果首先要被计算出来。圆括号的优先级最高。另外，圆括号可以嵌套。函数的运算高于运算符，但低于括号。有时候，在表达式的适当地方插入圆括号，并不是为了改变其他运算符的运算次序，而是为了提高代码的可读性。

8. 表达式中空值(.NULL.)的运算

空值（.NULL.）表示未知、不确定或者不存在的数据。在表达式运算中，空值有其特殊的运算规则，下面分别说明空值在各种表达式中的运算处理方法。

1）表达式中 NULL 的运算规则

在逻辑表达式中，空值的运算规则如表 2-12 所示。

表 2-12 空值在逻辑达式中的运算规则

A	B	.NOT.A	A.AND.B	A.OR.B
.NULL.	.T.	.NULL.	.NULL.	.T.
.NULL.	.F.	.NULL.	.F.	.NULL.
.NULL.	.NULL.	.NULL.	.NULL.	.NULL.

在日期表达式、算术表达式、字符表达式、关系表达式中含有 NULL 值的表达式将返回.NULL.。

【例 2.26】NULL 值表达式运算。

```
? {^2008-10-1}+.NULL.,5+.NULL.,'Visual FoxPro'+.NULL.,'a'=.NULL.
```

屏幕上显示：

```
.NULL.  .NULL.  .NULL.  .NULL.
```

2）函数中 NULL 值的处理

在字符函数、数值函数、日期和时间函数中的参数若为 NULL 值，则函数返回.NULL.。

【例 2.27】NULL 值函数运算。

```
? int(.NULL.),year(.NULL.),DTOC(.NULL.),AT(.NULL.,'a')
```

屏幕上显示：

```
.NULL. .NULL. .NULL. .NULL.
```

3）空值判断函数 ISNULL

由于 NULL 在关系运算上的特殊性，不能直接用比较运算符判断一个值是否为空值。因此，Visual FoxPro 提供了专用的空值判断函数 ISNULL。其函数格式如下：

函数格式：ISNULL(<表达式>)

功能：判断表达式的值是否是空值，若是返回.T.值，否则返回.F.值。

【例 2.28】ISNULL 函数示例。

```
Nil = .NULL.
NotNil='Visual FoxPro'
? Nil=.NULL.,ISNULL(Nil),ISNULL(NotNil)
```

屏幕上显示：

```
.NULL. .T. .F.
```

4）移去空值函数 NVL

当不允许变量或表达式取 NULL 值进行运算时，可使用 NVL 函数为变量指定一个 NULL 值的替代值参与运算。

函数格式：NVL(<表达式 1>，<表达式 2>)

功能：如果表达式 1 的计算结果为.NULL.，则返回表达式 2 的值；否则返回表达式 1 的值。当且仅当表达式 1、表达式 2 同时为 NULL 值时，返回.NULL.。

【例 2.29】NVL 函数示例。

```
Nil = .NULL.
NotNil='Visual FoxPro'
? NVL(Nil,78),NVL(NotNil,'Visual Basic'),NVL(Nil,.NULL.)
```

屏幕上显示：

```
78 Visual FoxPro .NULL.
```

在 NVL 函数中，为保证在表达式 1 取空值时，能返回一个非空函数值，表达式 2 往往使用非空常量。

本 章 小 结

Visual FoxPro 是非常成熟的数据库管理系统及开发工具。本章首先介绍了 Visual FoxPro 的发展和特点及系统环境，重点介绍了菜单、工具栏、命令窗口、项目管理器的操作使用方法，还介绍了如何根据用户的需要配置 Visual FoxPro 系统。

本章在最后一节重点介绍 Visual FoxPro 的语言基础，对命令、数据类型、常量、变量、数组、函数、表达式、命令的基本概念及其语法进行了详细的解释。表达式是命令中表达式子句的基本组成部分。函数和表达式是数据处理的基本形式，常量、变量、数组既是数据容器，同时也是组成表达式的基本元素。在进行数据处理时，应根据数据处理的要求为数据选择合适的数据类型与数据容器。

习 题

一、填空题

1. 项目管理器的"数据"选项卡用于显示和管理_____。

2. 项目管理器的"移去"按钮有两个功能：一是把文件_____；二是_____文件。

3. 在 VFP 6.0 数据表中，用于存放图像、声音等多媒体对象的数据类型是_____。

4. 执行命令 DIMENSION M(4,2) 之后，数组 M 的下标变量个数是_____，初值是_____。

5. 假如已执行了命令 M=[28+2]，再执行命令?M，屏幕将显示_____。

6. 要把以 M 为第 3 个字符的全部内存变量存入内存变量文件 ST.MEM 中，应使用命令_____。

7. 要判断数值型变量 Y 是否能够被 7 整除，其条件表达式为_____。

8. 执行命令 INPUT"请输入数据："TO AAA 时，如果要通过键盘输入字符串，应当使用的定界符包括_____。

9. 命令"?str (34.567,4,3)"的输出结果是_____。

10. 逻辑运算符优先级最低的是_____。

11. 如果一个表达式中包含算术运算、关系运算和逻辑运算时，则运算优先级次序是_____。

12. 将数学式子 $[(x-3y)/(2-x)]^y$ 写成 Visual FoxPro 的合法表达式应为_____。

二、简答题

1. Visual FoxPro 6.0 的用户界面由几部分组成，它们分别是什么？

2. 项目管理器是什么？使用它有什么好处？它能够管理哪些对象？

3. Visual FoxPro 6.0 有几种数据类型，各用什么字母表示？它们分别用于表示什么类型的信息？

4. 内存变量、数组变量和字段变量有何区别？

5. 使用"+"和"-"对字符串进行连接，结果有何区别？

三、上机操作题

1. 请分别使用菜单方式和命令方式完成 Visual FoxPro 6.0 的退出。

2. 请使用 Visual FoxPro 的"选项对话框"将默认目录设置为 d:\。

3. 请使用项目管理器建立一个用于图书管理系统的空数据库（tsgl.dbc）。

4. 请执行下列命令序列完成对变量的赋值，并观察 DISPLAY 各变量的类型和值。

```
STORE '东北财经大学' TO s1
s1= '5'
n1 = 5 + 6.28
f1 = 5.9742E+24
d1={^2007-05-01}
t1={^2007-12-9 08:32:24}
b1 = .T.
? s1,n1,f1,d1,t1,b1
DISPLAY MEMO LIKE "?1"
```

5. 请执行下述命令，并观察结果。

（1）? INT(3.14)，MOD(10,4)，ROUND(3.14,2)，MIN(-11.1,11)

（2）? LEN("东北财经大学")＋LEN("DUFE")

（3）? SPACE(5)+"DUFE"
　　　? ALLTRIM（SPACE(5)+"DUFE"）

（4）? SUBSTR（"20080808",5,2），AT("3","7654321"),LEFT("东北财经大学",2)

（5）? DATE(),TIME()，DATETIME()，YEAR(DATE())

（6）? STR(3.1415926,4,2)，VAL("3.1415926")

（7）? "2008"+"北京奥运"

（8）? "东北"+"财经　　　"+"大学"

（9）? "ABCD">"ABDD"

（10）? "数据"$"数据库"

（11）? {^2008-01-01}-{^2008-08-08}, {^2008-01-01}+220, {^2008-08-08} -220

（12）? .not.(5>3 .and. 7<89) .and. (15>26 .or. 4*5 < 10)

第 **3** 章 数据库与数据表

数据库与数据表是 Visual FoxPro 进行数据存储与数据管理的基本对象。在本章中，我们会将第一章中的商品进销存数据库关系模型转化为一个具体的 Visual FoxPro 数据库。通过本章的学习，可以掌握数据库与数据表的基本概念及其管理与维护方法。

3.1 Visual FoxPro 数据表与数据库

为了方便、有效地管理数据，Visual FoxPro 用数据库和数据表存储、管理和组织数据。Visual FoxPro 数据库就是一组数据表的集合，数据表是存储数据的最基本单位，是构成数据库的基本元素。这些数据表是以（.dbf）文件的形式存储在文件系统中。

同时，为了保证数据库中数据的有效性和完整性，在数据库中还存储了表与表之间的联系、依赖于表的视图、存储过程、记录有效性、字段有效性及参照完整性等信息，这些信息存储在数据库文件（.dbc）以及关联的两个辅助文件——数据库备注文件.dct 和关联的索引文件.dcx 中。

3.1.1 创建数据表

数据表是存储数据的最基本单位，是构成数据库的基本元素。创建数据表前，必须确定要创建数据表的类型和表结构。

1. 数据表的类型

Visual FoxPro 有两类表，一类是依附于数据库的数据库表；另一类是单独建立的表，这类与数据库无关的表称为自由表。数据库表可以在数据库设计器中创建，也可以将自由表添加到数据库中，使之成为数据库表。这两类表的都以文件的形式独立存放在磁盘上，文件的扩展名都是.dbf。由于数据库表易于管理，维护方便，且可以提供数据完整性约束，因此，当前数据库应用系统中一般使用数据库表。

2. 数据表的结构

定义数据表的过程就是以数据库设计中得到的关系模式为基础，为关系模式中的各个属性定义对应于 Visual FoxPro 的字段，以确定表中的数据是如何被标识和存储的。定义字段具体要指定以下 6 要素。

（1）字段名：是字段的标识，以字母或汉字开头，由字母、汉字、数字或下划线组成，不能包含空格。数据库表的字段名最长为 128 个字符，自由表的字段名最长为 10 个字符。

（2）字段类型：决定了存储在字段中的值的数据类型。

（3）字段宽度：指能够存储的数据的长度。以字节数或位数表示，当字段的类型是数值型(N)

和浮点型(F)时，其中的小数点也占字段宽度的一位。

（4）小数位：若字段的类型是数值型(N)和浮点型(F)时，还需给出小数位数。小数位数不能大于 9，双精度型数据的小数位数不能大于 18。

（5）索引：索引用于确定是否为字段数据建立索引或索引的类型（索引将在 3.3 节介绍）。

（6）使用空值：指定字段是否接受空值（NULL）。

一个数据表所有字段的 6 要素就构成了数据表的结构，它是进行表数据记录存储的框架。

【例 3.1】根据 1.6 节员工关系模式，将其转换为员工数据表结构。

在 1.6 节中的员工关系模式如下：

员工（员工号，姓名，性别，婚否，部门号，岗位，基本工资、简历，照片）

我们根据商品进销存系统中各功能对员工数据的处理要求，确定其中各字段的数据类型，最终得到数据表结构如下：

字 段	字段名	类 型	宽 度	小数位	NULL
1	员工号	字符型	6		
2	姓名	字符型	8		
3	性别	字符型	2		
4	出生日期	日期型	8		
5	婚否	逻辑型	1		√
6	部门号	字符型	6		√
7	岗位	字符型	6		√
8	基本工资	货币型	8		√
9	简历	备注型	4		√
10	照片	通用型	4		√

3. 数据表的建立

Visual FoxPro 中建立数据表就是建立数据表文件的过程，"表设计器"是建立数据表的主要工具。在表设计器中建立数据表的过程是：打开表设计器，在表设计器中定义好表结构后将其保存到数据表文件中。打开表设计器可以使用如下三种方法：

1）项目管理器

在项目管理器窗口，单击"数据"选项卡，展开要修改的"数据库"选项，选中"表"选项，然后单击"新建"按钮，在打开的"新建表"对话框中输入新建数据表的文件名后，单击"保存"按钮。

2）菜单方式

选择"文件"→"新建"命令，在"新建"对话框中选中"表"，单击"新建文件"按钮，在打开的"创建"对话框中输入新建数据表的文件名后，单击"保存"按钮。

3）命令方式

使用 CREATE 命令可以打开表设计器，其命令格式如下：

格式：CREATE　<表文件名>

CREATE 命令中的表文件名可以包含要建立的表文件所在的路径。例如

CREATE D:\商品进销存\data\员工

则在 D 盘下的"商品进销存"文件夹下的"data"子文件夹下建立表文件"员工"。若仅指定表名称，例如

```
CREATE 员工
```

则在默认目录下建立表文件。

【例 3.2】根据例 3.1 的表结构，使用表设计器建立"员工"数据表。

操作步骤如下：

（1）在"命令"窗口中键入"CREATE 员工"命令，进入如图 3-1 所示的"表设计器"对话框。

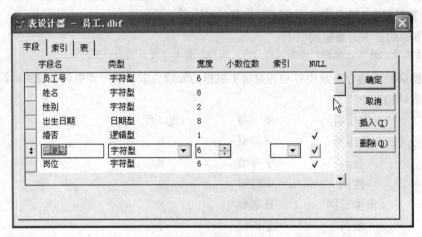

图 3-1 员工.dbf 的"表设计器"对话框

（2）在"字段名"列中，输入字段的字段名。

（3）在"类型"列中，单击右侧的下三角按钮，选择各字段对应的字段类型。

（4）在"宽度"列中，输入字段宽度。某些数据类型的字段宽度由系统确定。

（5）在"小数位数"列中，输入数值型和浮点型字段的小数位数。

（6）在"NULL"列中，对于允许 NULL 值的字段，单击"NULL"列的按钮，当显示"√"图标，表示该字段允许使用空值。

按照例 3.1 的表结构的要求，重复（2）～（6）步，当所有字段都设置完毕时，单击"确定"按钮，将出现一个对话框，询问是否立即输入数据。单击"否"按钮返回命令窗口，单击"是"按钮则进入数据录入窗口。此时，就建立了一个"员工"自由表。注意，要创建数据库表，必须先创建数据库。

3.1.2 创建数据库

由于 Visual FoxPro 数据库是由若干数据表文件与数据库文件构成的，为方便对这些文件的管理，在创建数据库前应创建一个用于存储数据库文件及其表文件的文件夹。在此基础上，可以通过以下三种方式创建数据库。

1. 项目管理器方式

打开已建立的项目文件，出现"项目管理器"对话框，在"数据"选择卡中选择"数据库"，然后单击"新建"按钮，再单击"新建数据库"按钮。在图 3-2 所示的"创建"对话框中选择保存数据库文件的文件夹，输入数据库文件名，单击"保存"按钮后，系统将打开数据库设计器窗口。

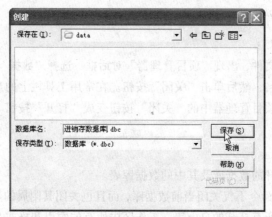

图 3-2　创建"进销存数据库.dbc"对话框

2. 菜单方式

选择"文件"→"新建"命令，在"新建"对话框中的文件类型选项区域中选择"数据库"单选按钮，单击"新建文件"按钮后打开新建数据库对话框，其后的操作与项目管理器中的相同。

3. 命令方式

格式：CREATE DATABASE <数据库名>

功能：用指定的文件名创建一个新数据库文件。

说明：<数据库名>是指数据库文件名，扩展名可以省略。如果指定数据库名，则直接创建数据库相关文件，而不打开数据库设计器。

【例 3.3】在 D 盘下的 data 文件夹下创建"超市进销存"数据库文件。

CREATE DATABASE D:\DATA\超市进销存

3.1.3　打开数据库

在数据库中创建表或使用数据库表时，必须先打开数据库。打开数据库文件有以下几种方式。

1. 使用项目管理器

打开已建立的项目文件，出现"项目管理器"对话框，单击"数据"选项卡，选中要打开的数据库名，然后单击"打开"按钮。

2. 菜单方式

执行"文件"→"打开"命令，在出现的"打开"对话框中先在文件类型中选择"数据库"选项，然后选择所要打开的数据库文件名，单击"确定"按钮。

3. 命令方式

格式：OPEN DATABASE <数据库文件名>

功能：打开指定的数据库文件。

数据库打开后，在常用工具栏中可以看见当前正在使用的数据库名，同时当"数据库设计器"窗口为当前窗口时，系统菜单上出现"数据库"菜单项。

3.1.4　关闭数据库

若数据库文件暂时不用或操作完成后，必须将其关闭，使之保存在文件系统中以确保数据的安全。关闭数据库文件有以下几种方式。

1. 使用项目管理器

打开已建立的项目文件，出现"项目管理器"对话框，选择"数据"选项卡，选择"数据库"下面需要关闭的数据库名，然后单击"关闭"按钮。在常用工具栏上的当前数据库下拉列表框中该数据库名消失，同时项目管理器中的"关闭"按钮变成"打开"按钮。

2. 命令方式

格式：CLOSE DATABASE

功能：关闭当前打开的数据库及其中的数据库表。

CLOSE DATEBASE 命令不仅关闭当前数据库，而且也关闭其附属的数据库表；如果当前没有打开的数据库，则关闭所有打开的自由表、工作区内所有的索引和格式文件。

3.1.5 删除数据库

当数据库文件不再需要时，可以删除数据文件，以避免其占用磁盘空间。删除数据库的方法有如下两种。

1. 使用项目管理器

打开已建立的项目文件，出现"项目管理器"窗口，单击"数据"选项卡，选中要删除的数据库名，然后单击"移去"按钮。在弹出的对话框中，若单击"移去"按钮，仅将数据库从项目中移去；若单击"删除"按钮，则将数据库从磁盘上删除。被删除的数据库中的表成为自由表。

2. 命令方式

格式：DELETE DATABASE <数据库文件名|?> [DELETETABLES][RECYCLE]

功能：从磁盘上删除一个扩展名为.DBC 的数据库文件。

说明：

（1）被删除的数据库不能处于打开状态。被删除的数据库中的表将成为自由表。

（2）DELETETABLES 选项表示在删除数据库的同时从磁盘上删除该库中所包含的表。

（3）RECYCLE 选项表示将删除的数据库和表放入回收站，需要的时候可以还原。

3.1.6 修改数据库

数据库设计器是交互式修改数据库的工具，通过数据库设计器我们可以新建、添加、移去、浏览、修改数据库中的数据表与视图（视图将在 4.3 节中介绍）。修改数据库前必须先打开数据库设计器。

1. 打开数据库设计器

1）使用项目管理器

在项目管理器窗口，单击"数据"选项卡，选择要修改的数据库名，然后单击"修改"按钮。

2）使用命令打开数据库设计器

格式：MODIFY DATABASE [数据库文件名|?]

功能：打开数据库文件并同时打开数据库设计器。

说明：数据库文件名指定要修改的数据库文件名，使用默认数据库文件名时，系统将为当前数据库打开设计器。

【例 3.4】打开 D 盘 data 文件夹下"超市进销存"数据库文件，同时打开数据库设计器。

MODIFY DATABASE D:\DATA\超市进销存

打开的数据库设计器如图 3-3 所示。

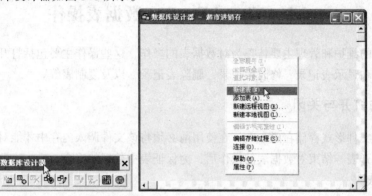

图 3-3　数据库设计器及其快捷菜单与工具栏

2．数据库设计器的操作

在数据库设计器中进行操作可以使用系统菜单中的"数据库"菜单、"数据库设计器"工具栏和快捷菜单三种方式。这 3 种操作方式的功能完全相同，下面以快捷菜单为例介绍数据库设计器的主要功能。

1）添加表

添加表用于将自由表添加到数据库中，使之成为数据库表。在数据库设计器窗口中右击，在弹出的快捷菜单中选择"添加表"命令。在弹出的"打开"对话框中选择要添加的自由表，单击"确定"按钮。

2）新建表

新建表用于创建数据库表。在数据库设计器窗口中右击，在弹出的快捷菜单中选择"新建表"命令。在弹出的"新建表"对话框中单击"新建表"按钮。其后的操作与新建自由表相同。

3）删除或移去表

删除或移去表用于将数据库表从数据库中移去或从文件系统中删除。在数据库设计器窗口中选中要删除的数据表后右击，在弹出的快捷菜单中选择"删除"命令，如图 3-4 所示。在图 3-5 所示的对话框中，若单击"删除"按钮，则将表删除；若单击"移去"按钮，则表成为自由表。

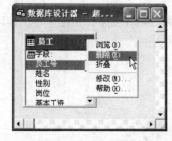

图 3-4　删除表的快捷菜单

图 3-5　删除表对话框

4）修改数据库表结构

在图 3-4 所示的快捷菜单中，若选择"修改"命令，则打开数据表设计器，在表设计器中可以对所选数据库表的表结构进行修改。

3.2　Visual FoxPro 数据表操作

对数据库的维护和管理主要体现为对数据表的操作，这些操作主要包括打开与关闭表，添加表记录，浏览和显示表记录，修改表记录，删除表记录，以及复制表等。

3.2.1　表的打开与关闭

数据表以文件形式存储在磁盘上，在使用前必须将该文件调入内存中才能对其进行操作，这个过程称为打开表。结束对数据表的操作后，为保证表中数据的安全，应将表关闭。

1．打开表

表的打开操作可以通过命令或菜单方式完成。

1）命令方式

格式：USE <文件名>

功能：打开指定的表文件。

说明：<文件名>指表文件名，扩展名可以省略。

【例 3.5】使用命令方式打开"员工"表。

```
USE 员工                &&在当前工作区打开员工信息表 员工.dbf
```

2）菜单方式

选择主菜单的"文件"→"打开"命令，将出现"打开"对话框，在该对话框中选择表文件所在的文件夹，选择文件类型为表（.dbf），再选取要打开的文件，最后单击"确定"按钮。

2．关闭表

关闭表可以使用如下命令之一。

1）USE

功能：关闭当前工作区的表文件。

2）CLOSE ALL

功能：关闭所有工作区的所有文件及其相关窗口，并指定 1 号工作区为当前工作区。

3）CLEAR ALL

功能：关闭所有工作区的所有文件及其相关窗口，释放内存变量，指定 1 号工作区为当前工作区。

【例 3.6】打开员工表后，再将其关闭。

```
USE 员工
USE                    &&关闭表员工.dbf
```

3.2.2　添加表记录

最初建立的数据表中没有记录，这种没有记录的表称为空表。为了存储数据，应在表中添加表记录。添加表记录可以利用浏览窗口交互式地添加记录，也可以使用命令添加记录。

1．在浏览窗口中追加记录

数据表打开后，可以使用"浏览"或"编辑"窗口进行交互式添加和编辑记录，编辑与浏览窗口是输入与修改表记录的主要用户界面。图 3-6 为浏览方式窗口，以行的方式显示记录，在该窗口的左侧用箭头所指的记录为当前记录，表示目前正在操作的记录；图 3-7 为编辑方式窗口，以列的方式显示记录。打开编辑与浏览窗口的方法如下。

图 3-6　浏览窗口　　　　　　　　　　图 3-7　编辑窗口

1）项目管理器

在项目管理器中单击"数据"选项卡，在"数据库"中或"自由表"中选中要浏览的数据表后，单击"浏览"按钮，则打开该表的浏览窗口，同时在系统菜单上出现"表"菜单。

2）菜单方式

在系统菜单中选择"显示"→"浏览"命令，打开浏览窗口后，可通过选择"显示"→"浏览"或"编辑"命令切换窗口形式。

3）命令方式

格式 1：BROWSE

功能：打开浏览窗口。

格式 2：APPEND

功能：打开编辑窗口。

浏览窗口打开后，可选择系统菜单"表"→"追加新记录"命令或按[Ctrl+Y]键，追加一条记录。

2．使用命令追加记录

格式：APPEND [BLANK]

功能：在当前表的末尾添加记录。

说明：选择 BLANK 选项，则是采用非交互方式在表的末尾添加一个空记录。程序中经常将这种命令格式与 3.2.4 小节中的 REPLACE 命令配合使用，以完成记录添加操作。

3.2.3　记录的浏览与显示

打开数据表后，其中的记录并不直接显示出来。需要观察数据表中的记录时，可以使用浏览窗口显示记录或使用命令在主窗口中显示记录。

1．在浏览窗口中浏览记录

数据表打开后，通过浏览窗口可以显示数据表的全部记录。若要有选择地浏览数据表中的记录和字段，可使用菜单命令对记录及字段进行筛选。

若对浏览窗口中的记录进行筛选，可选择"表"→"属性"命令，在"工作区属性"对话框的"数据过滤器"框中输入筛选条件后，就可以使浏览窗口只显示满足筛选条件的记录。删除筛选表达式，可恢复显示所有记录。

若对浏览窗口中的字段进行筛选，可在"工作区属性"对话框中，选择"字段筛选指定的字段"单选按钮，单击"字段筛选"按钮，在"字段选择器"对话框中选择要在浏览窗口中显示的字段；若取消字段筛选，可选择"工作区中的所有字段"单选按钮，则可恢复显示所有字段。

2. 使用命令在主窗口中显示记录

格式：LIST / DISPLAY [[FIELDS] <字段名表>] [<范围>] [FOR <关系表达式>]
     [WHILE <关系表达式>]

LIST 和 DISPLAY 命令用于将记录显示在系统的主窗口中，在显示记录数据的同时，也将记录号一并显示，以方便观察记录的存储顺序。LIST 滚屏显示所有记录，显示过程中不暂停，因此，通常用 LIST 命令将记录输出打印。而 DISPLAY 命令显示满一屏后暂停，等待用户按键再继续显示记录。

在 LIST 和 DISPLAY 命令中包含了各命令中常用的命令子句，下面对各个子句进行详细说明。

FIELD 子句用于指定命令对数据表哪些字段进行操作，其后的字段名表用于说明命令所操作的具体字段。如不使用 FIELD 子句，则默认对全部字段进行操作。

范围子句指明执行命令时所操作的数据表的记录范围，<范围>可以是 ALL、NEXT n、RECORD n 和 REST 四个选项之一。

- ALL：范围为数据表中所有记录。
- NEXT n：范围为当前记录及其下的 n–1 条记录。
- REST：范围为从当前记录开始到最后一个记录。
- RECORD n：范围为记录号为 n 的记录。

当省略<范围>子句且不使用 FOR 子句和 WHILE 子句时，DISPLAY 命令的默认范围是当前记录，相当于"NEXT 1"；而 LIST 命令的默认范围是所有记录，相当于"ALL"。

FOR 子句用于限制命令所操作的记录，只有范围子句给定范围中的记录使 FOR 子句后的关系表达式返回真值时，才对该记录进行操作。

WHILE 子句指定系统从当前记录开始，对范围子句给定范围中的记录，按记录号的顺序依次判断记录是否使关系表达式的值为真值，若为真值则对该记录进行操作；若为假值或超出所给出的范围时则结束操作，无论其后是否还存在符合条件的记录。

【例 3.7】显示员工表中岗位为"会计"的记录。

```
USE 员工
LIST  FIELDS 员工号,姓名,岗位 FOR ALLTRIM(岗位)="会计"
USE
```

屏幕上显示：

记录号	员工号	姓名	岗位
3	000030	刘强	会计

3.2.4 编辑与修改记录

添加记录后，记录中各字段的值均为字段的默认值，这时需要对其进行编辑。当编辑后的记录数据有错误或需要调整时，就需要对记录进行修改。这时可使用浏览窗口或使用 REPLACE 命令对记录进行编辑与修改。

1. 在浏览窗口中修改记录

1）一般数据的输入

要在编辑与浏览窗口中输入字符型、数值型、逻辑型、日期型等类型的数据，可以直接在浏览窗口或编辑窗口中输入或修改。如果要输入 NULL 值，可按[Ctrl+0]组合键。

2）备注型与通用型数据的输入

对于备注型与通用型字段，若其中没有内容，则 memo 或 gen 的首字母为小写字母，否则为大写字母。双击备注型字段或通用型字段，则可打开备注编辑窗口或通用型字段编辑窗口；也可以在备注型字段或通用型字段上按[Ctrl+PgDn]或[Ctrl+Home]键进入编辑窗口。对于备注型字段，可在备注编辑窗口输入备注内容。对于通用型字段，若其中没有内容，可在系统菜单中选择"编辑"→"插入对象"命令，在"插入对象"对话框中选择插入 OLE 对象。若要删除备注字段或通用字段的内容，在进入编辑窗口后，选择"编辑"→"清除"命令即可。当备注型与通用型数据输入完毕后，按[Ctrl+W]键保存并关闭编辑窗口，或按[Esc]键放弃修改并关闭编辑窗口。

当所有记录输入完以后，按[Ctrl+W]键关闭浏览窗口；按[ESC]键放弃修改或输入的新记录。

【例 3.8】在浏览窗口中，通过追加记录和修改记录操作，将表 3-1 的数据添加到员工.dbf 中。

表 3-1 员工记录数据

员工号	姓 名	性别	岗 位	基本工资	部门号	出生日期	婚否	登录密码	提成比例
000010	张振国	男	经理	3500	000010	1978-8-23	1	000010	0
000020	张 丽	女	收银员	2000	000030	1990-6-11	0	000020	0.01

2. 使用命令批量修改记录

对一批记录中的若干字段值进行有规律的修改，可以使用 REPLACE 命令。

格式：REPLACE <字段1> WITH <表达式1 > [, <字段2> WITH <表达式2 > ...]
[<范围>] [FOR<条件表达式>]

功能：在指定范围内，将满足条件的记录的某些字段用相应表达式的值替换。

说明：

（1）首先计算表达式，再用表达式的值替换前面的字段。要求表达式与字段类型匹配。

（2）当省略范围子句和 FOR 子句时，REPLACE 命令的默认范围是当前记录。

（3）REPLACE 命令不能修改备注型和通用型字段。

【例 3.9】将员工表中所有收银员的基本工资增加 10%。

```
USE 员工
REPL ALL 基本工资 WITH 基本工资*(1+0.1) FOR ALLTRIM(类别)="收银员"
```

3. 使用命令修改备注型与通用型字段

REPLACE 命令不能修改备注型和通用型字段，修改这两种类型的字段必须使用 APPEND MEMO 和 APPEND GENERAL 命令。

1）将图像文件存入通用型字段中

格式：APPEND GENERAL <通用型字段名> FROM <图像文件名>

该命令将指定图像文件中的图像插入到当前记录的指定通用型字段中。其中图像文件格式一般是位图格式，以.bmp为扩展名。图像文件名应使用双引号或单引号定界，并给出扩展名。如果文件不在当前默认目录中，那么还要指定路径。

【例3.10】修改员工表中员工号为000010的照片字段。

Use 员工
Browse

在浏览窗口中选中员工号为000010的记录，然后在命令窗口中输入：

APPEND GENERAL 照片 FROM "d:\商品进销存\Graphics\admin.bmp"

2）将文本文件存入备注型字段中

格式：APPEND MEMO <备注型字段名> FROM <文本文件名>

该命令将指定文本文件中的字符插入到当前记录的指定备注型字段中。

【例3.11】修改员工表中员工号为000010的简历字段。

Use 员工
Browse

在浏览窗口中选中员工号为000010的记录，然后在命令窗口中输入：

APPEND MEMO 简历 FROM "d:\商品进销存\简历.txt"

3.2.5　记录指针的定位

在表文件中，每条记录都有一个记录号，系统按照记录在数据表中的存储顺序为记录加上记录号。每个表都有一个由系统维护的记录指针。打开表时，记录指针自动指向第一条记录。当需要对某条记录进行操作时，必须将记录指针指向该记录，记录指针所指的记录称为当前记录。

记录的定位是指将记录指针移动到某一指定记录上。很多命令都能导致记录指针的移动，如LIST、DISPLAY命令，以及多个表的关联操作SET RELATION等。本节先介绍与记录指针有关的函数，然后介绍用于移动记录指针的命令。

1. 记录测试函数

与记录指针定位相关的测试函数见表3-2。

表3-2　记录测试函数

函 数 名	功　　　能	返回值的数据类型
EOF()	测试记录指针是否到达文件尾(文件尾不是最后一条记录，而是文件结束标识)	L
BOF()	测试记录指针是否到达文件头（文件头不是第一条记录，而是文件起始标识）	L
RECCOUNT()	返回表中记录数	N
RECNO()	返回当前记录号。当记录指针指向文件尾时，RECNO()为最大记录号加1；当记录指针指向文件头时，RECNO()为1	N

2. 绝对定位命令 GO/GOTO

格式：GO TOP | BOTTOM　[IN <工作区号>|<工作区别名>]
　　　或GO <数值表达式> [IN <工作区号>|<工作区别名>]

说明：

（1）IN<工作区号>|<工作区别名>：表示移动其他工作区中的记录指针，工作区的概念见 3.5 节。

（2）TOP：表中首记录。

（3）BOTTOM：表的最后一条记录。

（4）<数值表达式>：表示记录号，<数值表达式>前面的 GO 可以省略。

操作提示

GO 命令与 GOTO 命令等价，但当使用索引时，GO TOP 与 GO 1 不等价。

【例 3.12】 绝对移动指针命令 GO/GOTO 示例。

```
USE 员工
? RECCOUNT( )          && 输出记录数
    11                 && 屏幕上显示的结果
GO BOTTOM
? RECNO( )
    11
GO 3
? RECNO( )
3
GO TOP
? RECNO( )
1
USE
```

3．相对定位命令 SKIP

格式：SKIP [<数值表达式>] [IN <工作区号>|<工作区别名>]

功能：相对于当前记录移动记录指针。

说明：

（1）<数值表达式>为正值时，记录指针从当前记录开始向文件尾方向移动 N 个记录；<数值表达式>为负值时，记录指针从当前记录开始向文件头方向移动 N 个记录。

（2）<数值表达式>为默认时：默认值为 1，即 SKIP 与 SKIP 1 等同。

【例 3.13】 相对移动指针命令 SKIP 示例。

```
USE  员工
? RECNO( )
    1
SKIP 6
? RECNO( )
    7
SKIP -2
? RECNO( )
    5
? EOF( )
    .F.
LIST
? RECNO( )
    12                      &&LIST 命令使记录指针指向文件尾
? EOF( )
```

```
          .T.
GO TOP
? RECNO( )
      1
? BOF( )
          .F.
SKIP -1
? RECNO( )
      1                        &&文件头的记录号仍为1
? BOF( )
          .T.
USE
```

4. 条件定位命令 LOCATE 与 CONTINUE

LOCATE 命令用于查找满足条件的第一条记录。CONTINUE 命令常和 LOCATE 命令配合使用，它用于查找满足条件的后续记录。

1）LOCATE 命令

格式：LOCATE FOR <逻辑表达式> [<范围>]

LOCATE 命令在当前表的指定范围内查找满足条件的首记录。其中的 FOR 子句的逻辑表达式用于指定查询条件，不可以省略。若查找成功，即找到满足条件的记录，则记录指针定位到第一个满足条件的记录上；若没有满足条件的记录，则记录指针通常指向文件尾的结束标识。若想知道查找是否成功可以使用表 3-3 所示的测试函数进行测试。

LOCATE 命令只能查找满足条件的第一个记录。若要继续查找下一条满足条件的记录，必须使用 CONTINUE 命令。

2）CONTINUE 命令

格式：CONTINUE

CONTINUE 命令不能单独使用，必须与 LOCATE 命令配合使用。先使用 LOCATE 命令，然后使用 CONTINUE 命令。要查看 CONTINUE 命令查询是否成功也可以采用表 3-3 中的函数测试。

表 3-3　查询结果测试函数

测试函数名	查找成功时取值	查找失败时取值
EOF( )	.F.	.T.
RECNO( )	相匹配的记录号	表的最大记录号+1
FOUND( )	.T.	.F.

【例 3.14】查找工作部门号为 000020 的员工。
```
USE 员工
LOCATE FOR 部门号="000020"
DISP 员工号,姓名,部门号,岗位
```

记录号	员工号	姓名	部门号	岗位
6	000060	王卫东	000020	采购员

```
?RECNO( )
    6
CONTINUE
?EOF( )
```

```
 .F.
?RECNO( )
   7
DISP 员工号,姓名,部门号,岗位
```

记录号	员工号	姓名	部门号	岗位
7	000070	郑小娟	000020	主管

```
CONTINUE
?EOF( )
 .F.
?RECNO( )
   11
DISP 员工号,姓名,部门号,岗位
```

记录号	员工号	姓名	部门号	岗位
11	000110	孙琪	000020	采购员

```
CONTINUE
?EOF( )
 T
?RECNO( )
   12
USE
```

3.2.6　记录的删除与恢复

当某些记录不再需要时，可以将其删除。为避免错误地删除数据，Visual FoxPro 把删除分为两步，首先给要删除的记录加删除标记，即逻辑删除；然后再从表中删除它，即物理删除。逻辑删除的记录可以用命令恢复。

1．加删除标记命令（逻辑删除）

格式：DELETE [<范围>] [FOR<条件表达式 1>] [WHILE <条件表达式 2>]

功能：对指定范围内满足条件的记录加上删除标记。

说明：当省略范围子句和 FOR、WHILE 子句时，DELETE 命令的默认范围是当前记录。

【例 3.15】删除员工表中基本工资高于 4000 的记录。

```
USE 员工
DELETE FOR 基本工资>4000
LIST OFF 员工号,姓名,性别,出生日期,部门号,岗位
USE
```

屏幕上显示：

员工号	姓名	性别	出生日期	部门号	岗位
000010	张振国	男	08/23/78	000010	经理
000020	张丽	女	06/11/90	000030	收银员
000030	刘强	男	08/20/75	000010	会计
*000040	向秀丽	女	10/10/69	000030	主管
000050	李文婷	女	03/08/78	000030	收银员
*000060	王卫东	男	04/14/78	000020	采购员

*000070	郑小娟	女	04/14/73	000020	主管
*000080	赵治军	男	04/14/75	000040	主管
000090	孙晴	女	06/17/88	000060	调研员
000100	吴昊	男	05/13/88	000050	司机
000110	孙琪	女	01/19/79	000020	采购员

 注 意

记录左侧的*为删除标记。

2. 删除状态控制

加删除标记的记录能否参与表的一些操作，取决于 SET DELETED 的设置。当 SET DELETED ON 时，逻辑删除的记录不参与表的操作；当 SET DELETED OFF 时，逻辑删除的记录参与表的操作。系统启动时，SET DELETED 的初始值为 OFF 状态。

3. 恢复命令

格式：RECALL [<范围>] [FOR<条件表达式1>] [WHILE <条件表达式2>]

功能：对指定范围内满足条件的记录取消其删除标记。

说明：

（1）当省略范围子句和 FOR 子句时，RECALL 命令的默认范围是当前记录。

（2）RECALL 命令只能恢复被逻辑删除的记录，不能恢复被物理删除的记录。

【例3.16】恢复例3.15中岗位为"主管"的被删除的记录。

```
SET DELETED OFF
USE 员工
RECALL FOR 岗位="主管"
LIST
```

屏幕上显示：

员工号	姓名	性别	出生日期	部门号	岗位
000010	张振国	男	08/23/78	000010	经理
000020	张丽	女	06/11/90	000030	收银员
000030	刘强	男	08/20/75	000010	会计
000040	向秀丽	女	10/10/69	000030	主管
000050	李文婷	女	03/08/78	000030	收银员
*000060	王卫东	男	04/14/78	000020	采购员
000070	郑小娟	女	04/14/73	000020	主管
000080	赵治军	男	04/14/75	000040	主管
000090	孙晴	女	06/17/88	000060	调研员
000100	吴昊	男	05/13/88	000050	司机
000110	孙琪	女	01/19/79	000020	采购员

4. 物理删除命令

格式：PACK [MEMO] [DBF]

功能：将加删除标记的所有记录从表中物理删除。

说明:

(1)如果执行PACK命令时同时打开了表索引文件,那么系统自动重建打开的索引文件。

(2)MEMO:该选项表示从备注文件中删除未使用空间,但不删除记录。

(3)DBF:与MEMO正相反,DBF选项使PACK命令只删除加了删除标记的记录,而不影响备注文件。若两个选项都缺省,则既删除记录又影响备注文件。

5.清空表

格式:ZAP

功能:直接删除表中的全部记录,但保留表结构。

执行ZAP命令时,系统将弹出对话框提示用户是否要删除所有记录,单击"是"按钮,则将表中所有记录物理删除,但表结构不变。

3.2.7 表与表结构的复制

在数据维护时经常要对表中的数据或表结构进行备份和恢复,以保证数据表文件在发生故障时,可安全地恢复数据。数据备份和恢复工作可通过表和表结构的复制操作来完成。

1.表的复制

根据一个已打开的表可以复制出一个新表,新表的结构和数据是原来表的一部分或全部。

格式:COPY　TO <新表文件名>　[<范围>] [FIELDS <字段名表>] [FOR <条件表达式>]

功能:把当前表中指定范围内满足条件的记录复制到一个新的表文件中。

【例3.17】建立表"员工备份.dbf",它与"员工.dbf"的内容完全相同。

```
USE 员工
COPY TO 员工备份
USE 员工备份          && 新生成的表必须打开才能浏览其内容
LIST                 && 显示当前打开表内容
USE
```

【例3.18】建立数据库"采购员工.dbf",它包含员工表中岗位为"采购员"的员工号、姓名、部门号和岗位4个字段。

```
USE 员工
COPY TO 采购员工  FOR  岗位='采购员'  FIELDS 员工号,姓名,部门号,岗位
USE 采购员工
LIST
USE
```

屏幕上显示:

记录号	员工号	姓名	部门号	岗位
1	000060	王卫东	000020	采购员
2	000110	孙琪	000020	采购员

2.表结构的复制

通过复制表结构,可以根据已有的表结构快速地创建新的表文件。

格式:COPY STRUCTURE TO <新表文件名> [FIELDS <字段名表>]

功能:将当前工作区中已打开的表文件的结构复制到新表文件中。

说明：

（1）当指定 FIELDS<字段名表>时，系统只把指定的字段复制到新表中；否则，系统将复制全部字段到新表中。

（2）此命令只复制结构，不复制表记录。

【例3.19】把员工表的员工号、姓名、部门号和岗位字段复制到"员工岗位.dbf"中。

```
USE 员工
COPY STRU TO 员工岗位 FIELDS 员工号,姓名,部门号,岗位
USE 员工岗位
LIST STRU                       && 命令可以只写前面四个字符
USE
```

屏幕上显示：

| 表结构： | | | D:\员工岗位.DBF | | | | |

数据记录数：　　　　　　　　　0

最近更新的时间：　　　　　　09/08/10

代码页：　　　　　　　　　　936

字段	字段名	类型	宽度	小数位	索引	排序	Nulls
1	员工号	字符型	6				否
2	姓名	字符型	8				否
3	部门号	字符型	6				是
4	岗位	字符型	6				是
** 总计 **							28

3.3　数据表索引

数据表索引是借助索引文件将无序的记录变得有序的一种方法。索引文件是由指向记录的指针构成的文件，这些指针逻辑上按照索引关键字的值进行排序。利用索引文件查找记录类似图书馆的索引卡片，在卡片上索引关键字的值是有序的，与书架位置对应，根据索引关键字就能迅速找到图书的位置。

3.3.1　建立索引

1．索引文件的结构

索引文件包含两部分信息：一是每条记录的索引关键字的值，二是与其对应的记录位置。只要给出索引关键字，就可以在表中迅速定位相应的记录。索引原理示意图如图3-8所示。图3-8中的出生日期索引的表格已按索引关键字"出生日期"排序。索引中的记录号对应员工表中的记录号。这样，就达到了对员工表间接排序的目的。例如，索引第一行的记录号为4，在员工表中对应4号记录，由此可知，"向秀丽"的出生日期最早。

出生日期索引

出生日期	记录号
10/10/69	4
04/14/73	7
04/14/75	8
08/20/75	3
03/08/78	5
04/14/78	6
08/23/78	1
01/19/79	11
05/13/88	10
06/17/88	9
06/11/90	2

员工

记录号	员工号	姓名	出生日期
1	000010	张振国	08/23/78
2	000020	张丽	06/11/90
3	000030	刘强	08/20/75
4	000040	向秀丽	10/10/69
5	000050	李文婷	03/08/78
6	000060	王卫东	04/14/78
7	000070	郑小娟	04/14/73
8	000080	赵治军	04/14/75
9	000090	孙晴	06/17/88
10	000100	吴昊	05/13/88
11	000110	孙琪	01/19/79

图 3-8　索引原理示意图

按照所包含的索引项的多少可将索引文件分为独立索引文件和复合索引文件。如果在建立复合索引文件时省略文件名，则索引文件与表文件同名，这种索引文件称为结构复合索引文件；如果在建立复合索引文件时指定文件名，这种索引文件称为非结构复合索引文件。

结构复合索引文件易于维护使用，它随表的打开而自动打开，随表的关闭而自动关闭。建议用户使用结构复合索引文件。在 Visual FoxPro 中，使用表设计器创建的索引都是结构复合索引文件。这三种索引文件类型的特点如表 3-4 所示。

表 3-4　索引文件类型表

索 引 类 型		描　　　　述	关键字数目
索引	.IDX	文件名由用户确定，必须明确打开	单关键字表达式
结构复合索引	.CDX	文件名与表文件名相同，随表自动打开	多关键字表达式，称为标识
非结构复合索引		文件名由用户确定，必须明确打开	

2．索引表达式

索引表达式是指建立索引用的字段或字段表达式，索引按索引表达式对记录进行排序。索引表达式可以是表中的单个字段，也可以是几个字段组成的表达式，索引表达式通常用字符串运算符 "+" 将几个字段连接起来。若构成索引表达式的字段具有不同的数据类型时，则必须使用数据类型转换函数对字段进行类型转换，使其具有相同的数据类型。一般使用多字段索引表达式时，都将相应的字段转换成字符数据类型。

3．索引类型

在 Visual FoxPro 中，可以建立 4 种类型的索引文件：主索引、候选索引、普通索引及唯一索引。这四种类型的索引文件的特点如表 3-5 所示。

表 3-5　索引类型表

索 引 类 型	索引表达式重复值	说　明	索 引 个 数
主索引	不允许	仅适用于数据库表,可用于在永久关系中建立参照完整性	仅 1 个
候选索引		可用作主关键字,可用于在永久关系中建立参照完整性	允许多个
唯一索引	允许,但输出中无重复值	为与以前版本兼容而设置	允许多个
普通索引	允许	可作为"一对多"永久关系中的"多方"	

4. 使用表设计器创建索引

使用表设计器创建的索引文件是结构复合索引文件,如果要为数据库表创建主索引,则必须使用表设计器。

使用表设计器创建索引时,先打开表设计器,选中"索引"选项卡,在"索引名"列输入索引名,在"类型"列中选择索引类型,在"表达式"列输入索引表达式,单击"排序"列的按钮选择索引按升序还是按降序排列,其中"↑"表示升序,"↓"表示降序。最后单击"确定"按钮创建索引,如图 3-9 所示。

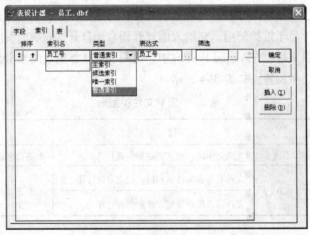

图 3-9　表设计器的"索引"选项卡

5. 创建索引命令

使用索引命令可以创建独立索引与结构复合索引文件。

1)建立独立索引

格式: INDEX ON <索引关键字表达式> TO <索引文件名> [UNIQUE]

说明: UNIQUE 表示唯一索引;默认为普通索引。

2)建立结构复合索引

格式: INDEX ON <索引关键字表达式> TAG <索引标识名>
　　　　 [UNIQUE|CANDIDATE][ASCENDING|DESCENDING]

说明: UNIQUE 表示唯一索引; CANDIDATE 表示候选索引;默认为普通索引。ASCENDING 表示升序(默认), DESCENDING 表示降序。

【例 3.20】对员工表按员工姓名建立"员工姓名.idx"索引文件，按岗位建立"员工岗位.idx"索引文件。

```
USE 员工
INDEX ON 姓名 TO 员工姓名
LIST 员工号,姓名,部门号,岗位
```

显示结果 1：

记录号	员工号	姓名	部门号	岗位
5	000050	李文婷	000030	收银员
3	000030	刘强	000010	会计
11	000110	孙琪	000020	采购员
9	000090	孙晴	000060	调研员
6	000060	王卫东	000020	采购员
10	000100	吴昊	000050	司机
4	000040	向秀丽	000030	主管
2	000020	张丽	000030	收银员
1	000010	张振国	000010	经理
8	000080	赵治军	000040	主管
7	000070	郑小娟	000020	主管

```
INDEX ON 岗位 TO 员工岗位
LIST 员工号,姓名,部门号,岗位
```

显示结果 2：

记录号	员工号	姓名	部门号	岗位
6	000060	王卫东	000020	采购员
11	000110	孙琪	000020	采购员
9	000090	孙晴	000060	调研员
3	000030	刘强	000010	会计
1	000010	张振国	000010	经理
2	000020	张丽	000030	收银员
5	000050	李文婷	000030	收银员
10	000100	吴昊	000050	司机
4	000040	向秀丽	000030	主管
7	000070	郑小娟	000020	主管
8	000080	赵治军	000040	主管

【例 3.21】对员工表按姓名建立结构复合索引文件，标记名为"基本工资"。

```
USE 员工
INDEX ON 基本工资 TAG 基本工资
LIST 员工号,姓名,部门号,基本工资
```

显示结果：

记录号	员工号	姓名	部门号	基本工资
2	000020	张丽	000030	2000.0000

5	000050	李文婷	000030	3000.0000
9	000090	孙晴	000060	3000.0000
1	000010	张振国	000010	3500.0000
3	000030	刘强	000010	3500.0000
10	000100	吴昊	000050	4000.0000
11	000110	孙琪	000020	4000.0000
6	000060	王卫东	000020	4500.0000
7	000070	郑小娟	000020	5000.0000
8	000080	赵治军	000040	5000.0000
4	000040	向秀丽	000030	6000.0000

【例 3.22】对员工表先按部门升序排序再按基本工资降序排序建立结构复合索引文件，标记名为"部门工资"。

```
USE 员工
INDEX ON  部门号+STR(基本工资,9,2) TAG 部门工资
LIST 员工号,姓名,部门号,基本工资
USE
```

显示结果：

记录号	员工号	姓名	部门号	基本工资
1	000010	张振国	000010	3500.0000
3	000030	刘强	000010	3500.0000
11	000110	孙琪	000020	4000.0000
6	000060	王卫东	000020	4500.0000
7	000070	郑小娟	000020	5000.0000
2	000020	张丽	000030	2000.0000
5	000050	李文婷	000030	3000.0000
4	000040	向秀丽	000030	6000.0000
8	000080	赵治军	000040	5000.0000
10	000100	吴昊	000050	4000.0000
9	000090	孙晴	000060	3000.0000

 注 意

当索引表达式包含不同类型的字段时，必须将各个字段转换为同一类型。

3.3.2 独立索引文件的打开与关闭

独立索引文件与表文件一样，必须被打开并指定为主控索引后才能起作用。当只打开表而没有打开相应的独立索引文件时，若更新表中的记录，就会出现独立索引文件与表不一致的情况，必须重建索引文件。独立索引文件需要用命令打开；而结构复合索引文件会随着表的打开而自动打开。

1. 独立索引文件的打开

打开独立索引文件可以使用 SET INDEX TO 命令。

格式：SET INDEX TO　[<索引文件表>]　[ADDITIVE]

功能：打开或关闭索引文件。

说明：

（1）<索引文件表>：指定同时打开的 idx 索引文件。

（2）若选择了 ADDITIVE，则打开新索引文件的同时不关闭已打开的索引文件，否则将关闭已打开的索引文件。

【例 3.23】使用 SET INDEX TO 打开索引文件。

```
USE 员工
SET INDEX TO 员工姓名,员工岗位
LIST 员工号,姓名,部门号,岗位
```

显示结果与例 3.18 显示结果 1 相同。

2．关闭独立索引文件

结构复合索引文件随表文件的关闭而关闭，不能用其他命令关闭。一般索引文件可以用命令关闭。由于索引文件依附于表文件，关闭表的同时就关闭了索引文件。

格式：SET INDEX TO
　　　或 CLOSE INDEXES

功能：该命令只关闭一般索引文件，但不关闭表。

3.3.3　指定主控索引

主控索引是当前排序和检索的依据。当使用独立复合索引时，或打开多个独立索引文件时，必须指定主控索引。

1．改变主控索引

当表文件和相关索引文件都打开后，可以使用 SET ORDER TO 命令改变主控索引或主标记。

格式：SET ORDER TO　[[<idx 索引文件名>|<索引标记名>][ASCENDING | DESCENDING]]

功能：改变主控索引或主标记。

说明：

（1）设定独立索引文件为主索引时，使用<idx 索引文件名>，设定独立复合索引文件中的某个索引标记为主索引时，使用<索引标记名>。

（2）[ASCENDING | DESCENDING]选项只适用于复合索引文件，其作用是强制主控索引为升序或降序显示。它只影响显示结果而不改变索引文件。

（3）单独使用 SET ORDER TO 可取消主控索引

【例 3.24】用 SET ORDER TO 改变主控索引或主标记。

```
USE 员工 INDEX 员工姓名          &&打开"员工"表的同时打开"员工姓名"独立索引
LIST 员工号,姓名,部门号,岗位      &&"员工姓名"为主控索引
```

显示结果与例 3.20 显示结果 1 相同。

```
SET INDEX TO 员工岗位 ADDITIVE   && 打开"员工岗位"索引的同时，保留"员工姓名"索引
LIST 员工号,姓名,部门号,岗位       && "员工岗位"为主控索引
```

显示结果与例 3.20 显示结果 2 相同。

```
SET ORDER TO 员工姓名            && 将主控索引设置为"员工姓名"
LIST 员工号,姓名,部门号,岗位
```

显示结果与例 3.20 显示结果 1 相同。

```
SET ORDER TO 基本工资          && 将主控索引设置独立复合索引中的"基本工资"索引项
LIST 员工号,姓名,部门号,基本工资
```

显示结果与例 3.21 显示结果相同。

```
SET ORDER TO             && 取消主控索引
```

显示结果：

记录号	员工号	姓名	部门号	基本工资
1	000010	张振国	000010	3500.0000
2	000020	张丽	000030	2000.0000
3	000030	刘强	000010	3500.0000
4	000040	向秀丽	000030	6000.0000
5	000050	李文婷	000030	3000.0000
6	000060	王卫东	000020	4500.0000
7	000070	郑小娟	000020	5000.0000
8	000080	赵治军	000040	5000.0000
9	000090	孙晴	000060	3000.0000
10	000100	吴昊	000050	4000.0000
11	000110	孙琪	000020	4000.0000

```
USE
```

2. 打开表的同时打开独立索引文件并指定主索引

格式：USE <表文件名> [INDEX <索引文件表>]

    [ORDER [[<idx 索引文件名>|<索引标记名>]][ASCENDING | DESCENDING]]

功能：在打开表文件的同时打开若干索引文件，并可以指定主控索引文件（或主标记）。

说明：INDEX 子句的用法同 SET INDEX 命令；ORDER 子句的用法同 SET ORDER 子句。

【例 3.25】打开员工文件的同时打开员工岗位、员工姓名索引文件，并指定复合索引中的基本工资为主控索引。

```
USE 员工 INDEX 员工岗位,员工姓名 ORDER 基本工资
LIST 员工号,姓名,部门号,基本工资
```

显示结果与例 3.21 显示结果相同。

3.3.4 索引定位

在数据库应用中，查询是一种重要的功能，通过设置一些查询条件，可以使用户获得所需要的数据。数据表建立索引后，就可以使用 SEEK 命令快速定位记录。

当表中包含很多记录时，使用 LOCATE 命令定位记录的效率很低。Visual FoxPro 提供了索引定位方法，它能够借助索引文件迅速定位记录。使用索引查询之前必须打开相关的索引文件。索引定位的结果也可用表 3-3 所示的函数进行测试。

格式：SEEK <表达式>

功能：在打开的索引文件中查找索引表达式值与<表达式>匹配的第一个记录。

说明：

（1）<表达式>可以是字符型、数值型、日期型或逻辑型，但必须与索引表达式一致。

（2）SEEK 命令只能定位到第一条匹配的记录。定位的结果可使用 FOUND（ ）测试。

（3）定位其他满足条件的记录必须与 SKIP 命令配合使用。

（4）定位后，在记录操作命令中附加 WHILE 子句，以便处理所有满足条件的记录。

【例 3.26】在员工表中查找员工姓名为"王卫东"的记录。

```
USE 员工 INDEX 员工姓名
SEEK "王卫东"
?EOF( )
  .F.
?RECNO( )
  6
DISP 员工号,姓名,部门,岗位
```

结果显示：

记录号	员工号	姓名	部门号	岗位
6	000060	王卫东	000020	采购员

```
USE
```

【例 3.27】在员工.dbf 中查找岗位为"收银员"的所有员工。

```
USE 员工 INDEX 员工岗位
SEEK "收银员"
? EOF()
.F.
? RECNO( )
2
DISP 员工号,姓名,部门号,岗位 while 岗位="收银员"
```

记录号	员工号	姓名	部门号	岗位
2	000020	张丽	000030	收银员
5	000050	李文婷	000030	收银员

```
USE
```

【例 3.28】在员工.dbf 中查找部门为"00040"，基本工资是 5000.00 元的员工。

```
USE 员工 ORDER TAG 部门工资
SEEK "000040"+STR(5000,9,2)
?EOF( )
  .F.
?RECNO( )
  6
DISP 员工号,姓名,部门,岗位
```

记录号	员工号	姓名	部门号	基本工资
8	000080	赵治军	000040	5000.0000

```
USE
```

3.4 数据表统计

在实际应用中，常常需要对表的某些数据进行统计，如统计人数，对数值进行汇总、求和等，本节介绍与统计相关的命令。

3.4.1 求记录个数的命令

格式：COUNT [<范围>] [FOR <条件表达式>] [TO <内存变量>]

功能：统计当前表中满足条件的记录个数。

说明：

（1）范围子句采用默认值时，默认范围为 ALL。

（2）统计结果存入 TO 后面指定的内存变量，若为默认值，则结果不保留。

【例 3.29】统计员工.dbf 中的员工人数。

```
USE 员工
COUNT TO n
?n
    11
USE
```

3.4.2 求和命令

表中数据的计算分为横向计算和纵向计算两类。横向计算指同一记录的各个字段之间存在某种关系，如总成绩=数学+英语+物理，或实发工资=基本工资+奖金+补贴-扣款，这种计算一般用 REPLACE 命令完成。纵向计算指多个记录的同一字段内的各数据项的运算，求和命令以及求平均值命令都属于纵向计算。

格式：SUM [<表达式表>] [<范围>] [FOR<条件表达式>]
　　　 [TO <内存变量表>| TO ARRAY <数组名>]

功能：对当前表按表达式表中指定的各个表达式纵向汇总求和。

说明：

（1）<表达式表>中的表达式既可以是某个字段，也可以是由字段组成的合法数值表达式。默认情况下对数据表中的所有数值型字段求和。

（2）TO <内存变量表>：若指定此项，则内存变量表中的各变量应与表达式表中的各表达式的数量相同且一一对应；默认情况下计算结果不保留。

（3）TO ARRAY <数组名>：若指定此项，则计算结果依次存放到数组各个元素中。若指定的数组不存在，系统会自动创建；若指定的数组的元素个数小于<表达式表>中表达式的个数，系统会自动将数组扩大到合适的大小。

【例 3.30】统计订货明细.dbf 中商品号为 000020 的订货总数。

```
USE 订单明细
SUM 数量 for 商品号="000020" to n1
?n1
  100
USE
```

3.4.3 求平均值命令

格式：AVERAGE [<表达式表>] [<范围>] [FOR<条件表达式>]
　　　　 [TO <内存变量表>| TO ARRAY <数组名>]

功能：对当前表指定的各个表达式求算术平均值。

各选项含义与 SUM 命令的相同。

【例 3.31】 统计发票明细.dbf 中商品的平均销售单价。

```
USE 发票明细
AVERAGE 数量 to n1
AVERAGE 数量*销价 to n2
?n2/n1
  4.7147
USE
```

3.4.4 计算命令

Visual FoxPro 提供的 CALCULATE 命令称为计算命令,该命令一次能完成多项统计或计算操作。

格式：CALCULATE [<表达式表>] [<范围>] [FOR<条件表达式>]
　　　　[TO <内存变量表> | TO ARRAY <数组名>]

功能：对当前表的数值表达式进行计算。

CALCULATE 利用 Visual FoxPro 提供的一些统计函数实现多项统计。统计函数见表 3-6。

表 3-6 CALCULATE 命令支持的函数

函 数 名	功 能
AVG(<数值表达式>)	计算平均值
CNT( )	统计记录的个数
SUM(<数值表达式>)	求和
MAX(<表达式>)	求指定表达式的最大值
MIN(<表达式>)	求指定表达式的最大值

这些函数的参数可以是字段名，也可以是表达式，它们能对当前表中指定字段的所有记录进行计算。

【例 3.32】 统计发票明细.dbf 中销售数量最多和最少的商品数。

```
USE 发票明细
CALCULATE MAX(数量), MIN(数量) TO m1, m2
?m1, m2
 10 1
USE
```

3.4.5 分类汇总命令

分类汇总是指将表中的记录依照分类关键字段的值进行分组，把每组的数值数据汇总合并成一条记录，并把合并后的记录存入另一个表文件中。在实际工作中经常遇到这种情况，如运动会的团体总分按代表队汇总，学生成绩按专业汇总，会计账簿的发生额按科目汇总等。

格式：TOTAL ON <关键字表达式> TO <目标文件名> [FIELDS <字段名表>]
　　　　[<范围>] [FOR <条件表达式>]

功能：对当前表文件依照关键字段分类汇总，建立新的表文件。

说明：

（1）执行 TOTAL 命令前，当前表文件必须打开以分类关键字段为索引关键字的索引。

（2）FIELDS <字段名表>：指定参与汇总的数值型字段。默认时，所有数值型字段参与汇总。

（3）新生成的表结构与当前表结构一样，但不包含原文件中的备注字段。

TOTAL 命令的执行过程是当前表按分类关键字段索引后，把分类关键字段值相同的记录分为一组。对每组记录汇总以生成新的记录。新记录在参与汇总的数值型字段上的值为每组记录相应字段上值的和；其他字段上的取值为每组第一个记录对应字段上的值。

【例 3.33】分类汇总各种商品的销售数量。

```
USE 发票明细
INDEX ON 商品号 TAG sph
TOTAL ON 商品号 TO spxxhz FIELDS 数量
USE spxxhz
LIST
USE
```

显示结果：

记录号	发票号	明细项号	商品号	数量	售价
1	100908001	1	000010	7.00	5.9000
2	100831001	2	000020	25.00	1.2000
3	100831002	2	000030	24.00	1.6000
4	100829001	1	000040	5.00	8.0000
5	100829001	2	000060	2.00	64.0000
6	100831002	3	000070	19.00	4.6000
7	100831001	3	000080	2.00	12.2000
8	100831001	1	000090	10.00	4.6000
9	100913001	7	000100	1.00	12.4000

3.5　多表同时操作

使用 USE 命令打开一个表，实际上是在内存中开辟一个区域，以存放被打开的表文件及相关索引文件、备注文件等。这个区域称为工作区。如果直接用 USE 命令再打开另一个表，之前打开的表就自动关闭了。为了同时对多个表进行操作，Visual FoxPro 提供了多工作区操作方式。

3.5.1　工作区与多个表

1. 当前工作区

Visual FoxPro 系统设置了 32767 个工作区，允许最多同时打开 32767 个表。每个工作区用工作区号标识，也可以用被打开表的别名标识。在任一时刻，只能对一个工作区的表进行操作，这个工作区称为当前工作区，在当前工作区中打开的表称为当前表。Visual FoxPro 启动时设定 1 号工作区为当前工作区，系统启动之后我们可以用 SELECT 命令改变当前工作区。

2. 工作区别名

对于 1~10 号工作区，除了使用 1~10 这样的编号标识外，还可以使用 A~J 别名标识。

在使用 USE 命令打开表文件时，可以为表指定别名，这个别名也被用作数据表所在的工作区的别名。使用别名标识工作区比使用数字直观，易于找到打开的表。

格式：USE <表文件名>　[ALIAS <表别名>] [AGAIN]

说明：当省略 ALIAS <别名>子句时，默认的别名是表文件名。

3. 选择工作区命令

格式：SELECT <工作区号>|<工作区别名>

功能：指定工作区作为当前工作区或打开指定表别名的工作区作为当前工作区。

说明：

（1）<工作区号>：其值为 0~32 767。若取值为 0，则选择当前最小号未使用的工作区作为当前工作区。

（2）<工作区别名>：可以是 A~J，或该工作区中所打开的表的别名。

（3）SELECT 命令仅选择当前工作区，不影响各个工作区的表的内容和记录指针。

（4）AGAIN 选项用于在多个工作区存在时打开同一个表。

4. 工作区测试函数

在程序中经常使用 SELECT 函数与 ALIAS 函数对工作区的状态进行判断。

（1）SELECT()

函数格式：SELECT([0 | 1 | 别名])

函数返回值：为数值型，表示当前工作区编号或未使用工作区的最大编号。

函数说明：参数为 0 时，SELECT ( ) 返回当前工作区的编号；为 1 时，SELECT( ) 返回未使用工作区的最大编号。为别名时，用于指定表别名，SELECT( ) 返回指定别名的表所在工作区的编号。函数的默认参数为 0。

（2）ALIAS ( )

函数格式：ALIAS([工作区号])

函数返回值：为字符型，表示指定工作区的别名。

函数说明：工作区号为默认值时，函数返回当前工作区的别名。

【例 3.34】多工作区操作。

```
SELE 1
USE 部门 ALIAS departments
?  SELECT()
1
? ALIAS()
DEPARTMENTS
SELE C
USE 员工 ALIAS employees1
?  SELECT()
3
? ALIAS()
EMPLOYEES1
? ALIAS(1)
DEPARTMENTS
SELECT 0
USE 员工 ALIAS employee2 AGAIN
?  SELECT()
2
? ALIAS()
EMPLOYEES2
```

【例 3.35】在 2 号工作区打开表文件"发票明细.dbf"。

命令一：　SELE 2

　　　　　　USE 发票明细

命令二：　USE 发票明细 IN 2

5. 访问其他工作区的数据

在当前工作区可以访问在其他工作区中打开的表，由于当前表与其他表可能存在同名字段，因此，在其他表的字段名前应加上该工作区的别名以示区别。

格式：<工作区标识>-> <字段名> 或 <表别名>.<字段名>

【例 3.36】在当前工作区显示其他工作区的数据。

```
SELE 1
USE 员工
GO 7
DISP 员工号,姓名,部门号,岗位
```

记录号	员工号	姓名	部门号	岗位
7	000070	郑小娟	000020	主管

```
SELE 2
USE 部门
GO 3            && 各工作区指针是相互独立的，移动部门表的指针不影响员工表的指针
DISP A->员工号, 员工->姓名, A->部门号, A->岗位, 部门号,名称
```

记录号	A->员工号	员工->姓名	A->部门号	A->岗位	部门号	名称
3	000070	郑小娟	000020	主管	000030	营业部

```
CLEA ALL
```

3.5.2　建立表的临时关系

所谓建立表的临时关联是把当前表的指针与另一个工作区中打开的表文件指针进行逻辑关联，但不生成新的表文件。通常，把当前工作区中打开的表文件称为主文件，在另一个工作区中打开的表文件称为子文件。

两个表文件可以按照公共字段建立关联。关联后，每当主文件的记录指针移动时，子文件的记录指针也跟着移动。

格式：SET RELATION TO [<表达式 1>] INTO <工作区号 1>|<表别名 1>

　　　　[,<表达式 2> INTO <工作区号 2>|<工作区别名 2>...] [ADDITIVE]

说明：

（1）在命令中的<表达式 1>称为关联表达式，它是两个表的公共字段。建立关联时，要求子文件必须按关联表达式索引。每当主文件的记录指针移动时，子文件的记录指针自动指向与主表公共字段值相同的第一条记录，若无满足条件的记录，则将子文件的记录指针指向文件尾。

（2）<工作区号 1>|<表别名 1>：指明子文件所在的工作区。

（3）<表达式 2> INTO <工作区号 2>|<表别名 2>：表示当前表可以与多个子文件同时建立关联。

（4）ADDITIVE：如果使用该子句，则在建立新关联的同时，保留以前建立的关联；否则，取消以前建立的关联。

（5）取消关联：可以使用 SET RELATION TO 或 SET RELATION OFF INTO <工作区号>|<工作区别名>命令。前者取消当前工作区的所有关联，后者仅取消与指定子文件建立的关联。

【例 3.37】将"员工.dbf"和"部门.dbf"按照部门号建立关联。

```
SELE 1
USE 员工
SELE 2
USE 部门
INDEX ON 部门号 TAG 部门号
SELE 1
SET RELATION TO 部门号 INTO B
DISP ALL A.员工号,A.姓名,A.部门号,A.岗位, B->部门号,B->名称
```

屏幕上显示：

记录号	A->员工号	A->姓名	A->部门号	A->岗位	B->部门号	B->名称
1	000010	张振国	000010	经理	000010	管理部
2	000020	张丽	000030	收银员	000030	营业部
3	000030	刘强	000010	会计	000010	管理部
4	000040	向秀丽	000030	主管	000030	营业部
5	000050	李文婷	000030	收银员	000030	营业部
6	000060	王卫东	000020	采购员	000020	采购部
7	000070	郑小娟	000020	主管	000020	采购部
8	000080	赵治军	000040	主管	000040	外营部
9	000090	孙晴	000060	调研员	000060	市场企划部
10	000100	吴昊	000050	司机	000050	物流部
11	000110	孙琪	000020	采购员	000020	采购部

3.5.3　表的物理连接

表的物理连接本质上是将两个表进行 1.5.3 节所述的关系连接运算操作。在物理连接中，参与运算的一个表位于当前工作区中，另一个表在命令中指出。完成物理连接的命令格式如下。

格式：JOIN WITH <工作区号>|<工作区别名> TO <新表文件> [FIELDS <字段名表>]
　　　FOR <条件>

说明：

（1）<工作区号>|<工作区别名>：指定进行连接的另一个表所在的工作区。

（2）<新表文件>：指定保存连接结果的新表名。

（3）FOR <条件>：指定连接条件。

（4）FIELDS<字段名表>：指定新文件中包含的字段。如果引用了别名表的字段名，应使用<别名>->.<字段名> 或 <别名>.<字段名>形式。若省略，则包含两个表中的全部字段。

（5）连接操作不改变参与连接的两个表。

【例 3.38】将"员工.dbf"和"部门.dbf"连接生成"部门员工.dbf"。

```
CLEA ALL
SELE 1
USE 员工
SELE 2
USE 部门
SELE 1
JOIN WITH B TO 部门员工 FOR 部门号=B->部门号 FIELDS A.员工号,姓名,B->名称
SELE 3
```

```
USE 部门员工
LIST to d:\a
CLEA ALL
```

屏幕上显示：

记录号	员工号	姓名	名称
1	000010	张振国	管理部
2	000020	张丽	营业部
3	000030	刘强	管理部
4	000040	向秀丽	营业部
5	000050	李文婷	营业部
6	000060	王卫东	采购部
7	000070	郑小娟	采购部
8	000080	赵治军	外营部
9	000090	孙晴	市场企划部
10	000100	吴昊	物流部
11	000110	孙琪	采购部

3.6 数据字典

在 Visual FoxPro 数据库中包含一个数据字典，利用数据字典可以对数据库中的有关字段的属性、数据表的有效性规则、触发器、表间关系与参照完整性进行管理。

3.6.1 设置数据库表字段的扩展属性

数据库表的字段可以设置比自由表的字段更丰富的属性，它除了具有自由表的字段属性外，还包含三个字段属性，分别是输入掩码、格式和标题。这些属性可在数据库表设计器"字段"选项卡中的"显示"选项区域设置，如图 3-10 所示。该属性组中各属性的含义如下。

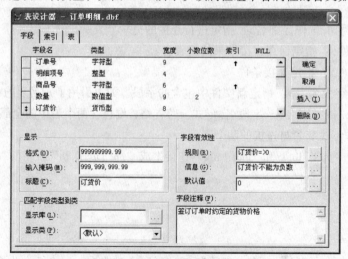

图 3-10 设置字段属性

1．输入掩码

输入掩码是指定义字段中的值时必须遵守的标点、空格和其他格式要求，以限制或控制用户输入的数据格式，屏蔽非法输入，从而减少人为的数据输入错误，保证输入的字段数据具有统一的风格，提高输入的效率。字段掩码字符如表 3-7 所示。

表 3-7　字段掩码格式

掩　码	含　　义	掩　码	含　　义
!	小写字母转换为大写	D	使用系统日期格式
#	输入数字、空格和正负号	L	在数值前显示填充的前导零
,	分隔小数点左边的数字串	N	只允许输入字母和数字
.	规定小数点的位置	T	禁止输入字段的前导空格和结尾空格字符
9	允许数字和正负号	X	允许输入任何字符
$	显示 Set Currency 命令设置的货币符号	*	在指定宽度中，数值左侧显示*号
A	使用系统日期	Y	只允许输入逻辑字符

2．格式

格式实质上就是一种输出掩码，它决定了字段在浏览窗口、表单、报表中的显示样式。

3．标题

字段标题将作为该字段在浏览窗口中的列标题，以及表单表格中的默认标题名称。

4．字段注释

为字段添加注释，使字段的语义更容易被理解。

3.6.2　设置数据库表的有效性规则

为了防止在数据表中存储错误的数据，保证数据的正确有效。用户可以根据字段取值的有效范围设置字段级有效性规则；还可以根据记录中各字段之间的逻辑或数量约束关系设置记录级有效性规则。

1．字段级有效性规则

字段级有效性规则用于在用户输入或修改数据表中某一字段值时，判断该值是否有效，只有有效的字段值系统才能接受，否则系统将提示违反字段有效性规则的错误信息。

在表设计器中"字段"选项卡的"字段有效性"选项区域中有三个字段属性，它们分别是规则、信息和默认值，如图 3-10 所示。通过这三个属性可以设置字段级有效性规则。

（1）规则：指定实施数据字段级有效性检查的关系表达式。它根据输入的字段值求出关系表达式的值，当该表达式的值为真值时，则该字段值有效，否则无效。这是避免输入错误数据的一个重要措施。例如，在订单明细表中，订货价不能为负数，我们就可以设置规则"订货价>=0"，当订单明细表的订货价字段值为负数时，系统将不予接受，并弹出警告信息。

（2）信息：信息用于定制当输入违反字段级有效性规则时，显示的警告信息。如按上述规则，可以输入"订货价不能为负数"，一旦在订货价字段中输入负数，系统将在弹出的警告对话框中显示该信息。

（3）默认值：默认值是指字段在没有输入数据值的情况下，系统给定的默认值。在浏览窗口、表单或以编程方式输入数据时，VFP 将自动为字段填入设定的默认值，直到输入新值。默认值可以是任何有效的表达式，但表达式的值应与该字段的数据类型一致。

2．记录级有效性规则

记录级有效性规则用于检验同一记录中两个或两个以上字段间的关系是否符合要求。字段级有效性规则只对应一个字段，记录级有效性规则通常用来比较同一记录中的多个字段值，以确保它们遵守在数据库中建立的有效性规则。记录的有效性规则通常在输入或修改记录时被激活，在删除记录时不起作用。同字段级有效性规则一样，记录级规则表达式的值为真值时，记录才是有效记录。

记录级有效性规则可以在表设计器中"表"选项卡的"记录有效性"选项区域中设置。其中包括设置表的记录级规则和警告信息两部分内容，如图 3-11 所示。

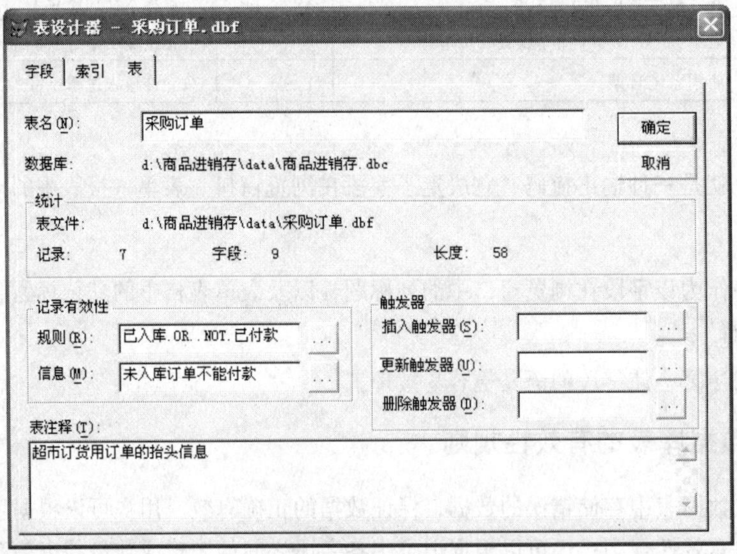

图 3-11　设置表属性

（1）规则。记录级规则是一个包含两个或两个以上字段的关系表达式，它根据输入的记录求出关系表达式的值，如果该表达式的值为真值时，则该记录有效，否则无效。例如，根据业务要求未入库的订单不能付款，按业务逻辑的要求，应为采购订单表设置以下的记录级规则。

已入库 .OR. !已付款

当且仅当记录的已入库字段值为.F.，已付款字段值为.T.时，记录有效性规则表达式的值为.F.，此时，系统将在弹出的警告对话框中表示不接受记录数据。

（2）信息。信息用于定制当输入违反字段级有效性规则时，显示的警告信息。如按上述规则，可以输入"未入库订单不能付款"，一旦在订货价字段中输入负数，系统将在弹出的警告对话框中显示该信息。

采购订单表的记录级有效性规则如图 3-11 所示。

3．设置触发器

触发器是指在对记录进行输入、删除、更新等操作时，系统将自动启动一个程序，用来完成指定的任务。数据表的触发器有以下三种，如图 3-11 所示。

（1）插入触发器是指往表中插入记录时触发的检测程序，该程序可以是表达式或自定义函数。检测结果为真时，接受插入的记录；否则，不接受插入的记录。

（2）更新触发器是指修改表中记录后触发的检测程序。检测结果为真时，保存修改后的记录；否则，不保存修改的结果，同时还原修改之前的记录值。

（3）删除触发器是指删除表中记录时触发的检测程序。检测结果为真时，删除记录；否则，禁止删除记录。

3.6.3 表的永久关系

一个数据库可以包含多个表，由于这些表所表示的实体是相互联系的，因而这些表之间也存在同样的联系，这种联系称为表的关系。在 Visual FoxPro 中，通常使用永久关系和临时关系维护数据表之间的联系。永久关系一旦创建就保存在数据库文件中，它是相对临时关系而言的，临时关系是在使用时临时用 SET RELATION 命令创建的，而永久关系一经创建，使用时不必重新创建即可在打开数据库时被打开，并在"数据库设计器"和数据环境中显示为两个表的索引之间的连接线。在永久关系的基础上，才能设置表间的参照完整性规则，用以保证数据库各表之间相关数据的一致性。

设置永久关系的两个表分别是表示被参照关系的父表（主键所在的表）和表示参照关系的子表（外键所在的表）。在设置永久关系之前，需要对相互联系的两个表建立索引，在父表中以主键为索引表达式建立主索引；在子表中以外键为索引表达式建立候选索引或普通索引。父表与子表之间的关系有"一对一"和"一对多"两种，这是由子表的索引类型决定的，当子表为候选索引时，建立的关系为"一对一"关系；当子表的索引为普通索引时，建立的关系是"一对多"关系。例如，员工表与采购订单表的相互联系中，员工表父表，其中的员工号为主键，我们在其上建立主索引，而采购订单表为子表，其中的员工号为外键，我们在其上建立普通索引，两者间建立的永久关系即为"一对多"关系。

对表的永久关系的操作包括建立永久关系、编辑永久关系和删除永久关系。

1. 建立表的永久关系

在"数据库设计器"中选中父表的主索引，将该主索引拖拽到子表中与外键对应的索引上，此时在两索引之间显示的连线表示两表之间的永久关系。其中直连线表示"一对一"永久关系；连线一端有三条短分支线表示"一对多"永久关系。例如，建立员工表与采购订单表的永久关系时，需要将员工表的主索引"员工号"拖拽到采购订单表的普通索引"订货人"上，如图 3-12 所示。建立永久关系后的连线如图 3-13 所示。

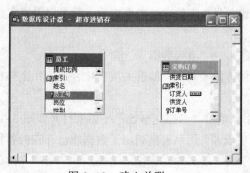

图 3-12　建立关联

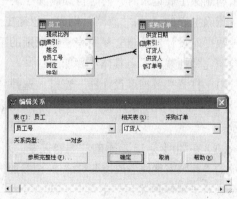

图 3-13　编辑关系及"编辑关系"对话框

2．编辑表的永久关系

编辑永久关系的操作步骤如下：

（1）在"数据库设计器"中，在表示永久关系的连线上单击使其变粗表示选择，然后双击，弹出"编辑关系"对话框，如图 3-13 所示。

（2）在"编辑关系"对话框中，完成图 3-13 所示的设置。

（3）单击"确定"按钮，完成关系的编辑。

3．删除表的永久关系

在数据库设计器中选中要删除的永久关系连线，按[Delete]键。

关系有以下作用：在查询设计器和视图设计器以及表单、报表的数据环境中，自动作为默认连接条件；在数据库设计器中，显示为参照表与被参照表索引之间的连线；在数据库中它的功能是实现数据库的参照完整性。

3.6.4　参照完整性规则

建立参照完整性规则是为了确保在更新、删除、插入记录时主键与外键的一致性。参照完整性规则是指建立一组规则，这组规则规定了当用户对数据表执行插入、更新或删除操作后，若操作结果导致主键与外键不一致时，应采取什么策略以保证主键与外键的一致性。由于不同的操作使用不同的策略，因而参照完整性规则分为更新规则、删除规则及插入规则。

插入规则用于确定向子表插入一个新的记录时，如果父表中没有与之相匹配的记录，是否限制该插入操作。插入规则的策略有"限制"和"忽略"。"限制"表示当主表中没有匹配的主键字段值时，禁止在子表中插入新记录；"忽略"则表示忽略主、子表间的关系，不限制在子表中插入记录。

更新规则用于确定当父表中的主键字段值被改变，可能导致子表中出现孤立记录时，是否同时更新子表中对应记录的外键值。更新规则的策略有"级联"、"限制"和"忽略"。"级联"表示当更新主表主键时，同时自动更新子表中的外键值；"限制"表示当子表中有相关记录时，禁止更新主表对应记录的关系字段值；"忽略"则表示忽略主、子表间的关系，

删除规则用于确定当删除父表中的记录时，如果该记录在子表中有匹配记录，是删除该父表记录还是同时删除子表中匹配的记录。删除规则的策略有"级联"、"限制"和"忽略"。"级联"表示当删除主表记录时，同时自动删除子表中的对应记录；"限制"表示当子表中有对应记录时，禁止删除主表的记录；"忽略"则表示忽略主、子表间的关系，不限制删除主表记录。

数据库设计器是建立参照完整性规则的工具。建立两个表的永久关系之后，就可以设置它们的参照完整性规则了。具体步骤如下：

（1）打开"数据库设计器"窗口，选择"数据库"→"清理数据库"命令。

（2）在"数据库设计器"窗口中，双击表之间的连线来打开"编辑关系"对话框，如图 3-13 所示。

（3）在如图 3-13 所示的"编辑关系"对话框中，单击"参照完整性"按钮来打开如图 3-14 所示的"参照完整性生成器"对话框。"参照完整性生成器"用列表框列出了数据库已存在的各种关系。对于每一种关系，还列出了其"父表"和"子表"的名称，连接"父表"和"子表"的父索引标记和子索引标记。

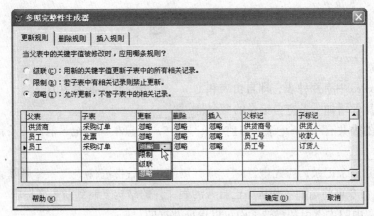

图 3-14 "参照完整性生成器"对话框

（4）如果在数据库中有多个表建立了永久关系，那么应当在"参照完整性生成器"中先选定需要设置参照完整性规则的两个表所在的关系行，然后设置更新、删除、插入规则。以员工表与采购订单表为例，首先在如图 3-14 所示的表格中，选中父表为"员工"且子表为"采购订单"这一行的"更新"列，此时弹出下拉列表，在下拉列表中选中"限制"，这样就将更新规则设置为限制。然后采用同样的方法分别将删除规则和插入规则设置为"限制"对话框。

（5）在设置完参照完整性规则后，单击"确定"按钮，这时 Visual FoxPro 将保存对参照完整性规则的设置，生成参照完整性代码，最后关闭"参照完整性生成器"对话框。

3.6.5 存储过程

存储过程是存储在数据库文件中的用于操作数据库中数据的代码过程。在打开一个数据库时，它们便加载到了内存中。因此，使用存储过程可以使用户对数据库的操作更加容易、效率更高。

Visual FoxPro 的存储过程表现为用户自定义函数。在数据库中定义字段级规则和记录级规则时可引用这些自定义函数，即存储过程。存储过程独立于程序源代码保存在数据库文件中，从而使数据与对数据的操作形成一个整体，体现了封装的程序设计思想。

总之，在 Visual FoxPro 中，利用参照完整性规则可以保持数据的一致性，便于对数据库进行正确的维护和管理。

本 章 小 结

Visual FoxPro 利用数据库与数据表实现数据存储与数据管理。本章重点介绍了数据表的建立及其记录的添加、修改、删除、复制、浏览等维护管理操作。为了提高数据排序与查询的效率，Visual FoxPro 使用了索引，索引文件分为独立索引文件与复合索引文件，根据完整性要求和数据查询的要求，可以使用表设计器或命令为相关字段建立主索引、候选索引或普通索引。

在 Visual FoxPro 中，数据库是表的集合，利用数据库设计器可以方便、有效地管理数据库和表，通过设置数据库的永久关系可方便以后的应用系统的开发，在本章的最后介绍了数据库的数据字典的使用，通过使用数据字典可以保证数据的字段有效性、记录有效性，以及表之间的参照完整性。

习　题

一．填空题

1. 在 Visual FoxPro 中有两种表，即自由表和_____表，其扩展名为.DBF。

2. 在表文件的尾部增加一条空白记录的命令是_____。

3. 设当前打开的表共有 10 条记录，当前记录号是 5，若想在 5 号记录前加一条新的记录，应输入的命令是_____。

4. 要想真正删除一个记录，应先进行_____删除，然后再进行_____删除。

5. 用_____命令可将当前工作区中已打开的表文件的结构复制到新表文件中。

6. Visual FoxPro 中的主索引和候选索引可以保证数据的_____。

7. 与表文件同名，但其扩展名为.CDX 的文件是与该表对应的_____。

8. 当按照公共字段建立关联时，要求子文件必须按公共字段_____。

9. 执行 TOTAL 命令前，当前表文件必须按关键字段_____。

10. REPLACE 命令中，当范围选项为默认时，默认范围是_____。

11. 在 Visual FoxPro 中，利用参照完整性规则可以保持数据的_____，便于对数据库进行正确的维护和管理。

二．上机操作题

1. 对"员工.dbf"按照基本工资升序建立索引文件"员工工资.idx"，再按照出生日期降序建立索引文件"员工生日.idx"。

2. 对员工.dbf 建立结构复合索引文件，其中包含：
   （1）按照姓名建立索引（标记名为 xm）。
   （2）按照岗位建立索引（标记名为 gw）。

3. 在员工.dbf 中查找基本工资在 3000 元以上的所有员工记录，显示其姓名、岗位及基本工资。

4. 用索引查找的方法查找"王卫东"的基本工资。

5. 查找岗位为"收银员"的所有记录。

6. 分别统计各种岗位员工的平均基本工资。

第 4 章 SQL 语言、查询与视图

Visual FoxPro 本身具有基本的查询命令，同时它也支持结构化查询语言（SQL）。SQL 是一种通用的，功能极强的关系数据库的标准语言。SQL 的功能包括数据定义、数据操纵和数据控制语言，数据查询功能是其核心。视图兼具有表和查询的特点，是在数据库表的基础上建立的一个虚拟表。要建立查询或视图，既可以在命令窗口中实现，也可以借助查询设计器和视图设计器这两个工具来实现。此外，由于 Visual FoxPro 支持的 SQL 的数据控制语言功能很有限，在此不做介绍，仅介绍 SQL 的数据定义和数据操纵功能。

4.1　SQL 语言

结构化查询语言（Structured Query Language，SQL）既可以用于大型数据库系统，也可以用于微型机数据库系统，是关系数据库的标准语言。SQL 命令利用 Rushmore 技术实现优化处理，一条 SQL 命令可以代替多条 Visual FoxPro 命令。

SQL 语言具有以下特点：

1）综合统一

SQL 语言集数据库定义语言（Database Define Language，DDL）、数据操纵语言（Database Manufacture Language，DML）、数据控制语言（Database Control Language，DCL）的功能于一体，可以独立完成数据库生命周期中的全部活动，包括定义数据库和表结构，录入数据及建立数据库查询、更新、维护和重构以及数据库安全性控制等一系列操作，这就为数据库应用系统的开发提供了良好的环境。

2）高度非过程化

用 SQL 语言进行数据操作时，用户只需提出做什么，而不必指明怎么做。这不但大大减轻了用户的负担，而且还有利于提高数据独立性。

3）面向集合的操作方式

SQL 语言采用集合操作方式，不仅查找结果可以是记录的集合，而且执行一次插入、删除、更新的操作对象也可以是记录的集合。

4）以同一种语法结构提供两种使用方式

SQL 语言既是自含式语言，又是嵌入式语言。作为自含式语言，它能够独立地用于联机交互，使得用户可以在键盘上直接输入 SQL 命令对数据库进行操作。作为嵌入式语言，SQL 语句能够嵌入到高级语言（如 C、FORTRAN、PL/I）程序中，供程序员设计程序时使用。在两种不同的使用方式下，SQL 语言的语法结构基本上是一致的。这种以统一的语法结构提供两种不同的使用方

式的做法，为用户设计程序提供了极大的灵活性与方便性。

5）语言简洁，易学易用

SQL 语言功能极强，但由于设计巧妙，语言十分简洁，完成数据定义、数据操纵、数据控制和数据查询等核心功能只用 9 个动词：CREATE、DROP、ALTER、SELECT、INSERT、UPDATE、DELETE、GRANT 和 REVOKE。

4.1.1　数据定义语言

数据定义语言由 CREATE、DROP 和 ALTER 命令组成，可以完成表的建立（CREATE）、表结构的修改（ALTER）和表的删除（DROP）操作。

1. 建立表命令 CREATE TABLE

建立表，既可以借助表设计器，也可以利用 SQL 的 CREATE TABLE 命令。

格式：CREATE TABLE <表名>(<字段名 1> <类型> (宽度[,小数位数]),<字段名 2> <类型> (宽度[,小数位数])......)

功能：创建表。

【例 4.1】在命令窗口中使用 CREATE TABLE 命令建立数据表，其表结构及要求如图 4-1 所示。

CREATE TABLE 商品(商品号 C(6),品名 C(20),类别 C(8),售价 Y,单位 C(4))

其中，售价字段的类型为货币型（Y），为默认宽度，所以不能在命令中再加以指定，常用数据类型的宽度设置可参考表 4-1。

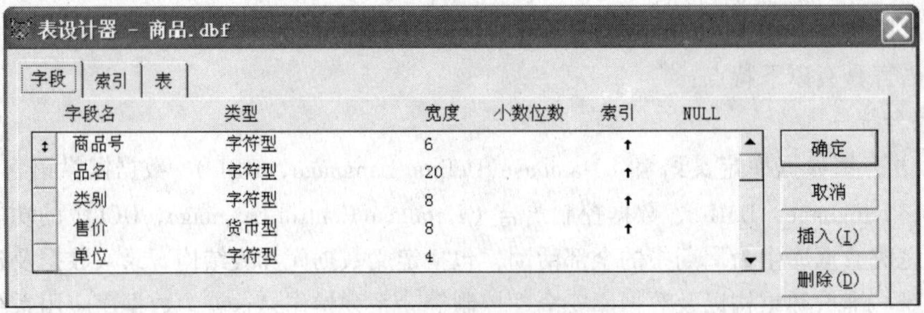

图 4-1　进货信息表的结构

表 4-1　常用数据类型的说明

类　型	宽　度	小　数　位	说　　明
C	自定	-	字符型，宽度用户自定
D	-	-	日期类型，固定宽度
T	-	-	日期时间类型，固定宽度
N	自定	自定	数值型，宽度、小数位用户自定
I	-	-	整型，固定宽度
Y	-	-	货币型，固定宽度
L	-	-	逻辑型，固定宽度
M	-	-	备注型，固定宽度
G	-	-	通用型，固定宽度

2．修改表结构命令 ALTER TABLE

SQL 命令还可以修改已经建立的表的结构，包括添加新的字段或删除原有字段以及修改原有字段的类型和宽度等。

格式 1：ALTER TABLE <表名> ADD| ALTER [COLUMN] <字段名> <字段类型> [(<宽度> [,<小数位数>])]

功能：修改指定表的指定字段或添加指定的字段。

【例 4.2】为"商品"表添加"产地"字段。

```
ALTER TABLE 商品 ADD 产地 C(10)
```

【例 4.3】将"商品"表中"产地"字段的宽度改为 20。

```
ALTER TABLE 商品 ALTER 产地 C(20)
```

格式 2：ALTER TABLE <表名> DROP [COLUMN] <字段名>

功能：删除指定表的指定字段。

【例 4.4】删除"商品"表中的"产地"字段。

```
ALTER TABLE 商品 DROP 产地
```

3．删除表命令　DROP TABLE

格式：DROP TABLE <表名>

功能：删除表。

【例 4.5】删除已建立的"商品"表。

```
DROP TABLE 商品
```

4.1.2　数据操纵语言

数据操纵语言是完成数据操作的命令，包括数据检索（查询）和数据修改（插入、删除和更新），由 SELECT(检索)、INSERT (插入)、DELETE (删除)、UPDATE(更新)等命令实现。由于 SELECT 比较特殊，所以将它专门放在下一节介绍。

1．插入记录命令

格式：INSERT INTO<表名>[(<字段名 1>[,<字段名 2>[,…]])] VALUES (<表达式 1>[,<表达式 2>[,…]])

功能：在指定表的尾部添加一条新记录，其值为 VALUES 后面表达式的值。

当需要插入表中所有字段的数据时，表名后面的字段名可以缺省，但插入数据的格式必须与表的结构完全吻合。若只需要插入表中某些字段的数据，就需要列出插入数据的字段名，当然相应表达式的数据位置应与之对应。

【例 4.6】向"商品"表中添加记录。

```
INSERT INTO 商品 VALUES ("000010","洗衣粉","日用品" ,5.9,"袋")
```

2．删除记录命令

SQL 的 DELETE 命令可以给数据表中的记录加逻辑删除标记。

格式：DELETE FROM <表名> [WHERE <条件表达式>]

功能：在指定表中，根据指定的条件逻辑删除记录。

【例 4.7】将"商品"表中商品号为"000010"的记录逻辑删除。

```
DELETE FROM 商品 WHERE 商品号="000010"
```

3．更新记录命令

更新记录就是对存储在表中的记录进行修改，将满足条件的记录的指定字段值修改为新的值。

格式：UPDATE <表名> SET<字段名 1>=<表达式 1>[,<字段名 2>=<表达式 2>...] [WHERE<条件表达式>

功能：用指定的新值更新记录。

【例 4.8】将"商品"表中所有类别为"日用品"的售价提高 5%。

UPDATE 商品 SET 售价=售价*(1+0.05) WHERE 类别="日用品"

4.1.3 SQL 查询

SQL 的核心是查询命令 SELECT。它的基本形式由 SELECT-FROM-WHERE 查询块组成，多个查询块可以嵌套执行。

格式：SELECT [ALL|DISTINCT] [<别名>.] <选项> [AS <显示列名>][,[<别名>.] <选项> [AS <显示列名>]...] FROM <表名 1>[<别名 1>][,<表名 2>[<别名 2>] ...] [WHERE <条件表达式>] [GROUP BY <分组项>] [HAVING <筛选条件>] [ORDER BY <排序选项> [ASC|DESC][,<排序选项> [ASC|DESC] ...]]

说明：

（1）ALL：返回查询结果的所有行。

（2）DISTINCT：去除查询结果中重复的行。

（3）别名：当选择多个数据库表中的字段时，可使用别名来区分不同的数据表。

（4）<选项>：字段名、表达式或函数。

（5）AS <显示列名>：在输出结果中，如果不希望使用字段名，可以根据要求设置一个名称。

（6）FROM <表名>：要查询的表文件名，可以包含多个表，各表间用逗号分开。

（7）WHERE <条件表达式>：指定多个表的连接条件和查询条件。

（8）GROUP BY <分组项> 指定分组查询的表达式。

（9）HAVING <筛选条件>：指定分组筛选的条件，总是跟在 GROUP BY 子句之后，不可以单独使用。

（10）ORDER BY <排序选项>：指定查询结果按哪个字段排序。

（11）ASC：指定的排序项按升序排列。

（12）DESC：指定的排序项按降序排列。

 注 意

使用 SELECT 命令事先不必打开表文件。

1．简单查询

简单查询就是查询表中的所有数据，对二维表的行列均不做选择。

【例 4.9】查询商品.dbf 中的所有商品信息。

SELECT * FROM 商品

结果如图 4-2 所示。

图 4-2　例 4.9 的命令结果示意图

 注 意

命令中的*表示输出所有字段。

2．投影查询

投影查询就是查询表中的部分字段，在二维表的列上筛选。

【例 4.10】查询商品.dbf 中所有商品的品名和售价。

`SELECT 品名,售价 FROM 商品`

结果如图 4-3 所示。

图 4-3　例 4.10 的命令结果示意图

3．简单条件查询

简单条件查询就是查询一个表中的符合条件的记录，其中条件用 WHERE 子句表示，是在二维表的行上进行筛选。

WHERE 子句是可选项，其格式如下：

`WHERE<条件表达式>`

条件筛选的基本要领是：用条件表达式去逐条检查表中的记录，仅当表达式为.T.，选择此记录。条件表达式既可以包括比较运算符，也可以包括一些关键字。

条件表达式用的比较运算符包括：=(等于)、<>、!=(不等于)、= =(精确等于)、>(大于)、>=(大于等于)、<(小于)和<=(小于等于)。

条件表达式中关键字的意义和使用方法见表 4-2，NOT 可以与这些关键字配合使用，得到一个反逻辑。

表 4-2　WHERE 中的条件关键字

关　键　字	说　　　明
ALL	满足子查询中所有值的记录 用法：<字段><比较符>ALL(<子查询>)
ANY	字段中的内容满足一个条件就为真 用法：<字段><比较符>ANY(<子查询>)
BETWEEN	<字段>的内容在指定范围内 用法：<字段>BETWEEN<范围始值>AND<范围终值>
EXISTS	测试子查询中查询结果是否为空。若为空，则返回.F. 用法：EXISTS(<子查询>)
IN	字段内容是结果集合或者子查询中的 用法：<字段>IN<结果集合>或者<字段>IN(<子查询>)
LIKE	对字符型数据进行字符串比较，提供两种通配符，即下画线 "_" 和 "%" 用法：<字段>LIKE<字符表达式>
SOME	满足集合中的某一个值，功能与用法等同于 ANY 用法：<字段><比较符> SOME(<子查询>)

【例 4.11】 查询商品.dbf 中类别为日用品的商品信息。
```
SELECT * FROM 商品 WHERE 类别="日用品"
```
【例 4.12】 查询商品.dbf 中类别不为日用品的商品信息。
```
SELECT * FROM 商品 WHERE 类别<>"日用品"
```

【例 4.13】 查询商品.dbf 中售价在 10～20 之间的商品的信息。
```
SELECT * FROM 商品 WHERE 售价 between 10 and 20
相当于
SELECT * FROM 商品 WHERE 售价<=10 and 售价>=20
```
【例 4.14】 查询类别为日用品或食品的商品信息。
```
SELECT * FROM 商品 WHERE 类别 IN ("日用品","食品")
相当于
SELECT * FROM 商品 WHERE 类别="日用品" or 类别="食品"
```
【例 4.15】 查询品名以"洗"开头的商品信息。
```
SELECT * FROM 商品 WHERE 品名 like "洗%"
相当于
SELECT * FROM 商品 WHERE 品名="洗"
```
其中，%和–是通配符，%代表任意长度的任意字符，而–代表一个任意字符。

4．既有投影又有条件的查询

此查询就是查询一个表中的符合条件的记录的某些字段，既在二维表的列上筛选，也在二维表的行上筛选。

【例 4.16】 查询商品.dbf 中类别为日用品的商品的品名和售价。
```
SELECT 品名,售价 FROM 商品 WHERE 类别="日用品"
```
【例 4.17】 查询员工.dbf 中 80 年以后出生的员工的姓名和岗位。
```
SELECT 姓名,岗位 FROM 员工 WHERE 出生日期>={^1980-01-01}
```
【例 4.18】 查询员工.dbf 中已婚员工的姓名和岗位。
```
SELECT 姓名,岗位 FROM 员工 WHERE 婚否=.t.
相当于
SELECT 姓名,岗位 FROM 员工 WHERE 婚否
```

5．计算查询

计算查询在查询中引入了计算函数或计算表达式。在 SELECT 命令中，SELECT 后面不仅可以是字段名，还可以是计算函数或计算表达式。表 4-3 中列出了常用的函数。

表 4-3　SELECT 命令中常用的函数

功　　能	语　　法	说　　明
求均值	AVG(<字段名>)	求一列数据的平均值
求和	SUM(<字段名>)	给出一列数据的和
计数	COUNT(*)	输出查询的行数
求最小值	MIN(<字段名>)	给出列中的最小值
求最大值	MAX(<字段名>)	给出列中的最大值

【例 4.19】查询商品.dbf 中的商品个数。

```
SELECT count(*) FROM 商品
```

相当于 VFP 命令

```
count all
```

或 VFP 函数

```
? reccount()
```

【例 4.20】查询商品.dbf 中类别为日用品的商品个数。

```
SELECT count(*) FROM 商品 WHERE 类别="日用品"
```

【例 4.21】查询商品.dbf 中类别为日用品的商品的平均售价。

```
SELECT avg(售价) FROM 商品 WHERE 类别="日用品"
```

【例 4.22】查询商品.dbf 中类别为日用品的商品的最高售价和最低售价。

```
SELECT max(售价) as 最高价, min(售价) as 最低价 FROM 商品 WHERE 类别="日用品"
```

其中，max（售价）as 最高价表示给 max(售价)起了个别名叫最高价，使查询结果更一目了然，查询结果如图 4-4 所示。

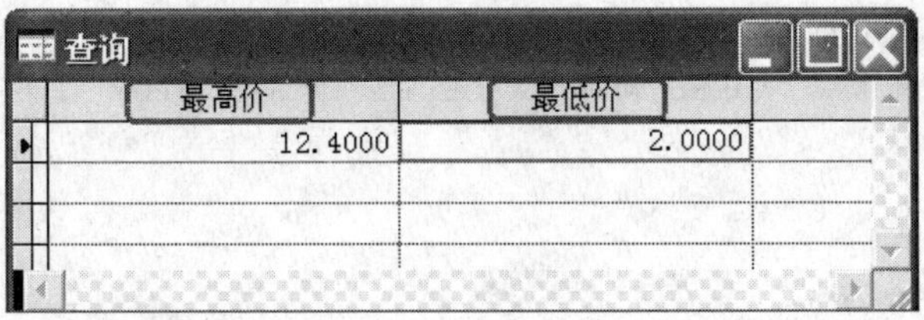

图 4-4　例 4.21 的命令结果示意图

【例 4.23】查询订单明细.dbf 中订单号为 100602001 的订单的数量、订货价和订货金额。

```
SELECT 数量,订货价, 数量*订货价 as 订货金额 ;
FROM 订单明细 ;
WHERE 订单号="100602001"
```

6．多表查询

多表查询是从多个相关联的表中提取信息，多表连接的条件在 WHERE 子句中指出，这时，WHERE 子句中既包含多表连接的条件，也包含选择记录的条件。

【例 4.24】查询订单明细.dbf 中所有的订单的品名、数量、订货价和售价。

SELECT 品名,数量,订货价,售价 FROM 商品, 订单明细 WHERE 商品.商品号=订单明细.商品号

其中，WHERE 子句中仅包含多表连接的条件。

结果如图 4-5 所示。

品名	数量	订货价	售价
酸奶	100.00	10.0000	12.2000
计算器	10.00	52.0000	64.0000
笔记本	200.00	3.5000	4.6000
签字笔	50.00	1.1000	1.6000
电池	20.00	7.0000	8.0000
计算器	5.00	52.3000	64.0000
饼干	50.00	4.0000	4.6000

图 4-5　例 4.23 的命令结果示意图

【例 4.25】查询订单明细.dbf 中订单号为 100602001 的订单的品名、数量、订货价和售价。

```
SELECT 品名,数量,订货价,售价 ;
FROM 商品, 订单明细 ;
WHERE  商品.商品号=订单明细.商品号 and 订单号="100602001"
```

其中，WHERE 子句中既包含多表连接的条件，也包含选择记录的条件。

7. 嵌套查询

有时一个 SELECT 命令无法完成查询任务，需要将一个子 SELECT 的结果作为 WHERE 子句的条件，即需要在一个 SELECT 命令的 WHERE 子句中加入另一个 SELECT 命令，这种查询称为嵌套查询。通常把仅嵌入一层子查询的 SELECT 命令称为单层嵌套查询，把嵌入层数多于一层的查询称为多层嵌套查询。Visual FoxPro 只支持单层嵌套查询。

 注 意

子 SELEECT 的查询结果必须是确定的内容。

（1）返回单值的子查询。

【例 4.26】查询订单明细.dbf 中订单号为 100602001 的订单的品名。

```
SELECT 品名 FROM 商品 WHERE 商品号=(SELECT 商品号 FROM 订单明细  WHERE 订单号="100602001")
```

相当于

```
SELECT 品名;
FROM 商品, 订单明细 ;
WHERE  商品.商品号=订单明细.商品号 and 订单号="100602001"
```

这说明某些嵌套查询完全可以用多表查询实现。

上述 SQL 语句执行的是两个过程,首先在订单明细表中找出订单号为 100602001 的商品号(如 000080)，然后再在商品表中找出商品号等于 000080 的商品的品名。

（2）返回一组值的子查询。若某个子查询返回值不止一个，则必须指明在 WHERE 子句中应怎样使用这些返回值。通常，可使用条件关键字（即谓词）ANY（或 SOME）、ALL 和 IN。

【例 4.27】查询订单明细.dbf 中数量大于等于 50 的订单的品名。

```
SELECT 品名 FROM 商品 ;
WHERE 商品号 in (SELECT 商品号 FROM 订单明细  WHERE  数量>=50)
```

结果如图 4-6 所示。

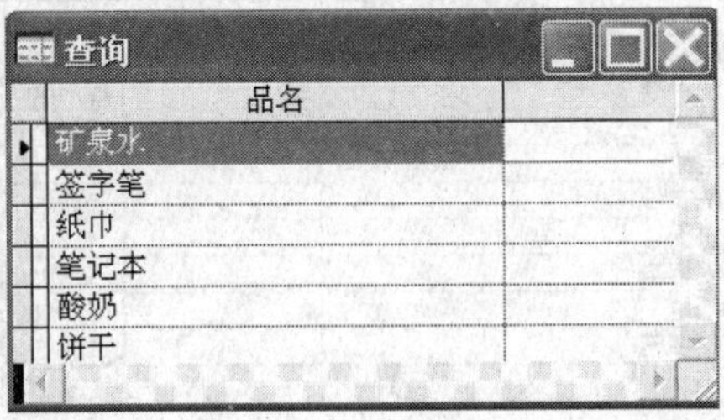

图 4-6 例 4.26 的命令结果示意图

该查询先从订单明细表中找出数量大于等于 50 的商品号,这时符合条件的商品号有多个,形成一个集合("000020","000030","000050","000070","000080","000090"),因而,在随后的外层查询中不能用"="运算符,只能用 IN 这个关键字,表示从商品表中找出商品号在这个集合中的商品的品名。

(3)自嵌套查询。自嵌套查询是指内层查询和外层查询用共同一个数据表。

【例 4.28】查询员工表中"王卫东"的部门主管的姓名。

```
SELECT 姓名 FROM 员工 WHERE 岗位="主管" and 部门号=(SELECT 部门号 FROM 员工 WHERE 姓名="王卫东")
```

该查询先从员工表中找出姓名为"王卫东"的员工所在的部门号(结果为 000020),然后从员工表中找出岗位为"主管"并且部门号为 000020 的员工姓名。

4.1.4 SQL 查询结果的输出与处理

使用 SELECT-FROM-WHERE 命令完成查询工作后,查询的结果默认显示在屏幕上,如果对这些查询结果做进一步的处理,则需要 SELECT 的其他子句配合操作。

1. 排序输出

SELECT 的查询结果是按查询过程中的自然顺序给出的,因此查询结果通常无序,如果希望查询结果有序输出,需要下面的子句配合。

```
ORDER BY<排序选项 1>[ASC | DESC] [,<排序选项 2>[ASC | DESC]…]
```

说明:

(1)排序选项:可以是字段名,也可以是数字。字段名必须是主 SELECT 子句的选项,当然也是 FROM<表>中的字段。数字是表的列序号,第 1 列为 1。

(2)ASC:指定的排序项按升序排列。

(3)DESC:指定的排序项按降序排列。

(4)排序选项除了可以是字段名外,还可以是数字,表示输出列的序号。

【例 4.29】查询商品.dbf 中所有商品的品名和售价,并按售价降序排列。

```
SELECT 品名,售价 FROM 商品 ORDER BY 售价 DESC
```

结果如图 4-7 所示。

图 4-7　例 4.28 的命令结果示意图

【例 4.30】查询员工.dbf 中 80 以后出生的员工的姓名、岗位和出生日期，并将查询结果按出生日期的升序排序。

SELECT 姓名,岗位, 出生日期 FROM 员工 WHERE 出生日期>={^1980-01-01} ORDER BY 3

结果如图 4-8 所示。

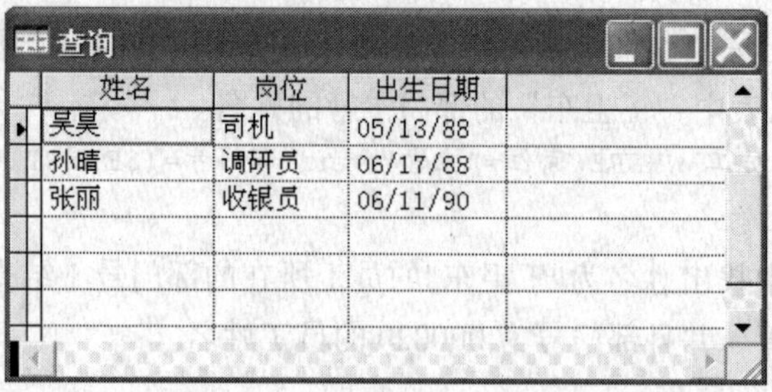

图 4-8　例 4.29 的命令结果示意图

此时，姓名、岗位、出生日期的列序号分别为 1、2 和 3，ORDER BY 3 即按第三列出生日期排序。

2. 分组统计与筛选

查询结果可以分组统计，其格式是：

GROUP　BY　<分组选项 1>[,<分组选项 2>...]

其中<分组选项>可以是字段名、SQL 函数表达式，也可以是列序号（最左边为 1）。

筛选条件格式是：

HAVING　<筛选条件表达式>

HAVING 子句与 WHERE 功能类似，只不过 WHERE 用来指定每条记录应满足的条件，而 HAVING 子句与 GROUP BY 子句连用，用来指定每个分组应满足的条件。

【例 4.31】查询各类商品的平均售价。

SELECT 类别,avg(售价) FROM 商品 GROUP BY 类别

结果如图 4-9 所示。

【例 4.32】查询各类商品的平均售价，查询结果仅显示平均售价大于等于 10 的类别。

SELECT 类别,avg(售价) FROM 商品 GROUP BY 类别 having avg(售价)>=10

结果如图 4-10 所示。

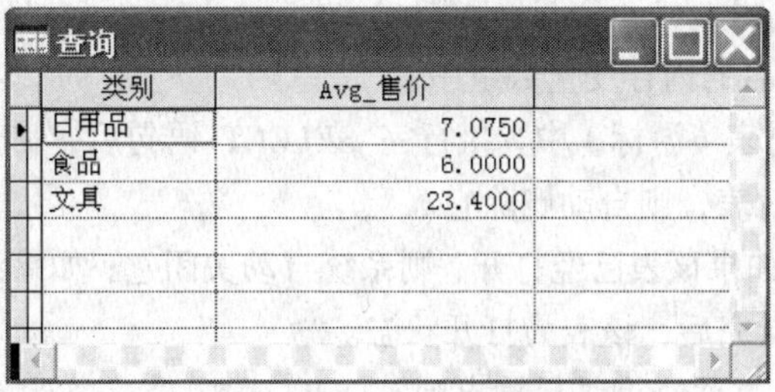

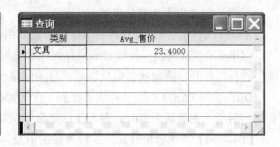

查询

类别	Avg_售价
日用品	7.0750
食品	6.0000
文具	23.4000

图 4-9　例 4.30 的命令结果示意图

查询

类别	Avg_售价
文具	23.4000

图 4-10　例 4.31 的命令结果示意图

【例 4.33】查询员工表中男、女员工的人数。

```
SELECT 性别,count(*) FROM 员工 GROUP BY 性别
```

【例 4.34】查询部门人数大于 2 的部门名称。

```
SELECT 名称,员工.部门号,count(*) FROM 员工,部门 ;
where 员工.部门号=部门.部门号 ;
GROUP BY 员工.部门号 having count(*)>2
```

因为员工表和部门表中都有部门号，必须用表名加以限定，如员工.部门号，否则，系统会提示字段不唯一。结果如图 4-11 所示。

查询

名称	部门号	Cnt
采购部	000020	3
营业部	000030	3

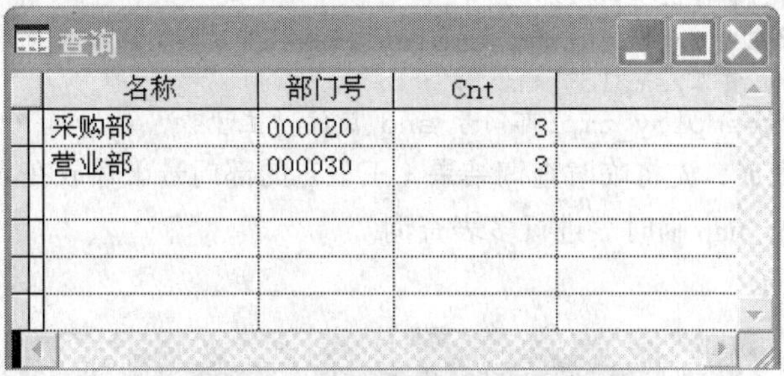

图 4-11　例 4.33 的命令结果示意图

3．显示部分结果

有时只需要显示满足条件的前几个记录，这时使用 TOP 数值表达式 [PRECENT]短语就非常有用。当不使用 PRECENT 时，数值表达式是 1 ~ 32 767 之间的任意整数，说明显示前几个记录；当使用 PRECENT 时，数值表达式是 0.01 ~ 99.99 间的实数，说明显示结果中前百分之几的记录。需要注意的是 TOP 短语要与 ORDER BY 短语同时使用才有效。

【例 4.35】查询售价最高的 3 种商品的信息。

```
SELECT * TOP 3 FROM 商品 ORDER BY 售价 DESC
```

4．重定向输出

查询结果的默认输出方向是屏幕，可以利用 INTO 子句改变输出方向，INTO 子句是可选项，其格式如下。

```
[INTO<目标>][TO FILE<文件名>[ADDITIVE]|TO PRINTER]
```

TO FILE <文件名> [ADDITIVE]：将结果输出到指定的文本文件，ADDITIVE 表示将结果添加到文件后面。在输出的文件中，系统可以自动处理重名的问题。如不同文件的相同字段名用文件名来加以区分；表达式用 EXP-3、EXP-5 等来自动命名；SELECT 函数用函数名来辅助命名等。

TO PRINTER：将结果送到打印机输出。

<目标>包含以下 3 部分内容。

ARRAY<数组名>：将查询结果存到指定数组名的内存变量数组中。

CURSOR<临时表>：将输出结果存到一个临时表（游标）中，执行完 SELECT 语句后，临时表仍然保持打开、活动状态但只读。一旦关闭临时表，则自动删除它。

DBF<表>| TABLE<表>：将结果存到一个表，如果该表已经打开，则系统自动关闭它；如果没有指定后缀，则默认认为 DBF。在 SELECT 命令执行完后，该表为打开状态。

【例 4.36】查询售价最高的 3 种商品的信息，并将查询结果输出到 tree.dbf 表中。

```
SELECT * TOP 3 FROM 商品 ORDER BY 售价 DESC into table tree
```

该命令执行后，会产生表 tree，若要查看此表中的信息，须再执行如下命令：

```
SELECT * FROM tree
```

【例 4.37】查询售价最高的 3 种商品的信息，并将查询结果输出到 tree_tmp.dbf 表中。

```
SELECT * TOP 3 FROM 商品 ORDER BY 售价 DESC into cursor tree_tmp
```

该命令执行后，会产生临时表 tree_tmp，若要查看此临时表中的信息，须再执行如下命令：

```
SELECT * FROM tree_tmp
```

一般可利用 INTO CURSOR 短语存放一些临时结果，当使用完成后这些临时文件会自动删除。

【例 4.38】查询员工表中"王卫东"的部门主管的姓名。

```
SELECT 部门号 FROM 员工 ;
WHERE 姓名="王卫东" into cursor employ_tmp
SELECT 姓名 FROM 员工,employ_tmp ;
WHERE 员工.部门号=employ_tmp.部门号 and 岗位="主管"
```

查询结果分两步完成，先将临时查询结果（王卫东的部门号）存放在 employ_tmp 临时表中，再利用员工表和 employ_tmp 临时表进行多表查询。

结果如图 4-12 所示。

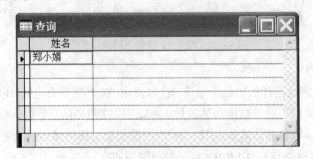

图 4-12　例 4.37 的命令结果示意图

4.2　使用查询设计器

使用 SELECT 命令，既可以在命令窗口中实现，也可以利用 Visual FoxPro 提供的可视化设计工具"查询设计器"来实现。两者比较起来，使用"查询设计器"方式，因为大部分的操作可以通过单击鼠标实现，偶尔需要输入少量字符，因而更简单快捷，适合初学者使用，而使用命令窗口方式，因为整条命令都需要手工操作，相对麻烦些，但此方法更灵活，可以构造复杂的查询，适合熟练者使用。

"查询设计器"实际上就是 SELECT 命令的交互式设计操作窗口。利用"查询设计器"建立查询其实就是从指定的表或视图中提取满足条件的记录，然后按照需要的输出类型定向输出查询结果。SELECT 语句构成的查询以扩展名为.qpr 的程序类型保存在磁盘上，一旦运行查询则输出查询结果，并根据输出类型要么显示在屏幕上，要么存放在表、临时表、报表、标签等文件中，默认的输出类型为浏览器，即将结果显示在屏幕上。

4.2.1　查询设计器简介

本小节先概述了使用"查询设计器"建立查询的步骤，接着以实例对各步骤进行了详细介绍。需要注意的是，有些步骤不是必需的，如单表查询时的步骤 3，可以根据需要略去。

使用"查询设计器"建立查询的步骤如下：

（1）启动查询设计器。

（2）添加表。

（3）设置表间关联，仅在多表查询时需要。

（4）选择显示字段、计算函数或计算表达式。

（5）设置筛选记录条件。

（6）设置排序、分组。

（7）设置查询输出类型。

（8）查看 SQL 语句。

（9）运行、保存查询。

【例 4.39】用"查询设计器"查询类别为 000080 的商品的品名、最高售价和订货金额。

步骤如下：

1．启动"查询设计器"

从"文件"或"项目管理器"菜单中，都可以启动"查询设计器"窗口。

在"文件"菜单中启动"查询设计器"的操作步骤如下：

（1）选择"文件"→"新建"命令，选择文件类型选项区域中的"查询"单选按钮。

（2）单击"新建文件"按钮，打开"查询设计器"窗口，如图 4-13 所示。

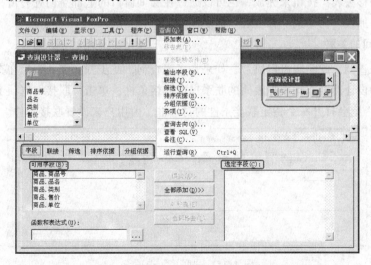

图 4-13　"查询设计器"窗口及"查询"菜单

在项目管理器中启动"查询设计器"窗口的操作步骤如下：

（1）在"项目管理器"中选择"数据"选项卡。

（2）选择"查询"文件类型，然后单击"新建"按钮，系统打开"新建查询"对话框。

（3）单击"新建查询"按钮，打开"查询设计器"窗口，如图4-13所示。

从图4-13中可以看出，"查询设计器"窗口打开后，系统自动在菜单中增加了"查询"菜单。"查询"菜单中的每个菜单项对应于SELECT命令的一个子句。此外，也可以利用"查询设计器"工具栏，选择常用的功能进行操作。

2．添加表

创建新查询时，在"查询设计器"窗口打开后，将自动打开"添加表或视图"对话框，如图4-14所示。例如，选择"超市进销存"数据库中的"商品"表，然后单击"添加"按钮。选择了要查询的表或视图后，Visual FoxPro将把选择的表或视图显示在"查询设计器"窗口的上方，如图4-13所示。

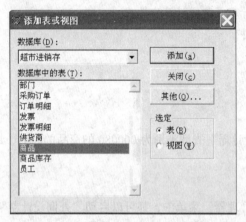

图4-14　"添加表或视图"对话框

编辑一个已经存在的查询时，如果要重新选择表，可以利用"查询设计器"工具栏中的"添加表"按钮或"移去表"按钮来完成，也可以通过在查询窗口的上部空白处右击，在弹出的快捷菜单中选择"添加表"命令或"移去表"命令来实现。

3．设置表间的关联

如果是单表查询，此步骤可以跳过，如果是多表查询，此步骤必需。一旦在查询设计器中添加了多表，查询设计器会自动根据表间的联系提取联接条件，单击"联接"选项卡即可看到，如图4-15所示，否则会打开一个指定联接条件的对话框，由用户来设置联接条件。

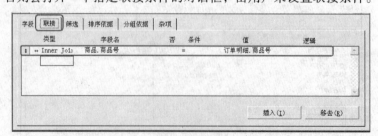

图4-15　"联接"选项卡

4．选择显示字段、计算函数或计算表达式

选择"字段"选项卡，如图 4-16 所示，即可选择表中的字段，也可以将计算函数或计算表达式加入到查询中。

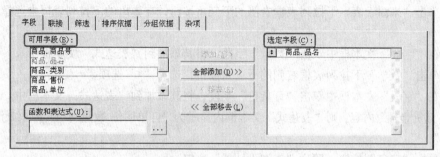

图 4-16 "字段"选项卡

"字段"选项卡分为三部分，"可用字段"是指表中有哪些字段可供选择，"函数和表达式"用于设定函数和表达式，选定字段指出哪些字段、函数或表达式会出现在查询中。

选择表中的字段的步骤如下：

（1）在"可用字段"中选择字段，如"品名"。

（2）单击"添加"按钮，字段自动添加到"选定字段"下方。

选择函数的步骤如下：

（1）单击 "函数和表达式"文本框右侧的按钮，打开"表达式生成器"对话框，如图 4-17 所示。

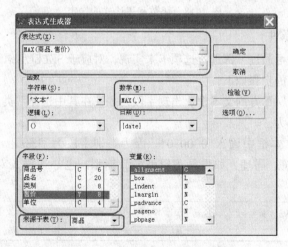

图 4-17 "表达式生成器"对话框

（2）单击"数学"下拉列表框的下三角按钮，选择 MAX 函数，此函数自动添加到"表达式"处，如 MAX(,)。

（3）双击"字段"文本框中的"售价"字段，则此字段自动添加为 MAX 函数的参数，即 MAX(售价)，如图 4-17 所示。

（4）单击"确定"按钮，回到"查询设计器"窗口。

（5）单击"添加"按钮，将其添加到"选定字段"文本框中。

选择表达式的步骤如下，以表达式"数量*订货价 as 订货金额"为例进行介绍。

（1）单击 "函数和表达式"文本框右侧的按钮，打开"表达式生成器"对话框，如图 4-17 所示。

（2）单击"来源于表"下拉列表框右侧的下三角按钮，在弹出的下拉列表框中选择"订单明细"表。

（3）在"字段"文本框中双击"数量"字段，将其添加到"表达式"文本框中。

（4）单击"数学"下拉列表框右侧的下三角按钮，选择"*"选项。

（5）在"字段"文本框中双击"订货价"字段，将其添加到"表达式"文本框中，并在其后加上"as 订货金额"内容，则"表达式"文本框内显示为"订单明细.数量 * 订单明细.订货价 as 订货金额"；

（6）单击"确定"按钮，回到"查询设计器"窗口。

（7）单击"添加"按钮，将其添加到"选定字段"文本框中，结果如图 4-18 所示。

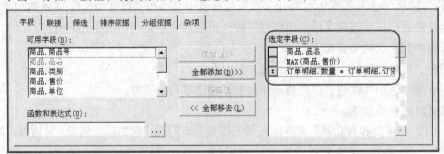

图 4-18　函数和表达式的选定

5．设置筛选记录条件

设置筛选记录条件可通过"筛选"选项卡来实现，对应于 SELECT 语句中的 WHERE 子句。

设置筛选记录条件的步骤如下：

（1）单击"字段名"下方的文本框，出现字段列表，在其中选择"类别"字段。

（2）设置"条件"为"="。

（3）在"实例"文本框中输入"000080"，因为类别字段为字符型，因而必须输入英文双引号作为字符串定界符，同理，如果是逻辑型或日期型，也必须输入对应的定界符，结果如图 4-19 所示。

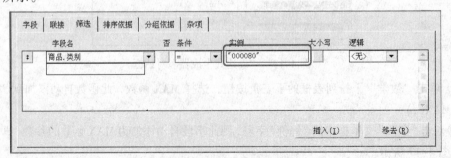

图 4-19　设置筛选记录条件

（4）如果筛选条件有多个，可以通过在"逻辑"下拉列表框中选择"and"或"or"选项继续。

6．设置排序、分组

设置排序可通过"排序依据"选项卡实现，对应于 SELECT 语句中的 ORDER BY 子句。设置分组可通过"分组依据"选项卡实现，对应于 SELECT 语句中的 GROUP BY 子句。

设置排序的步骤如下：

（1）在"排序选项"选项区域中设定排序的方向。

（2）在"选定字段"中选择排序依据的字段。其中，可供选择的字段正是在前面选定的字段、函数或表达式。

（3）单击 "添加"按钮，将其添加到"排序条件"文本框中。

设置分组的步骤同设置排序的步骤类似，只是 HAVING 子句可通过单击"满足条件"按钮弹出的"满足条件"对话框来设定。

7．设置查询输出类型

使用查询设计器可以将输出结果以多种形式展示出来，如浏览窗口、游标、表等。单击"查询设计器"工具栏中的"查询去向"按钮，得到如图 4-20 所示的对话框，查询结果的去向可以是浏览窗口、临时表、表、图形、屏幕、报表和标签，其含义见表 4-4。系统默认是将查询结果在浏览窗口中显示。

图 4-20　"查询去向"对话框

表 4-4　查询去向选项及其含义

选　项	含　义
浏览（Browse）	将结果输出到一个名为"查询"的内存表中，并打开其浏览窗口
临时表（Cursor）	将结果送到用户命名的内存表(CURSOR)中
表（Table）	将结果送到用户命名的数据表中
图形（Graph）	Microsoft graph 是系统提供的一个独立的嵌入式 OLE 应用程序。将结果送到 Microsoft graph 中作图
屏幕（Screen）	将结果送到当前活动窗口．并可同时输出到打印机或文本文件中
报表（Report）	将结果送到一个报表文件中
标签（Label）	将结果送到一个标签文件中

8．查看 SQL 语句

单击"查询设计器"工具栏上的 SQL 按钮，将显示此查询对应的 SELECT 语句，可以通过这种方式检查查询中的错误，再次单击 SQL（显示 SQL 窗口）按钮，可以回到"查询设计器"窗口。

此查询 SELECT 语句如下：

```
SELECT 商品.品名, MAX(商品.售价),订单明细.数量 * 订单明细.订货价 as 订货金额 ;
FROM  超市进销存!商品 INNER JOIN 超市进销存!订单明细 ;
       ON  商品.商品号 = 订单明细.商品号;
 WHERE 商品.类别 = "000080"
```

从中可以看出，"查询设计器"产生的代码和本书前面介绍的 SELECT 语句的书写方式略有不同，在建立多表查询时，前面是将多表连接条件放在 WHERE 子句中，而"查询设计器"将其放在 ON 子句中，其实这两者的查询结果完全相同。

9. 运行、保存查询

查询设置完毕后，通过单击常用工具栏上的"运行"按钮，或者选择"程序"→"运行"命令即可运行查询。

单击常用工具栏上的"保存"按钮，或选择"新建"→"保存"命令即可保存查询。

4.2.2 查询设计器的应用

下面通过具体的实例来介绍查询设计器的应用。

1. 简单查询

【例 4.40】用查询设计器实现例 4.9，查询商品.dbf 中的所有商品信息。

步骤如下：

（1）启动查询设计器。选择"文件"→"新建"命令，在弹出的"新建"对话框中选中"查询"单选按钮，单击"新建文件"按钮，出现"查询设计器"和"添加表或视图"窗口；

（2）添加表。在"添加表或视图"窗口中，选定数据库"超市进销存"，选择"商品"表后单击"添加"按钮，再单击"关闭"按钮，以关闭窗口，返回"查询设计器"窗口。

（3）选择显示字段。单击"全部添加"按钮或双击"商品"表下方的"*"选项，则所有字段都添加到"选定字段"文本框中。

（4）查看 SQL 语句。单击"查询设计器"工具栏上的 SQL 按钮，显示出此查询对应的 SELECT 语句。

（5）保存并运行查询。

2. 既有投影又有条件的查询

【例 4.41】用查询设计器实现例 4.17，查询员工.dbf 中 80 年以后出生的员工的姓名和岗位。

步骤如下：

（1）启动查询设计器，添加"员工"表。

（2）在"字段"选项卡，选择姓名、岗位字段添加到"选定字段"文本框。

（3）在"筛选"选项卡，选择字段"出生日期"，条件设为">="，实例设为"{^1980-01-01}"。

（4）查看 SQL 语句。

（5）保存并运行查询。

3. 查询的排序输出

【例 4.42】用查询设计器实现例 4.28，查询商品.dbf 中所有商品的品名和售价，并按售价降序排列。

步骤如下：

（1）启动查询设计器，添加"商品"表。

（2）在"字段"选项卡，选择品名、售价字段添加到"选定字段"文本框中。

（3）在"排序依据"选项卡，设定"排序选项"为"降序"，添加"售价"到"排序条件"文本框中。

（4）查看 SQL 语句。

（5）保存并运行查询。

4.3　视　图

创建表的最终目的是从中提取所需的信息。一个应用系统中数据表会很大，数据表的数量也会很多，为了方便特定用户或应用，既可以利用系统提供的"查询设计器"来生成查询程序和提取所需信息，也可以使用视图来定制功能。视图不但具备了表和查询的优点，并且可以像表一样被保存在数据库中。

视图有本地视图和远程视图两种类型。本地视图是从表或者其他视图中选取信息；而远程视图是从远程 ODBC 数据源上选取数据，且可将其加入到本地视图中。本书重点讲解如何创建与使用本地视图。

4.3.1　视图的概念

视图从应用的角度来讲类似于表，它具有表的属性。对视图执行的所有操作，如打开与关闭、设置属性（如字段的显示格式、有效性规则等）、修改结构以及删除等，与对表文件执行的操作相同。视图作为数据库的一种对象，有其专门的设计工具和命令。

视图（View）是在数据库表的基础上创建的一种虚拟表。所谓虚拟是指视图的数据是从已有的数据库表或其他视图中提取的，这些数据在数据库中并不实际存储，仅在数据词典中存储视图的定义。视图有如下特点：

1）视图可以提供附加的安全层

由于视图是建立在基本表之上的一种表，所以用户在视图上不能直接操作基本表，这样就保证了安全。

2）视图可以隐蔽数据的复杂性

数据库是由许多表组成的，而视图却是从几个表中抽取的数据。

3）视图有助于命名简洁

在建立数据库时，一些表的字段名可能很复杂，在建立视图时，可以换名以适应操作。在视图中换名并不改变其在表中的定义。

4）视图带来更改灵活性

利用视图，当用户更改组成视图的一个或多个表的内容时不用更改应用程序。假如有一个由两个表连接组成的视图，显示一个表中的 3 列而显示另一表中的 4 列。如果前一个表中增加了一列，这对视图的定义不产生影响，也不会影响涉及此视图的应用程序。

5）使用视图更新数据库

使用视图不仅可以查询数据库中的数据,更重要的是可以通过视图更新相关数据库表的信息。这一点非常重要, 也是视图的突出优点之一。

4.3.2 视图设计器概述

Visual FoxPro 提供的“视图设计器”是一个交互工具, 可以可视化地创建视图。打开“视图设计器”窗口常用的方法如下。

（1）选择“文件”→“新建”命令或单击常用工具栏中的“新建”按钮, 在“新建”对话框中选择“视图”单选按钮, 并单击“新建文件”按钮（事先必须打开数据库, 如超市进销存.dbc）。

（2）选择“项目管理器”对话框中“数据”选项卡下的“本地视图”选项, 单击“新建”按钮, 然后在出现的“新的本地视图”对话框中单击”新建视图”按钮。

在打开“视图设计器”窗口时, 系统首先要求向“视图设计器”中添加表或视图, 如选择“商品”表（其操作同查询设计器的“添加表或视图”中的操作）, 得到如图 4-21 所示的窗口。

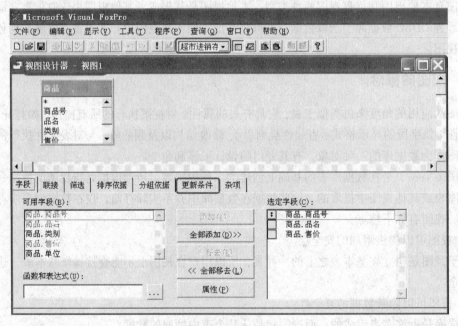

图 4-21　视图设计器

从图 4-21 中可以看出,“视图设计器”窗口与“查询设计器”窗口很相似。唯一的区别是增加了“更新条件”选项卡。一旦进入“视图设计器”窗口, 系统自动增加了“查询”菜单, 其菜单项与“查询设计器”的菜单类似。“视图设计器”的工具栏与“查询设计器”的工具栏基本相同。

从图 4-22 中可以看出,“更新条件”选项卡中包括以下几个部分。

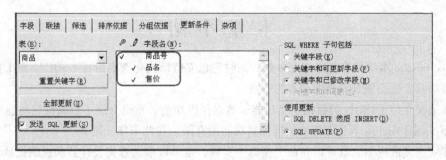

图 4-22　"更新条件"选项卡

（1）表。表示视图所基于的表，该例中使用的是"商品"表。

（2）关键字。表示当前视图的关键字字段，这里"商品号"是关键字段，可以重新设置关键字。单击关键字，出现复选框按钮，单击"钥匙"列 $\mathscr{O}$ 下方的复选框，显示√号表示选中。

（3）更新字段。参与视图的字段不一定都要参与更新。如有的字段仅用于显示。更改更新字段的方法是单击更新字段，出现复选框按钮，单击"笔"列 $\mathscr{O}$ 下方的复选框，显示√符号表示选中，有标记的字段表示可以参与更新操作。如果字段未标注为可更新，可以在表单中或浏览窗口中修改这些字段，但修改的值不会写回到源表中。

（4）重置关键字。单击该按钮，Visual FoxPro 会检查源表并利用这些表中的关键字段，重新设置视图的关键字段。

（5）全部更新。如果要使用全部更新，在表中必须有已定义的关键字段。全部更新不影响关键字段，设置为全部更新后，表示将全部字段设置为可更新字段。

（6）发送 SQL 更新。如果希望在视图上所作的修改能写回到源表中，必须至少设置一个关键字段来使用这个选项。如果选择的视图中有一个主关键字段且已在"字段"选项卡中，则"视图设计器"自动使用表中的该主关键字段作为视图的关键字段。

（7）SQL WHERE 子句。在该选项区域中有 4 个单选按钮，这些按钮帮助管理多用户访问同一数据的情况。

当在一个多用户环境中工作时，因为服务器上的数据可以被别的用户访问，所以别的用户也可以更新服务器上的记录。为了让 Visual FoxPro 检查用于视图操作的数据从提取到更新之前是否被别的用户修改过，以及相应情况下如何处理，可使用以下选项。

关键字段：当源表中的关键字段被改变时，使更新失败。

关键字和可更新字段：当源表中关键字段和任何标记为可更新的字段被改变时，使更新失败。

关键字和已修改字段：当关键字段和在本地改变的字段在源表中已被改变时，使更新失败。

关键字和时间戳：当表上记录的时间戳在首次检索之后被改变时，使更新失败（这个很少用，它要求表有时间戳列）。

（8）使用更新。表示更新的一种方式，是先删除后插入，还是直接更新。

完成视图的各种设置后，系统将把视图的定义存入当前数据库中，这些定义包括视图的表名、字段名和特性的设置值。

本 章 小 结

Visual FoxPro 本身具有基本查询命令，同时它也支持结构化查询语言（SQL）。SQL 的核心是它的查询功能，视图兼具有查询和表的特点。

本章依次介绍了 SQL 的数据定义功能、数据操纵功能，重点介绍了数据操纵功能中的 SQL 查询，而 Visual FoxPro 本身支持的数据控制功能很有限，在此未作介绍。

要建立查询或视图，既可以在命令窗口中实现，也可以借助查询设计器和视图设计器这两个工具来实现。

习 题

一、单项选择题

1. 不属于数据定义功能的 SQL 语句是（　　　）。
   - A. CREATE TABLE
   - B. CREATE CURSOR
   - C. UPDATE
   - D. ALTER TABLE
2. 从数据库中删除表的命令是（　　　）。
   - A. DROP TABLE
   - B. ALTER TABLE
   - C. DELETE TABLE
   - D. USE
3. 建立表结构的 SQL 命令是（　　　）。
   - A. CREATE CURSOR
   - B. CREATE TABLE
   - C. CREATE INDEX
   - D. CREATE VIEW
4. DELETE FROM S WHERE 年龄>55 语句的功能是（　　　）
   - A. 从 S 表中彻底删除年龄大于 55 岁的记录
   - B. S 表中年龄大于 60 岁的记录被加上删除标记
   - C. 删除 S 表
   - D. 删除 S 表的年龄列

二、思考题

1. 查询去向有哪几种？
2. 查询的 WHERE 条件中，BETWEEN... AND 与 IN 有什么区别，试举例说明。
3. 简述视图和查询的异同。
4. 如何在视图中设置可更新的字段？

三、上机操作题

1. 用 SELECT 命令完成如下查询：
   - （1）在商品表中增加最低库存字段。
   - （2）查询商品表中日用品的品名和售价。
   - （3）统计商品表中日用品的平均售价。
   - （4）查询各部门的经理名称。
2. 使用查询设计器完成如下查询：

（1）查询商品表中日用品的品名和售价。

（2）查询员工表中 1975 以后出生且工资大于 4000 元的人数。

（3）查询商品号为 000080 的商品名称、订货数量和订货价。

第 **5** 章 Visual FoxPro 程序设计基础

Visual FoxPro 将结构化程序设计与面向对象程序设计结合在一起，以利于程序员创建出功能强大、灵活多变的应用程序。

在前面的学习中已经了解到，在交互方式下进行操作，简单易行，随时都可能看到结果，明白错误所在，最适合初学者或者是完成某些简单、不需要重复执行的操作的用户使用。但学习任何一种语言，总是要利用它完成一些复杂的任务，或者重复执行某些操作。可以将这些需反复操作或经常用到的操作命令预先编好，存放在一个文件中，以供随时调用，这就是程序或函数。不过，程序设计要用到多方面的知识，涉及数据处理、存储等问题，有一定的难度。

5.1 程 序 文 件

学习 Visual FoxPro 的目的就是要使用其命令来组织和处理数据，完成一些具体任务。许多任务单靠一条命令是无法完成的，而是要执行一组命令来完成。如果采用在命令窗口逐条输入命令的方式，不仅非常麻烦，而且容易出错。特别是当该任务需要反复执行或所包含的命令很多时，这种逐条输入命令执行的方式几乎是不可行的。这时应该采用程序的方式。

5.1.1 程序的概念

程序是为了完成一定任务，严格按照某个语法规则，依据适合该任务的计算模型编写的用于处理反映该任务的相关数据的语句或命令的有序集合。这组命令被存放在称为程序文件或命令文件的文本文件中。当运行程序时，系统会按照一定的次序自动执行包含在程序文件中的命令。

程序与交互操作相比，具有 4 个特点：一是程序可被修改并重新运行；二是程序可通过菜单、表单和工具栏启动；三是一个程序可调用其他程序；四是程序文件一旦编成，可以多次运行。

5.1.2 程序文件的建立与执行

Visual FoxPro 程序和其他高级语言编写的程序一样，是一个文本文件。程序由若干行命令语句构成，编写程序即建立一个称为源程序的文本文件，只有建立了程序文件才能执行该程序。

1. 程序文件的建立

建立源程序文件有多种方法，最常用的方法是

（1）选择"文件"→"新建"命令，在"新建"对话框中选择"程序"单选按钮后，单击"新

建文件"按钮。

（2）选择"项目管理器"对话框中"代码"选项卡下的"程序"选项，单击"新建"按钮。

（3）在命令窗口中执行命令 MODIFY COMMAND<程序文件名>。

随后将弹出程序编辑窗口，并赋予默认文件名"程序 1"。这个窗口与命令窗口不同的是，输入完一条命令并按[Enter]键后，不直接执行该命令，而是输入完所有命令并将命令序列保存为一个程序文件后，执行该程序文件时命令才被执行。

2．程序文件的保存

编辑完程序文件后，选择"文件"→"另存为"命令，在"另存为"对话框中选择保存类型为"程序"，然后在"保存文档为"文本框中输入程序文件名，单击"保存"按钮，此时文件被保存在指定的磁盘位置，其扩展名为.prg。

3．程序文件的修改

修改程序文件时，需要先打开程序编辑窗口（打开方法同"程序文件的建立"），然后用常规的编辑技巧编辑即可。

4．程序文件的执行

一旦建立好程序文件，就可以用多种方式、多次执行它。下面是常用的两种执行程序的方法。

（1）菜单方式：

① 选择"程序"→"运行"命令，在打开的"运行"对话框中选定"程序"文件类型和待执行的程序文件名后，单击"运行"按钮。

② 选择"项目管理器"对话框中"代码"选项卡下的"程序"选项后单击"运行"按钮。

（2）命令方式：

格式：DO <程序文件名>

功能：执行由<程序文件名>表示的文件。

说明：该命令既可以在命令窗口独立使用，也可以出现在某个程序文件中，这样就使得一个程序在执行的过程中还可以调用另一个程序（在 5.3 节中介绍）。当程序文件被执行时，文件中包含的命令将被依次执行，直到所有的命令执行完毕，或者执行到以下命令。

- CANCAL：终止程序运行，清除所有私有变量，返回命令窗口。
- DO：跳转执行另一个程序。
- RETURN：结束当前程序的执行，返回到调用它的上级程序，若无上级程序则返回到命令窗口。
- QUIT：退出 Visual FoxPro 系统，返回到操作系统。

Visual FoxPro 程序文件通过编译和连编，可以产生不同的目标代码文件，这些文件具有不同的扩展名。当用 DO 命令执行程序文件时，如果没有指定扩展名，系统将按下列顺序寻找该程序文件的源代码或某种目标代码文件来执行：.exe（Visual FoxPro 可执行文件）→.app（Visual FoxPro 应用程序文件）→.fxp（编译文件）→.prg（源程序文件）。如果用 DO 命令执行查询文件或菜单文件，那么<文件名>中必须要包括扩展名（.qpr 或.mpr）。

【例 5.1】建立程序 prog5-1.prg，列出商品.dbf 中所有日用品的商品号、品名和售价，并输出食品的平均售价。

```
* prog5-1.prg
CLEAR                && 清屏幕
set talk off         && 不显示某些命令的结果
use 商品
list 商品号,品名,售价 for alltrim(类别)='日用品'
averAGE 售价 to a  for alltrim(类别)='食品'
?a
use
set talk on
```

下面是对此程序的几点说明。

（1）命令注释。程序中可插入注释，以提高程序的可读性。

以 NOTE 或*开头的代码行为注释行。命令行后也可添加注释，这种注释以符号&&开头。

注释为非执行代码，不会影响程序的功能。

（2）SET TALK ON OFF 命令。许多数据处理命令（如 AVERAGE、SUM、SELECT—SQL 等）在执行时都会返回一些有关执行状态的信息，这些信息通常会显示在 Visual FoxPro 主窗口、状态栏或用户自定义窗口里。SET TALK 命令启用（ON）时显示这些信息，否则（OFF）不显示。默认值为 ON。

（3）命令分行。程序中每条命令都以回车换行符结尾，一行只能写一条命令。若命令需要分行书写，应在一行终结时键入续行符"；"，再按[Enter]键。

在 Visual FoxPro 中，程序代码除了可以保存在程序文件中，还可以出现在报表设计器和菜单设计器的过程代码窗口中，以及表单设计器和类设计器的事件或方法代码窗口中。

5.1.3　程序调试

程序调试是指在发现程序有错误的情况下，确定出错的位置并纠正错误，其关键是要确定出错的位置。有些错误（如语法错误）系统是能够发现的，当系统编译、执行到这类错误代码时，不仅能给出出错信息，还能指出出错的位置；而有些错误（如计算或处理逻辑上的错误）系统是无法识别的，只能由用户自己来查错。Visual FoxPro 提供的功能强大的调试工具——调试器，可以帮助我们完成这项工作。

1．调用调试器

调用调试器的方法一般有两种：

（1）选择"工具"→"调试器"命令。

（2）在命令窗口输入 DEBUG 命令。

2．调试器窗口的组成

系统打开"调试器"窗口，进入调试器环境，如图 5-1 所示。在"调试器"窗口中可选择打开 5 个子窗口：跟踪、监视、局部、调用堆栈和调试输出。要打开子窗口，可选择调试器的"窗口"菜单中的相应命令；要关闭子窗口，只须单击窗口右上方的"关闭"按钮。

下面简要介绍各子窗口的作用和使用特点。

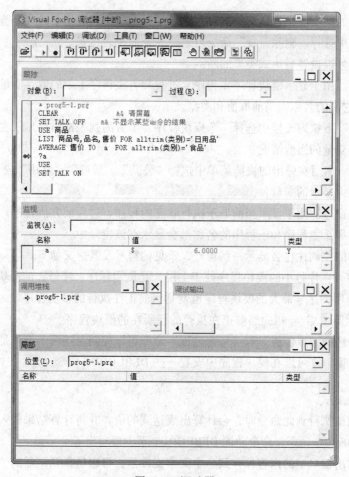

图 5-1　调试器

（1）跟踪窗口。用于显示正在调试执行的程序文件。要打开一个需要调试的程序，可以选择"调试器"窗口的"文件"→"打开"命令，然后在打开的对话框中选定所需的程序文件。被选中的程序文件将显示在跟踪窗口里，以便调试和观察。

跟踪窗口左端的灰色区域会显示某些符号，常见的符号及其意义如下：

① ➪指向正在执行的代码行。

② 断点。在跟踪窗口中找到要设置断点的那行代码，然后双击该行代码左端的灰色区域，或先将光标定位于该行代码中，然后按【F9】键。设置断点后，该代码行左端的灰色区域会显示一个实心点。用同样的方法可以取消已经设置的断点。当程序执行到该代码行时，将中断程序的运行。

可以控制跟踪窗口中的代码是否显示行号，方法是：在 Visual FoxPro 系统"选项"对话框的"调试"选项卡中选择"跟踪"单选按钮，然后设置"显示行号"复选框。

（2）监视窗口。用于监视指定表达式在程序调试执行过程中的取值变化情况。要设置一个监视表达式，可单击监视窗口中的"监视"文本框，然后输入表达式的内容，按[Enter]键后表达式便添至文本框下方的列表框中。当程序调试执行时，列表框内将显示所有监视表达式的名称、当前值及类型。

双击列表框中的某个监视表达式就可对它进行编辑；右击列表框中的某个监视表达式，然后在弹出的快捷菜单中选择"删除监视"命令可删除一个监视表达式。

在监视窗口中可以设置表达式类型的断点。

（3）局部窗口。用于显示模块程序（程序、过程和方法程序）中的内存变量（简单变量、数组和对象），显示它们的名称、当前取值和类型。

可以从"位置"下拉列表框中选择一个模块程序，下方的列表框内将显示在该模块程序内有效（可视）的内存变量的当前情况。

单击局部窗口，然后在弹出的快捷菜单中选择"公共"、"局部"、"常用"或"对象"等命令，可以控制在列表框内显示的变量种类。

（4）调用堆栈窗口。用于显示当前处于执行状态的程序、过程或方法程序。若正在执行的程序是一个子程序，那么主程序和子程序的名称都会显示在该窗口中。

模块程序名称的左侧往往会显示一些符号，常见的符号及其意义如下。

- 调用顺序序号：序号小的模块程序处于上层，是调用程序；序号大的模块程序处于下层，是被调用程序，序号最大的模块程序也就是当前正在执行的模块程序。
- 当前行指示器（ ⇨ ）：指向当前正在执行的行所在的模块程序。

从快捷菜单中选择"原位置"和"当前过程"命令可以控制上述两个符号是否显示。

（5）调试输出窗口。可以在模块程序中安置一些 DEBUGOUT 命令：

格式：

`DEBUGOUT <表达式>`

当模块程序调试执行到此命令时，会计算出表达式的值，并将计算结果送入调试输出窗口。

为了区别于 DEBUG 命令，命令动词 DEBUGOUT 至少要写出 6 个字母。

若要把调试输出窗口中的内容保存到一个文本文件里，可以选择调试器的"文件"→"另存输出"命令，或右击调试输出窗口中的空白处，在弹出的快捷菜单中选择"另存为"命令。要清除该窗口中的内容，可选择快捷菜单中的"清除"命令。

3. 调试菜单

"调试"菜单包含执行程序、选择执行方式、终止程序执行、修改程序以及调整程序执行速度等命令。下面是各命令的具体功能。

（1）运行：执行在跟踪窗口中打开的程序。如果在跟踪窗口里还没有打开程序，那么选择该命令将会打开"运行"对话框。当用户从对话框中指定一个程序后，调试器随即执行此程序，并中断于程序的第一条可执行代码上。

（2）继续执行：当程序执行被中断时，该命令出现在菜单中。选择该命令可使程序在中断处继续往下执行。

（3）取消：终止程序的调试执行，并关闭程序。

（4）定位修改：终止程序的调试执行，然后在文本编辑窗口打开调试程序。

（5）跳出：以连续方式而非单步方式继续执行被调用模块程序中的代码，然后在调用程序的调用语句的下一行处中断。

（6）单步：单步执行下一行代码。如果下一行代码调用了过程或者方法程序，那么该过程或者方法程序在后台执行。

（7）单步跟踪：单步执行下一行代码。

（8）运行到光标处：从当前位置执行代码直至光标处中断。光标位置可以在开始时设置，也可以在程序中断时设置。

（9）调速：打开"调整运行速度"对话框，设置两代码行执行之间的延迟秒数。

（10）设置下一条语句：程序中断时选择该命令，可使光标所在行成为恢复执行后要执行的语句。

5.1.4 输入/输出命令

1. 基本输入/输出命令

基本输入/输出命令包括 WAIT、ACCEPT、INPUT 和？等。

2. 格式化输入/输出命令

除了简单的输入、输出命令外，Visual FoxPro 还提供了格式输入/输出命令，它不仅用一个命令实现了输入和输出的功能，而且可以指定输入/输出的位置。下面简要介绍格式输入/输出命令。

格式：

@<行号,列号> SAY<表达式> [GET<内存变量>l<字段名>] DEFAULT<表达式>

功能：在当前窗口中指定的位置处显示并可接受输入数据。

说明：

（1）<行号，列号>：显示输出的起始位置。

（2）SAY <表达式>：首先计算表达式的值，然后在指定位置输出。

（3）GET<变量>：将需要输入（修改）的所有变量定位，然后等待 READ 命令激活，开始输入或修改。

（4）DEFAULT<表达式>：若 GET 命令输入的是内存变量，该选择为其赋初值。

【例 5.2】对商品.dbf 进行如下操作，输入商品号，更改其售价。

```
* prog5-2
CLEAR
USE 商品
@ 5,10 SAY "请输入编号" GET bh DEFAULT SPACE(6)
READ      &&读取用户输入
LOCATE FOR alltrim(商品号)=bh
@ 8,10 SAY "该商品售价: " GET 售价
READ
USE
```

5.2 程序控制结构

程序结构是指程序中命令或语句执行的流程结构。顺序结构、选择（分支）结构和循环结构是结构化程序设计的三种基本程序结构，如图 5-2 所示。

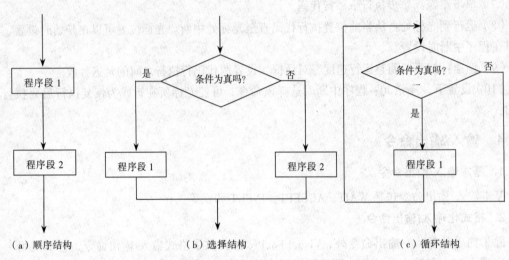

（a）顺序结构　　　　　　　　　（b）选择结构　　　　　　　　　（c）循环结构

图 5-2　结构化程序设计的三种基本结构

程序段由能够完成某种功能的一组命令（语句）组成。

5.2.1　顺序结构

顺序结构是最基本、最普遍的结构形式。语句按照它们在程序中出现的先后顺序逐条执行。Visual FoxPro 从主体上说是顺序的，每条命令执行完后都自动开始下一条命令的执行。

【例 5.3】根据输入的半径值，编程计算出相应的圆的面积。

```
* prog5-3
SET TALK OFF
CLEAR
INPUT "请输入圆的半径: " TO r
s=3.1416*r*r
@10,10 SAY "圆的面积是: "+STR(s,9,3)    && STR 是数值转换函数
SET TALK ON
```

5.2.2　选择结构

选择结构用于控制程序中语句序列的执行与否，它根据指定的条件执行不同的操作。支持选择结构的语句包括条件语句和分支语句。

1. 条件语句 IF-ELSE-ENDIF

格式：

```
IF <条件>
<语句序列 1>
[ELSE
<语句序列 2>]
ENDIF
```

该语句根据<条件>是否成立来控制程序的转向。

其中，<条件>为逻辑表达式，需要注意的是因为条件表达式是逻辑表达式的特殊形式，通常在<条件>中使用条件表达式较多。

说明：

（1）有 ELSE 子句时，如果<条件>成立，则执行 <语句序列 1>；如果<条件>不成立，则执行<语句序列 2>。然后转向 ENDIF 的下一条语句去执行，如图 5-3（a）所示。

（2）无 ELSE 子句时，如果<条件>成立，则执行 <语句序列 1>，然后转向 ENDIF 的下一条语句去执行；如果<条件>不成立，则直接转向 ENDIF 的下一条语句去执行，如图 5-3（b）所示。

（3）IF 和 ENDIF 必须成对出现。IF 是本结构的入口，ENDIF 是本结构的出口。

（4）条件语句可以嵌套，但不能出现交叉。在嵌套时，为了使程序清晰、易于阅读，可按缩进格式编写。

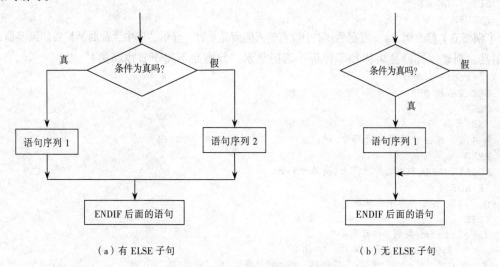

（a）有 ELSE 子句   （b）无 ELSE 子句

图 5-3 条件语句结构流程图

【例 5.4】对商品.dbf 进行操作，输入待查商品号，如果该商品为日用品，则显示其品名和售价。

```
* prog5-4.prg
SET TALK OFF
CLEAR
USE 商品
@ 4,10 SAY "请输入商品号: " GET bh DEFAULT SPACE(6)
READ
LOCATE ALL FOR alltrim(商品号)=bh
IF alltrim(类别)="日用品"
@ 8,10 SAY "商品名称: "+品名
@ 10,10 SAY "商品零售价格: "+STR(售价,8,2)
ENDIF
USE
SET TALK ON
```

【例 5.5】求解一元二次方程 $ax^2+bx+c=0$。用户通过键盘输入 a、b、c 的值，当方程有实根时，显示两个根的值；当方程无实根时，显示"此方程无实根！"。

```
* prog5-5.prg
SET TALK OFF
CLEAR
INPUT "请输入系数 a=" TO a
INPUT "请输入系数 b=" TO b
```

```
INPUT "请输入系数 c=" TO  c
d=b*b-4*a*c
IF d>=0
    x1=(-b+SQRT(d))/(2*a)
    x2=(-b-SQRT(d))/(2*a)
    ? "此方程的一个根是: ",x1
    ? "此方程的另一个根是: ",x2
ELSE
    ? "此方程无实根! "
ENDIF
SET TALK ON
RETURN
```

【例 5.6】修改例 5.4，当商品.dbf 中没有输入的商品号时，显示"库中无此商品!"。如果该商品为日用品，则显示其商品名称和零售价；否则显示"此商品不属于日用品类!"。

```
* prog5-6.prg
SET TALK OFF
CLEAR
USE 商品
@ 4,10 SAY "请输入商品号: " GET bh DEFAULT SPACE(6)
READ
LOCATE ALL FOR alltrim(商品号)=bh
IF EOF()
@ 8,10 SAY "库中无此商品! "
ELSE
IF alltrim(类别)="日用品"
    @ 8,10 SAY "商品名称: "+品名
    @ 10,10 SAY "商品零售价格: "+STR(售价,8,2)
ELSE
    @ 8,10 SAY "此商品不属于日用品类! "
ENDIF
ENDIF
USE
SET TALK ON
```

2. 多分支语句 DO CASE-ENDCASE

虽然 IF-ELSE-ENDIF 嵌套使用可以进行多层次的条件判断，但程序的可读性、可维护性等都不是很好。为了解决多分支问题，Visual FoxPro 提供了 DO CASE-ENDCASE 语句。

格式：
```
DO CASE
CASE <条件 1>
    <语句序列 1>
CASE <条件 2>
    <语句序列 2>
    …
CASE <条件 n>
    <语句序列 n>
[OTHERWISE
<语句序列 n+1>]
ENDCASE
```
语句执行时，依次判断 CASE 后面的条件是否成立。当发现某个 CASE 后面的条件成立时，

就执行该 CASE 和下一个 CASE 之间的命令序列，然后执行 ENDCASE 后面的语句。如果条件都不成立，则执行 OTHERWISE 与 ENDCASE 之间的命令序列，然后转向 ENDCASE 后面的语句。

说明：

（1）不管有几个 CASE 条件成立，只有处在前面的条件起作用。

（2）如果所有 CASE 条件都不成立，且没有 OTHERWISE 子句，则直接跳出本结构。

（3）DO CASE 和 ENDCASE 必须成对出现，DO CASE 是本结构的入口，ENDCASE 是本结构的出口。

分支语句的控制流程如图 5-4 所示。

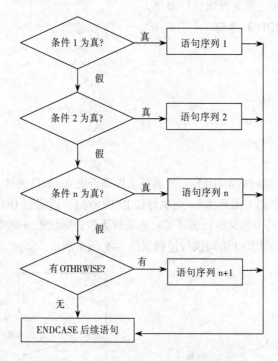

图 5-4　DO CASE–ENDCASE 结构流程图

【例 5.7】根据输入 x 的值，计算下面分段函数的值，并显示结果。

$$y = \begin{cases} x^2 + 4x - 1 & (x \leq 0) \\ 3x^2 - 2x + 1 & (0 < x \leq 10) \\ x^2 + 1 & (x > 10) \end{cases}$$

```
* prog5-7
SET TALK OFF
CLEAR
INPUT "x=" TO x
DO CASE
    CASE x<=0
        y=x*x+4*x-1
    CASE x>0 .and. x<=10
        y=3*x*x-2*x+1
    CASE x>10
```

```
        y=x*x+1
ENDCASE
? "分段函数值为: "+STR(y,10,2)
SET TALK ON
```

5.2.3 循环结构

循环结构是指程序在执行的过程中，其中的某段代码被重复执行若干次。被重复执行的代码段通常称为循环体。Visual FoxPro 支持的循环结构语句包括：DO WHILE-ENDDO、FOR-ENDFOR 和 SCAN-ENDSCAN 三个语句。在循环语句中，有两个命令可以改变语句的执行顺序，即 EXIT（退出循环体命令）和 LOOP（重新开始循环命令）。

1. DO WHILE-ENDDO 语句

格式：

```
DO WHILE <条件>
<语句序列 1>
    [LOOP]
<语句序列 2>
    [EXIT]
<语句序列 3>
ENDDO
```

执行该语句时，先判断 DO WHILE 处的循环条件是否成立，如果条件为真，则执行 DO WHILE 与 ENDDO 之间的命令序列（循环体）。当执行到 ENDDO 时，返回到 DO WHILE，再次判断循环条件是否为真，以确定是否再次执行循环体。若条件为假，则结束该循环语句，执行 ENDDO 后面的语句。DO WHILE-ENDDO 语句执行过程如图 5-5（a）所示。

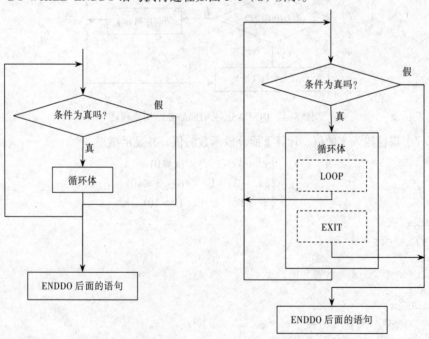

（a）DO WHILE-ENDDO 结构流程图 　　　（b）含有 LOOP 或 EXIT 命令的循环结构流程图

图 5-5　循环结构执行过程

说明：

（1）如果第一次判断条件时，条件即为假，则循环体一次都不执行。

（2）如果循环体包含 LOOP 命令，那么当遇到 LOOP 命令时，就结束循环体的本次执行，不再执行其后面的语句，而是转回 DO WHILE 处重新判断条件。

（3）如果循环体包含 EXIT 命令，那么当遇到 EXIT 命令时，就结束循环体的本次执行，转去执行 ENDDO 后面的语句。

（4）通常 LOOP 或 EXIT 命令出现在循环体内嵌套的选择语句中，根据条件来决定是 LOOP 回去，还是 EXIT 出去。包含 LOOP 或 EXIT 命令的循环语句执行过程如图 5-5（b）所示。

【例 5.8】逐个显示商品.dbf 中日用品类的商品号、品名和售价。

```
* prog5-8.prg
SET TALK OFF
CLEAR
USE 商品
LOCATE FOR alltrim(类别)="日用品"
DO WHILE not EOF()
DISP 商品号,品名,售价
CONTINUE
WAIT "按任意键，继续显示下一个" WINDOWS
ENDDO
USE
SET TALK ON
```

2. FOR-ENDFOR 语句

该语句通常用于实现循环次数已知情况下的循环结构。

格式：

```
FOR <循环变量>=<初值> TO <终值> [STEP<步长值>]
      <循环体>
ENDFOR│NEXT
```

执行该语句时，首先将初值赋给循环变量，然后判断循环条件是否成立，即循环变量是否超过终值（若步长为正值，循环条件为<循环变量><=<终值>；若步长为负值，循环条件为<循环变量>>=<终值>）。若循环条件成立，则执行循环体，然后循环变量增加一个步长值，并再次判断循环条件是否成立，以确定是否再次执行循环体。若循环条件不成立，则结束该循环语句，执行 ENDFOR 后面的语句，如图 5-6 所示。

说明：

（1）<步长值>的默认值为 1。

（2）<初值>、<终值>和<步长值>都可以是数值表达式。但这些表达式仅在循环语句执行开始时被计算一次。在循环语句的执行过程中，初值、终值和步长值是不会改变的。

（3）可以在循环体内改变循环变量的值，但这会影响循环体的执行次数。

（4）EXIT 和 LOOP 命令同样可以出现在该循环语句的循环体内。当执行到 LOOP 命令时，结束循环体的本次执行，然后循环变量增加一个步长值，并再次判断循环条件是否成立。

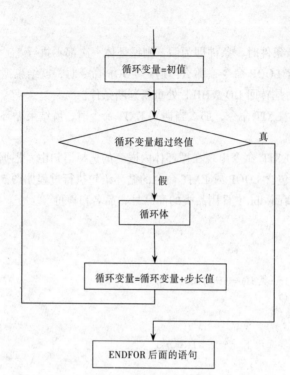

图 5-6 FOR–ENDFOR 循环结构流程图

【例 5.9】求数 10 的阶乘。

```
* prog5-9.prg
SET TALK OFF
CLEAR
p=1
FOR n=1 TO 10
    p=p*n
ENDFOR
? "p=",p
SET TALK ON
```

【例 5.10】输出 1～200 之间能被 3 和 5 整除的数的数量。

```
* prog5-10.prg
SET TALK OFF
CLEAR
s=0
FOR i=1 TO 200
IF INT(i/3)=i/3 and INT(i/5)=i/5
    s=s+i
ENDIF
ENDFOR
? "s=",s
SET TALK ON
```

3. SCAN-ENDSCAN 语句

该循环语句一般用于处理表中记录。语句应指明需处理的记录范围及应满足的条件。

格式：

```
SCAN [<范围>] [FOR<条件>]
   <循环体>
ENDSCAN
```

执行该语句时，记录指针自动、依次地在当前表的指定范围内满足条件的记录上移动，对每一条记录执行循环体内的命令。

说明：

（1）<范围>的默认值是 ALL。

（2）EXIT 和 LOOP 命令同样可以出现在该循环语句的循环体内。

【例 5.11】用 SCAN-ENDSCAN 语句完成例 5.8 的要求。

```
* prog5-11.prg
SET TALK OFF
CLEAR
USE 商品
SCAN FOR alltrim(类别)="日用品"
   DISP 商品号,品名,售价
   WAIT "按任意键,继续显示下一个" WINDOWS
ENDSCAN
USE
SET TALK ON
```

5.3 过程和自定义函数

数据库应用系统是一个复杂的软件系统。在程序设计中，应用系统由若干大模块构成，大模块又可以细分为小模块，最低一级模块完成一个基本功能。模块间存在着调用关系，这就是结构化程序设计方法。程序的模块化使得程序易读、易改及易扩充。在 Visual FoxPro 中，每一个模块可作为一个独立的程序，若干功能模块（称子程序或过程）也可以构成一个过程文件。每次执行应用系统时，第一个被运行的程序称为主控程序，也称主程序。

程序设计时常常有些运算和处理程序是相同的，只是每次可能以不同的参数参与程序运行。如果在一个程序中重复写入这些相同的程序段，不仅会使程序变得很长，而且是一种时间和空间的浪费。因此，可将上述重复出现的或能单独使用的程序写成可供其他程序调用的子程序（也称过程），如果需要返回运行后的结果，那么可称其为自定义函数。

过程及过程调用可以使程序结构清晰。对于比较复杂的应用，可以将各个功能模块作为过程独立出来，然后在创建整个应用程序时，如同搭积木一样，将各种过程模块进行不同的组合就可以实现功能各异的应用系统。

5.3.1 子程序

1．主程序和子程序的概念

程序设计时，往往会在多处出现相同或相似的程序代码段，我们可以将这些相同或相似代码段编写成一个独立的程序，而在每个需要它的地方写一条调用该程序的语句即可，这就是子程序思想。这样不仅提高了效率、增加了程序的可读性和可维护性，也提高了程序的安全性。

我们将被调用的程序称为子程序，调用子程序的程序称为主程序，主程序和子程序是相对的概念。

一般情况下，Visual FoxPro 中的子程序与主程序均为独立的程序文件（.prg 文件），都使用 MODIFY COMMAND 命令建立。其重要的区别是，主程序中有 DO 命令，而子程序的最后有 RETURN 命令。

2. 子程序的调用

子程序的建立和其他程序的建立方法相同，而主程序调用子程序时则使用 DO 命令，调用时可以带 WITH 子句进行参数传递。

格式：

DO<程序名 1>[WITH<参数表>][IN <程序名 2>]

说明：

（1）<参数表>中的参数可以是表达式，但若为内存变量则必须具有初值。

（2）当<程序名 1>是<程序名 2>中的一个过程时，应使用 DO 命令调用该过程（参见 5.3.2 节）。

调用子程序时参数表中的参数要传递给子程序，子程序中也必须设置相应的参数接收语句"PARAMETERS <参数表>"。

3. 子程序的嵌套

主程序与子程序的概念是相对的，子程序也可以调用其他子程序，这叫做子程序的嵌套，子程序的嵌套如图 5-7 所示。

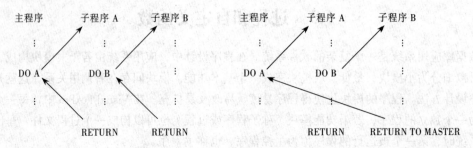

图 5-7　子程序嵌套示意图

子程序执行完后，要返回到调用它的上一级程序，返回时主要使用 RETURN 命令。

格式：

[PARAMETERS <参数表>]
RETURN [TO MASTER ｜ TO<程序名>]

说明：

没有子句的 RETURN 命令指定将控制返回到上层调用程序的调用命令的下一个语句。若命令中指定了 TO MASTER 项，则控制将返回到最高一级调用程序；若指定了 TO <程序名>，则控制将返回到程序名指定的程序。

执行返回命令后，当前程序中定义的所有的局部变量（参见 5.3.5 节）将被释放。

【例 5.12】求从 2 开始的连续偶数阶乘的和。

主程序如下：

```
* prog5-12.prg
CLEAR
input '输入一个偶数' to m
s=0
```

```
for n=2 to m step 2
p=1
do sub1
s=s+p
endfor
?s
```

子程序如下：

```
*sub1.prg
for i=1 to n
p=p*i
endfor
return
```

注：本例还可以写成带参数的形式。

主程序如下：

```
* prog5-12.prg
input '输入一个偶数' to m
s=0
for n=2 to m step 2
p=1
do sub1 with n,p
s=s+p
endfor
?s
```

子程序如下：

```
*sub1.prg
PARAMETERS x,y
for i=1 to x
y=y*i
endfor
return
```

5.3.2　过程

1. 过程及过程文件的定义

由于每个子程序都是单独存放在磁盘上的一个命令文件。每调用一个命令文件，系统就要到磁盘上查找一次目录，再将该文件从磁盘上读入内存，增加了处理时间。此外，每调用一个文件，就是打开一个命令文件，而系统允许打开的文件总数是有限的。因此，如果将多个子程序的命令文件组成一个大的文件，只要对该文件读取一次，即可以调用它所包含的所有子程序，而无须再次进行磁盘操作，这样就能大大减少磁盘操作的时间，提高运行速度。Visual FoxPro 的过程文件就是这种结构。在 Visual FoxPro 中，可以将多个过程存放在一个程序文件中，该文件称为过程文件。

过程文件是一种包含过程和函数的程序，过程文件被打开以后一次性将所有的过程调入内存，而不需要频繁地进行磁盘操作，从而大大地提高了过程调用的速度。但过程文件中的过程不能作为一个程序独立运行，因而被称为内部过程。

2. 过程文件的建立与使用

过程文件的建立及使用方法与程序相同，且都使用相同的扩展名（.prg）。过程文件中的过程没有扩展名，过程的名称为 1~8 个字符。过程文件的基本形式如下。

```
PROCEDURE<过程名 1>
[PARAMETERS<参数表>]
<过程 1 的语句组>
RETURN
…
PROCEDURE<过程名 n>
[PARAMETERS<参数表>]
<过程 n 的语句组>
RETURN
```

Visual FoxPro 规定，在调用过程文件中的过程之前，必须先打开过程文件，打开过程文件的语句为 SET PROCEDURE。

格式：SET PROCEDURE TO<过程文件名>

功能：打开一个指定的过程文件，并且关闭之前已打开的过程文件。

在主程序结束之前应关闭过程文件。

格式：CLOSE PROCEDURE

功能：关闭已经打开的过程文件。

【例 5.13】使用过程完成例 5.12。

```
* prog5-13.prg
clear
input "输入一个偶数" to m
s=0
for n=2 to m step 2
p=1
do a1
s=s+p
endfor
?s


PROCEDURE a1
for i=1 to n
p=p*i
endfor
return
```

【例 5.14】使用过程文件完成例 5.12。

主程序如下：

```
* prog5-14.prg
clear
set PROCEDURE to 过程1
input "输入一个偶数" to m
s=0
for n=2 to m step 2
p=1
do a1
s=s+p
```

```
endfor
?s
```

过程文件如下：
```
*过程1.prg
PROCEDURE a1
for i=1 to n
p=p*i
endfor
return
```

5.3.3　自定义函数

虽然 Visual FoxPro 系统定义了很多内部标准函数，但是如果有特别需要，用户可以将某些频繁使用的程序段定义为独立的函数或功能模块（FUNCTION），以减少程序的数量和复杂性。这些程序段通常称为自定义函数（User Defined Function，UDF）。

自定义函数和过程一样，可以放在命令文件内部，也可以建立独立的过程文件。自定义函数必须以函数说明语句 FUNCTION 开头，作为自定义函数的标识；并且在返回命令 RETURN 中必须回送一个值。是否返回值是自定义函数和过程的根本区别。

格式：
```
FUNCTION <函数名>
[PARAMETERS <参数表>]
    <命令序列>
RETURN <表达式>
```

说明：

（1）<函数名>是用户定义的函数名，它不得与系统标准函数同名，也不能命名为标准函数的缩写，因为调用时标准函数的优先级高于自定义函数。

（2）RETURN 语句执行时，将<表达式>的值返回给函数调用。在一个函数中，可以有多个返回命令，但各自返回的数据类型都应是与调用语句相匹配的同类型数据。若没有<表达式>子句，则返回的函数值为.T.。

（3）同标准函数一样，调用 UDF 函数时，函数名后需要一对括号。括号内用于放置自变量参数。

【例 5.15】任意输入一个自然数 n，求 n!并输出。
```
* prog5-15.prg
CLEAR
INPUT "请输入任一自然数" TO n
? "n!=",jc(n)
RETURN

FUNCTION jc
PARAMETERS X
t=1
FOR i=1 TO x
    t=t*i
ENDFOR
RETURN t
```

5.3.4 参数传递方法

在调用子程序、过程或自定义函数时，有时需要在调用者和被调用者之间传递一些参数。因此在调用时需发送要传递的参数，即在调用子程序或过程的 DO 命令中使用 WITH 选项，或在函数调用的函数名后的括号中引用要发送的参数，同时在被调用的子程序、过程或自定义函数中使用参数接受语句来接收参数。

格式：PARAMETERS<参数表>

PARAMETERS 命令必须是过程或函数中的第一个可执行语句。其中<参数表>为接收参数表，它们必须是内存变量或数组下标变量。当参数多于一个时，各参数间须用逗号隔开。接收参数的顺序与发送参数的顺序对应，接收参数的个数必须多于或等于发送参数的个数。多余的变量将被初始化为逻辑假值。

 注 意

<参数表>中列出的参数是形式参数，其值没有确定。这些形式参数将接收调用程序传递过来的对应的实际参数值，然后开始子程序或过程的运算或操作。当调用结束后，PARAMETERS<参数表>将返回对应参数的结果值(自定义函数除外)，而在 DO<文件名>[WITH]命令中，<参数表>中的参数可以是常量、变量或表达式，但必须是有确定值的实参。

通常，提供参数的语句(DO 语句)和接收参数的语句(PARAMETERS 语句)必须配对使用，两者在<参数表>中所列参数个数、排列顺序和数据类型都必须一一对应，但两者的变量名可以不同。

在调用自定义函数或过程时，也可以将数组作为参数来传递。此时，发送参数与接收参数都使用数组名，发送参数数组名前要加@来标记，而作为接收参数的数组不需要事先定义。

5.3.5 变量的作用域

程序设计离不开变量。一个变量除了类型和取值之外，还有一个重要的属性就是它的作用域。变量的作用域指的是变量在什么范围内是有效或能够被访问的。在 Visual FoxPro 中，若以变量的作用域来分，内存变量可分为公共变量、私有变量和局部变量三类。

1. 公共变量

在任何模块中都可使用的变量称为公共变量。公共变量要先定义后使用，公共变量可用 PUBLIC 命令定义。

格式：PUBLlC <内存变量表>

功能：定义公共的内存变量，并为它们赋初值逻辑假.F.。

公共变量一旦建立就一直有效，即使程序运行结束返回到命令窗口也不会被释放。只有当执行 CLEAR MEMORY、RELEASE、QUIT 等命令后，公共变量才被释放。

在命令窗口中直接使用而由系统自动默认建立的变量也是公共变量。

2. 私有变量

在程序中直接赋值后开始使用，没有通过 PUBLIC 和 LOCAL 命令事先声明的变量，是由系统自动建立的，它们默认被定义为私有变量。用户可以显式地用 PRIVATE 命令定义私有变量。

格式：PRIVATE <内存变量表>

功能：定义私有的内存变量，并为它们赋初值逻辑假.F.。

私有变量的作用域是建立它的模块及其下属的各层模块，一旦建立它的模块程序运行结束，这些私有变量将自动释放。

3. 局部变量

局部变量只能在建立它的模块中使用，不能在上层或下层模块中使用。当建立它的模块程序运行结束时，局部变量自动释放。局部变量用 LOCAL 命令建立。

格式：LOCAL<内存变量表>

功能：定义局部的内存变量，并为它们赋初值逻辑假.F.。

由于 LOCAL 与 LOCATE 前四个字母相同，所以这条命令的命令动词不能缩写。局部变量要先建立后使用。

【例 5.16】公共变量、私有变量、局部变量及其作用域示例。

```
* prog5-16
CLEAR
CLEAR MEMORY
PUBLIC x1
STORE "abc" TO x1,x2,x3,x4
? "主程序第一次显示: "
LIST MEMO LIKE x*
DO p1
? "主程序第二次显示: "
LIST MEMO LIKE x*
RETURN


PROCEDURE p1
LOCAL x2
PRIVATE x4
STORE "xxx" TO x1,x2,x3,x4
? "过程 p1 显示: "
LIST MEMO LIKE x*
DO p2
RETURN


PROCEDURE p2
STORE "yyy" TO x1,x2,x3,x4
? "过程 p2 显示: "
LIST MEMO LIKE x*
RETURN
```

程序运行后结果如下：
主程序第一次显示：
```
X1   Pub    C    "abc"    prog5-16
X2   Priv   C    "abc"    prog5-16
X3   Priv   C    "abc"    prog5-16
X4   Priv   C    "abc"    prog5-16
```
过程 p1 显示：
```
X1   Pub    C    "xxx"
X2   Priv   C    "abc"    prog5-16
```

```
X3    Priv    C    "xxx"    prog5-16
X4    (hid)   C    "abc"    prog5-16
X2    本地     C    "xxx"    p1
X4    Priv    C    "xxx"    p1
过程 p2 显示：
X1    Pub     C    "yyy
X2    Priv    C    "yyy"    prog5-16
X3    Priv    C    "yyy"    prog5-16
X4    (hid)   C    "abc"    prog5-16
X2    本地     C    "xxx"    p1
X4    Priv    C    "yyy"    p1
主程序第二次显示：
X1    Pub     C    "yyy"
X2    Priv    C    "yyy"    prog5-16
X3    Priv    C    "yyy"    prog5-16
X4    Priv    C    "abc"    prog5-16
```

注意私有变量的用法，在过程 p1 中，x4 定义为私有变量，而上层模块中 x4 的值 "abc" 被隐藏，当返回上层模块时，被隐藏的值就自动恢复。

实际上，LOCAL 命令在建立局部变量的同时，也具有隐藏在上层模块中建立的同名变量的作用，如 x2。但与 PRIVATE 命令不同，LOCAL 命令只在它所在的模块内隐藏这些同名变量，一旦到了下层模块，这些同名变量就会重新出现。

本 章 小 结

Visual FoxPro 结构化程序设计是进一步学习面向对象程序设计的基础。本章首先介绍了程序文件的概念、建立和执行，以及调试程序的操作方法和常用的与用户进行交互的输入、输出命令。接下来重点介绍了结构化程序设计的三种控制结构，它们包括顺序结构、选择结构和循环结构，并辅以相应实例。最后介绍了子程序、过程和自定义函数的概念和建立方法，其中值得注意的是这些模块中的参数传递方法和变量作用域。

习 题

一、单项选择题

1. 在 Visual Foxpro 中，用于建立或修改过程文件的命令是（　　　）
   A. MODIFY <文件名>　　　　　　　　　　B. MODIFY COMMAND <文件名>
   C. MODIFY　PROCEDURE <文件名>　　　D. 上面 B）和 C）都对
2. 能在整个应用程序中起作用的变量是（　　　）
   A. 局部变量　　　　　　　　　　　　　　B. 全局变量
   C. 私有变量　　　　　　　　　　　　　　D. 区域变量

二、简答题

1. 程序执行方式与交互方式各有何优缺点？
2. LOOP 命令和 EXIT 命令在循环体中各起什么作用？
3. 自定义函数与过程有何不同？如何实现过程的参数传递？

4. 如何在程序中设置断点？如何调试与跟踪程序？

三、上机操作题

1. 任意输入三个数，求其平均值并输出。

2. 输入一百分制成绩，将其转换为等级制并输出（90 分以上为 A 等级，80 ~ 89 分为 B 等级，70 ~ 79 分为 C 等级，60 ~ 69 分为 D 等级，60 分以下为 E 等级）。

3. 在商品表（商品.dbf）中，按商品名称查询相应商品的售价和类别。

4. 从键盘输入三个数作为三角形的三边，求其面积（要求对给定三边值进行判断，若能构成三角形则求其面积，否则输出不能构成三角形的信息）。

5. 用循环语句编写在屏幕上显示如下图形的程序。

```
    *
   ***
  *****
 *******
```

6. 输出 100 ~ 200 之间能被 29 整除的数。

7. 求 Fibonacci 数列的前 50 项。该数列的前两项分别是 0 和 1，以后各项是其前两项的和。即 0，1，1，2，3，5，8，…

8. 建立一个自定义函数，求半径分别为 3、4、5 的三个圆面积之和。

9. 用自定义函数和过程编写一个程序，使其具有对商品表（商品.dbf）进行追加、查询、修改和删除记录的功能。

第 6 章 表单设计

对于一个实用的数据库应用系统，不但要有正确的数据处理功能，而且要提供易于使用的用户界面。在 Visual FoxPro 应用程序中，表单是主要的人机交互界面。它以 Windows 窗口的形式提供了更加灵活、易于使用的用户界面。因此，表单是 Visual FoxPro 应用程序的重要组成部分。本章将介绍如何使用表单设计器设计表单以及表单设计中所使用的面向对象程序设计方法和常用控件。

6.1 创建表单

表单（Form）是 Visual FoxPro 应用程序中的用户界面，其中的各种对话框和窗口都是表单的表现形式，通过表单上的各种控件对象可接收用户输入和命令，然后通过表单控件对象的事件处理过程完成规定的数据处理，数据处理的结果也同样可通过表单控件的各种属性的变化反馈给用户，从而使用户可以方便、直观地完成数据处理工作。

表单的设计结果是表单文件，每一个表单都对应着一个以.scx 为扩展名的表单文件和一个以.sct 为扩展名的表单备注文件。在 VFP 中，可以利用表单设计器或表单向导可视化地创建表单文件，并通过运行表单文件来生成表单对象，以提供给最终用户使用。

6.1.1 使用表单向导创建表单

利用表单向导可以快速地生成 Visual FoxPro 系统定制式样的表单，用户只要按照向导提供的操作步骤和屏幕提示一步一步地操作就能完成表单的设计。

启动表单向导的方法有三种：

（1）选择"文件"→"新建"命令，选择"表单"单选按钮，单击"向导"按钮。

（2）选择"工具"→"向导"→"表单"命令。

（3）直接单击"新建"按钮，选择"表单"单选按钮，单击"向导"按钮。

不论使用哪种方法启动，在屏幕上都会出现如图 6-1 所示的"向导选取"对话框。在其中有"表单向导"和"一对多表单向导"两个选项，下面分别说明这两者的创建过程。

1. 表单向导

"表单向导"选项用于创建管理和维护单个数据表或视图的简单表单。下面通过例 6.1 说明其创建步骤。

【例 6.1】使用表单向导建立维护员工信息（员工.dbf）的表单，将创建的表单文件以"员工.scx"为文件名保存。

操作步骤如下：

（1）选取字段。在"向导选取"对话框中选择"表单向导"选项，单击"确定"按钮，打开向导第一步，弹出如图 6-2 所示的"字段选取"对话框。

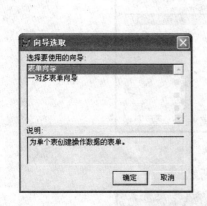

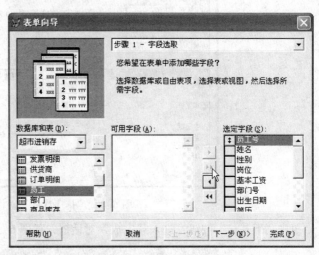

图 6-1 "向导选取"对话框　　　　　　图 6-2 "字段选取"对话框

先在打开的超市进销存数据库中选择"员工"表，再从"可用字段"列表框中将所有字段移入"选定字段"列表框中。单击"下一步"按钮，进入"选择表单样式"对话框，如图 6-3 所示。

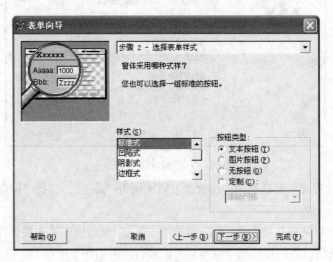

图 6-3 "选择表单样式"对话框

（2）选择表单样式。在"选择表单样式"对话框中，选择样式为"标准式"，按钮类型中选择"文本按钮"单选按钮后，单击"下一步"按钮，进入"排序次序"对话框。

（3）排序次序。选择"员工号"字段为排序关键字，并选择"升序"单选按钮，如图 6-4 所示。

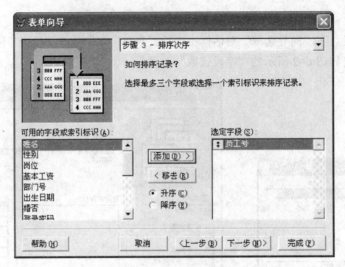

图 6-4 "排序次序"对话框

单击"下一步"按钮，进入"完成"对话框，如图 6-5 所示。

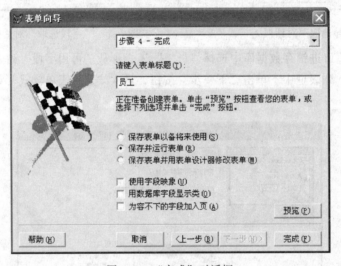

图 6-5 "完成"对话框

（4）完成。在"完成"对话框中，设置表单的标题为"员工"，选择"保存并运行表单"单选按钮。

单击"完成"按钮结束向导操作，在弹出的"另存为"对话框中输入要保存的表单文件名"员工.scx"后关闭对话框，新创建的表单立即运行，运行结果如图 6-6 所示。

在图 6-6 中，"第一个"、"前一个"、"下一个"、"最后一个"按钮是用来移动记录指针的，指针所指的记录展示在当前窗口中。"查找"按钮用来显示搜索对话框以查找记录。"打印"按钮可以输出打印。"添加"按钮用来在表的末尾添加一个记录。"编辑"按钮用来更改当前记录的值。"删除"按钮用来删除当前记录。"退出"按钮用来关闭表单。

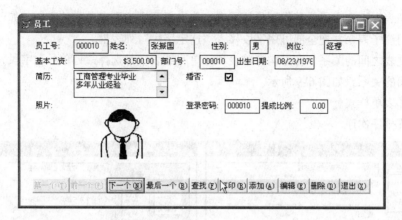

图 6-6 例 6.1 表单运行结果

2. 一对多表单向导

"一对多表单向导"选项用于创建基于两个具有一对多关系数据表的表单。字段既要从父表中选取，也要从子表中选取，还要建立两表间的连接关系。一对多表单一般使用文本框来显示父表中的各字段，使用表格来显示与父表的当前记录对应的各条子表记录。下面通过例 6.2 说明创建一对多表单的操作步骤。

【例 6.2】使用表单向导建立按"订单编号"查询采购订单情况的表单界面，并与订单表（采购订单.dbf）和订单明细表（订单明细.dbf）建立关系。

其操作步骤与例 6.1 基本相同，只是要选择两个表：采购订单.dbf（父表）和订单明细.dbf（子表），且两个表应当通过共有的字段"订单号"建立关联。

操作步骤如下：

（1）从父表中选定字段。在"向导选取"对话框中选择"一对多表单向导"选项，单击"确定"按钮，弹出如图 6-7 所示的"从父表中选定字段"对话框。选中采购订单表并把可用字段全部移入"选定字段"列表框。

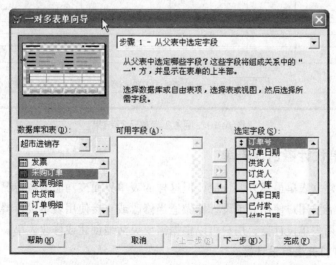

图 6-7 "从父表中选定字段"对话框

（2）从子表中选定字段。其作用是从子表中选出想要添加到表单中的字段，如图6-8所示。先选中订单明细子表，并把全部可用字段移入"选定字段"列表框。

（3）建立表之间的关系。在采购订单表和订单明细表中都选择"订单号"字段，按订单号建立两个表之间的关系，如图6-9所示。

（4）选择表单样式。

（5）设置排序次序。

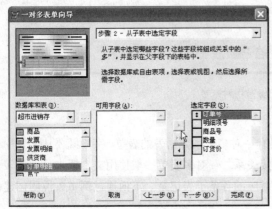
图6-8　"从子表中选定字段"对话框

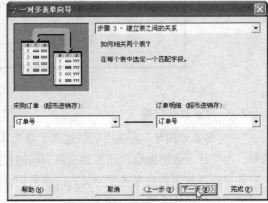
图6-9　"建立表之间的关系"对话框

完成并运行。运行结果如图6-10所示。

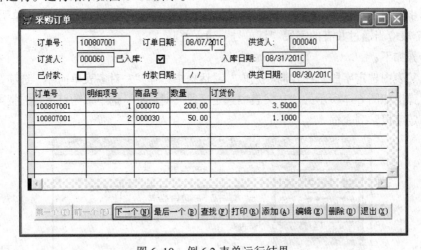
图6-10　例6.2表单运行结果

6.1.2　使用表单设计器创建表单

使用表单向导建立表单虽然方便快捷，但这样的表单界面或功能多数情况下还不能完全满足用户的需要，往往需要用户使用表单设计器做适当修改或直接使用表单设计器建立表单以满足自己的要求。通过使用表单设计器，用户可以根据需要灵活地创建或修改表单。

1. 新建表单并打开表单设计器

可用项目管理器、菜单、命令三种方式打开表单设计器并创建表单。

（1）项目管理器方式：在项目管理器的"文档"选项卡中，选中"表单"选项后，单击"新建"按钮。

（2）菜单方式：选择"文件"→"新建"命令，选中"表单"单选按钮，单击"新建文件"按钮。

（3）命令方式：

格式 1：CREATE FORM [<表单文件名>]

功能：新建指定文件名的表单文件，并打开表单设计器。

格式 2：MODIFY FORM <表单文件名>

功能：当指定文件名的表单文件不存在时，新建表单；否则打开指定文件名的表单文件。

2. 表单的保存

在系统菜单中选择"文件"→"保存" 命令，或按[Ctrl+S]组合键保存表单。若想保存后立即关闭表单设计器可按[Ctrl+W]组合键。

3. 修改表单

使用表单设计器修改已有表单文件的方法：

（1）项目管理器：选定要修改的表单，单击"修改"按钮。

（2）使用命令：MODIFY FORM <表单文件名>。

4. 运行表单

保存后的表单就可以运行了。运行表单的方法有：

（1）项目管理器中，选择要运行的表单，单击"运行"按钮。

（2）在表单设计器环境下，选择"表单"→"执行表单"命令，或单击常用工具栏上的"!"按钮，或按[Ctrl+E]组合键。

（3）选择"程序"→"运行"命令。注意，在运行对话框中的文件类型下拉列表框中选择"表单"选项，以便在文件列表中显示表单文件。

（4）使用命令。

格式：DO FORM <表单文件名> [NAME <表单对象名>] [WITH <参数>] [TO <变量>]

功能：运行指定文件名的表单，WITH 选项用于向表单传递参数，TO 选项用于指定存放表单返回值的变量。要使用 TO 命令，表单的 WindowType 属性必须设置为 1(Modal)。NAME 选项指定一个内存变量或数组元素，可通过它们引用表单或表单集，缺省的表单对象名与文件名相同。

6.2　表单设计器环境

表单设计器是 VFP 系统提供给应用程序开发人员的一个创建和修改表单的可视化工具，使开发人员不仅可以采用交互方式对表单本身的一些外观属性进行设置，而且还可以添加表单控件对象，管理表单控件，编写控件对象的事件处理过程以及设置表单数据环境等。

表单设计器具有可视化界面，它为用户提供了多种工具栏、下拉菜单和快捷菜单等操作工具。打开"表单设计器"窗口后，表单设计器的窗口除了包含一个新建或待修改的表单外，系统还会自动弹出"表单控件"工具栏和"属性"设置窗口以及显示"表单"菜单等，它们一起构成了一个可视化的表单设计环境，如图 6-11 所示。

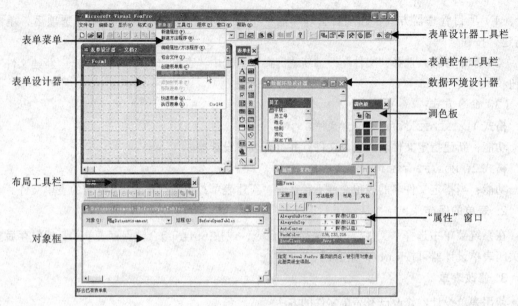

图 6-11　表单设计器环境

6.2.1　表单设计器工具栏

表单设计器工具栏是表单设计器环境的控制中心，使用表单设计器工具栏上的数据环境、属性窗口、代码窗口、调色板工具栏、表单控件工具栏、布局工具栏这 6 个按钮可以打开和关闭对应的窗口或工具栏。按钮弹起表示对应窗口或工具栏处于关闭状态，此时单击按钮则可打开对应窗口或工具栏，反之则反。如图 6-12 所示，代码窗口处于打开状态，单击代码窗口按钮，则可关闭代码窗口，单击属性窗口按钮则可打开属性窗口。

图 6-12　表单设计器工具栏

6.2.2　表单控件工具栏

表单控件工具栏提供设计表单界面的各种控件按钮，使用表单控件工具栏可以向表单中添加相应控件对象。选择"显示"→"表单控件工具栏"菜单命令可以显示或隐藏该工具栏

表单控件工具栏中共有 21 个控件按钮和 4 个辅助按钮，各按钮名称如图 6-13 所示。

1. 在表单中添加控件对象

在表单控件工具栏中单击欲添加的控件按钮，此时，控件按钮被按下，表示该控件按钮被选定，然后将鼠标移到表单窗口的合适位置，按下鼠标并拖动鼠标至所需要的大小，再松开鼠标。若直接单击鼠标，则控件对象大小按系统默认值确定。

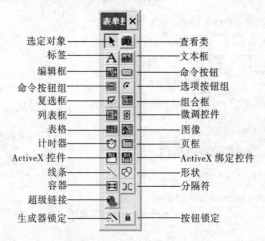

图 6-13　表单控件工具栏

2. 辅助按钮的使用

在工具栏中的 4 个辅助按钮分别是"选定对象"、"查看类"、"生成器锁定"和"按钮锁定"按钮。

（1）"选定对象"按钮。总是默认为选中状态，当用户选择某个控件按钮并在表单上创建一个控件对象以后，系统自动释放控件按钮，同时又使得"选定对象"按钮成为被选定状态。而且只有在"选定对象"按钮被选定的情况下，用户在表单上单击某个控件对象时，该对象才能够被选中。

（2）"查看类"按钮。用于切换已注册类库（用于保存各种控件的文件），或注册新的类库。该按钮将在 6.5.3 小节中介绍。

（3）"生成器锁定"按钮。作用是当按下"生成器锁定"按钮后，在表单上添加控件时，该控件的生成器会自动打开。

（4）"按钮锁定"按钮。作用是锁定当前选定的某个控件按钮。当按下该按钮时，选定某个控件按钮并在表单上创建所选控件的对象后，只要不再按下"按钮锁定"按钮解锁，该控件按钮就永远是被选定状态。这样，用户就可以连续在表单上创建所选控件的对象。

6.2.3　"属性"窗口

"属性"窗口是为表单等控件对象设置属性的工具，选择"显示"→"属性"命令可以显示或隐藏"属性"窗口。

1. "属性"窗口的结构

"属性"窗口的结构和内容如图 6-14(a)所示。它由对象框、选项卡、列表框、属性设置框和属性描述框组成。

（1）对象框：显示当前被选定对象的名称。单击对象框右侧的下三角按钮，在弹出的下拉列表框中可以很方便地查看各对象及其容器的层次关系，在列表框中单击对象可以选定控件对象。

（2）选项卡："全部"选项卡中列出了被选定对象的全部属性、事件和方法程序；"数据"、"布局"和"其他"选项卡分类列出了相应属性；"方法程序"选项卡列出了事件和方法程序。

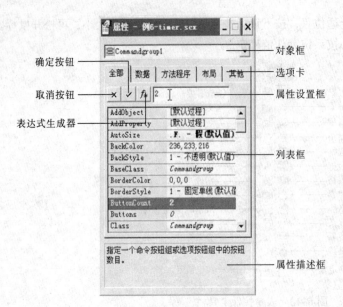

（a）属性窗口

（b）对象下拉列表框

图 6-14　"属性"窗口及对象下拉列表框

（3）列表框：显示当前被选定对象的属性列表或事件和方法程序列表。属性列表的第一列是属性名，第二列是对应的属性值。属性值被修改后，则以粗体字显示。

（4）属性设置框：用于修改属性值。当从属性列表框中选择一个属性时，如选择图 6-14(a)中的 ButtonCount 属性，窗口内将出现属性设置框，用户可以在此对选定属性进行修改。若由于属性设置框太小，编辑不方便时，可在列表框的属性上右击，在弹出的如图 6-15 所示的快捷菜单中选择"缩放"命令，就可以在弹出的编辑窗口中修改属性。

（5）属性描述框：系统在此描述框内对所选属性的作用进行说明。

2. 设置对象属性

应当先在表单上选取对象或在"属性"窗口的对象框的下拉列表框中选取要设置属性的对象，再通过列表框选取要设置的属性；对于选定属性可在属性设置框处修改，完成后按[Enter]键或单击如图 6-14(a)所示的确定按钮。需要注意的是，对象的某些属性是不可修改的，例如对象的 Class、BaseClass 属性就不可修改，这种属性称为只读属性。

对象的属性值在设置前都被设置为系统默认值，属性值在修改后，若想还原为系统默认值，可在列表框中右击要设为默认值的属性，在如图 6-15 所示的快捷菜单中选择"重置为默认值"命令。

3. "属性"窗口设置

设置属性窗口可通过快捷菜单来完成，在"属性"窗口中的标题上右击，弹出如图 6-16 所示的快捷菜单。

（1）"属性说明"命令。用于打开或关闭属性说明框。

（2）"总在最前面"命令。用于设定属性窗口在与其他窗口重叠时，是否总显示在前面。

（3）"只能用非默认属性"命令。设定是否在列表框中仅使用非默认属性。当仅使用非默认属性时，可以方便地查看被修改过的属性。

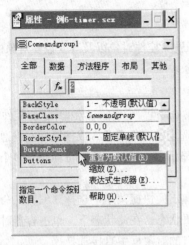

图 6-15　列表框快捷菜单

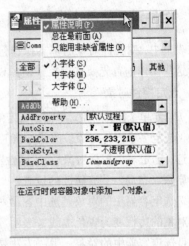

图 6-16　属性窗口快捷菜单

（4）"小字体"、"中字体"、"大字体"命令。用于设定列表框使用字体的字号，以便于查看列表框中的属性。

6.2.4　代码窗口

在代码窗口中可以编辑和显示表单或表单控件的事件和方法程序的代码。打开"代码"窗口的方法有：

（1）在"表单设计器"中双击一个表单或表单控件。

（2）在"属性"窗口的列表框中双击一个事件或方法程序。

（3）选择"显示"→"代码"命令。

代码窗口上方有一个"对象"列表框和一个"过程"列表框。"对象"列表框列出了表单、数据环境和当前表单上的所有控件；"过程"列表框列出了"对象"列表框所示对象所能识别的全部事件和所能使用的方法，其中使用粗体显示的事件或方法表示其中已包含开发人员编写的代码，如图 6-17 所示。

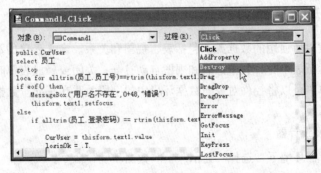

图 6-17　代码窗口

在代码窗口的编辑窗口中可以显示或编辑对象的事件处理过程代码或方法程序代码。修改后，单击代码编辑窗口的"关闭"按钮或按[Ctrl+W]保存。若代码有语法错误，则系统会给出提示，只有在修改语法错误之后，才能正常关闭代码窗口。

6.2.5 控件对象的基本操作

在表单中，对控件对象的基本操作包括移动、复制、删除控件对象以及改变控件对象的大小。在进行这些操作前首先要选定控件对象以确定操作的对象。

1．选定控件对象

（1）选定单个控件对象。单击欲选定的控件对象，或在"属性"窗口的对象框中选择控件对象。

（2）选定多个控件对象。按住[Shift]键，依次单击欲选定的控件对象，或按鼠标左键通过拖拽进行框选。选定多个控件对象后，"属性"窗口的对象框显示多重选定。这时可同时对多个控件对象进行删除、布局、共有属性的设置。

（3）选定容器中的对象。选中容器对象后右击，在弹出的快捷菜单中选择"编辑"命令，这时容器对象的边框变为青色虚线，表明容器对象处于编辑状态。在此状态下，单击容器对象内的对象，可选定容器中的对象。另一方法是在"属性"窗口的对象框中直接选择。

当控件对象处于选定状态后，在控件对象周围显示 8 个黑色控点。单击表单的空白处可取消控件的选定状态。

2．改变控件对象的大小

选定控件对象后，拖动四边的控点可以改变其宽度或高度，拖动四个顶角上的控点可同时改变其宽度和高度。微调控件对象大小时，可按住[Shift]键并按键盘上的方向键。如果需要精确调整控件的宽度和高度，可在属性窗口中将控件的 Height 和 Width 属性值设置为所要求的某个确定值。

3．移动控件对象

选定控件对象后，拖动该控件对象将其拖到表单上合适的位置。也可用方向键微调控件对象的位置。修改控件对象的 Top 和 Left 属性可地精确设置控件对象的位置。

4．删除控件对象

选定控件对象后，按[Delete]键或选择系统菜单上的"编辑"→"清除"命令可删除控件对象。

6.2.6 设置数据环境

数据环境是指表单所使用的数据源，包括表、视图和关系。定义表单的数据环境之后，在默认条件下，打开或运行表单时，其中的表和视图自动打开；关闭或释放表单时，其中的表和视图也随之关闭。在表单中可以将控件对象与数据环境中的字段关联在一起。数据环境可以用"数据环境设计器"进行修改。

1．打开数据环境设计器

（1）在表单设计器环境下，选择"显示"→"数据环境"命令。

（2）单击表单设计器工具栏中的"数据环境"按钮。

（3）在表单上右击，选择表单快捷菜单中的"数据环境"命令。

2．数据环境设计器

在表单数据环境设计器中的操作与数据库设计器的类似，可进行以下操作。

1）向数据环境设计器中添加表或视图

选择系统菜单的"数据环境"→"添加"命令；或在数据环境设计器中右击，在快捷菜单中选择"添加"命令。在出现的"添加表或视图"对话框中选择表或视图以添加到数据环境中。

2）从数据环境设计器中移去表或视图

在数据环境设计器中选择要移去的表或视图并右击，在弹出的快捷菜单中选择"移去"命令。当从数据环境设计器中移去表时，与这个表有关的所有关系也随之消失。

3）在数据环境设计器中设置关系

可将字段从父表拖动到子表中的字段上，在它们的字段之间建立关系，如果相关表中没有该字段的索引标识，系统将提示用户创建。如果添加的一些表具有在数据库中设置的永久关系，在数据环境设计器中就不用设置相应的关系，这些表之间的永久关系在数据环境中仍然有效。

4）在数据环境设计器中编辑关系

关系也是数据环境中的对象，也有其属性，所以要编辑关系，可在数据环境窗口打开时，在"属性"窗口中选中要编辑的关系，然后设置关系的属性。

5）向表单添加绑定控件

数据绑定是指将表单中的控件与数据环境中的某个数据源联系起来，通常是由控件的 ControlSource 属性来指定与其相联系的数据源，从而实现该控件与数据源的数据绑定。利用可视化方式是一种比较简便的方式，用户可以从"数据环境设计器"窗口中直接将字段、表或视图拖入表单中，这时系统将自动生成与该数据相应类型的控件。

控件与数据源绑定后，控件中数据的值便与数据源的值相一致。例如表单中的某个文本框与数据表中的某个字段绑定后，该文本框的值将由该字段的值决定，而该字段的值也将随文本框值的改变而相应地修改。

6.2.7　表单的设计步骤

在了解了表单设计器的系统环境后，利用表单设计器在设计阶段就能看到对象在运行状态下的表现形式。利用表单设计器设计表单的一般过程如下。

（1）规划表单。明确创建表单的目标，以及为达到设定目标表单应具备的功能及其输入与输出数据，确定实现相应功能和接收输入与显示输出的各种控件及相互关系。

（2）创建控件对象。在表单上添加符合规划要求的控件对象。

（3）设置对象属性。根据表单功能的要求及输入输出对用户界面的要求，在"属性"窗口中为表单中的每一个对象设置合适的属性。如果需要的话，为表单设置好与之匹配的数据环境，为数据绑定型控件配置相关数据源。

（4）编写事件处理过程。选择与实现表单功能相关的控件对象的事件并编写相应的事件处理过程代码。

（5）保存并运行表单。设计完成的表单可在保存后运行。当运行的过程有出现错误时，还必须返回到以上 4 个步骤对表单进行修改，直到表单能正确运行。

下面以例 6.3 为例说明表单的设计过程。

【例 6.3】利用表单设计器设计一个利息计算表单，假设一年期存款的到期利息为 2.25%，使用该表单可根据用户输入的本金额计算一年期存款的到期利息。

（1）规划表单。根据利息计算的功能要求，表单应具有用于输入本金额的文本框对象，用于输出利息的标签对象，以及完成利息计算的按钮对象。另外为了完善用户界面，还应添加一些用于提示信息的标签对象和关闭表单的按钮对象。规划得到的对象如图 6-18 所示。

（2）创建对象。按图 6-19 的对象布局和表 6-1 的对象列表创建对象。命令按钮组中的两个命令按钮是创建命令按钮组时默认创建的，不用手工创建。

表 6-1　利息计算表单的对象及其属性

对　　象	对象类型	说　　明	属　　性	属　性　值
label1	标签	显示"本金"提示	Caption	本金
label2	标签	显示"利息"提示	Caption	利息
label3	标签	显示"元"提示	Caption	元
lblinterest	标签	显示计算的利息金额	Autosize	.T.
			Name	lblinterest
txtcaptial	文本框	接收用户输入的本金	Value	0
cmgcalcexit	命令按钮组	接收用户的命令	Name	cmgcalcexit
cmdcalc	命令按钮	是 cmgcalcexit 内的按钮，接收计算命令	Name	cmdcalc
			Caption	计算
cmdexit	命令按钮	是 cmgcalcexit 内的按钮，接收退出命令	Name	cmdexit
			Enabled	.F.
			Caption	退出

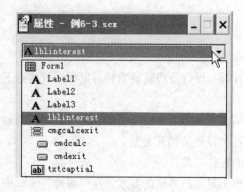

图 6-18　设计时的利息计算表单

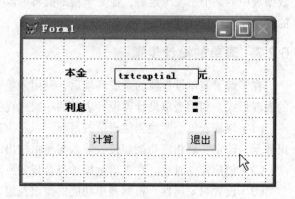

图 6-19　表单对象列表

（3）设置对象属性。打开属性窗口，按表 6-1 设置各对象的属性。这里注意"计算"按钮 cmdcalc 和"退出"按钮 cmdexit 是命令按钮组中的按钮，应按容器内对象的方法进行操作。

（4）编写事件处理过程。打开代码窗口为"计算"和"退出"按钮编写事件处理过程。

编写"计算"按钮的事件处理过程的步骤是在代码窗口中的"对象"列表框中选择 cmdclac，在"事件"列表框中选择 Click 并将以下的代码输入到代码的编辑窗口中：

```
LOCAL  lnCaptial
lnCaptial = THISFORM.TXTCAPTIAL.VALUE
THISFORM.LBLINTEREST.CAPTION= TRIM(lnCaptial* 0.0225 ,11,2)
THISFORM.CMGCALCEXIT.CMDEXIT.ENABLED = .T.
```

```
THISFORM.REFRESH
```

编写"退出"按钮的事件处理过程的步骤是在该窗口中的"对象"列表框中选择 cmdexit,在"事件"列表框中选择 Click 并将以下的代码输入到代码的编辑窗口中:

```
Thisform.release
```

(5)保存并运行表单。在表单设计器中按[Ctrl+S]键保存表单,在保存对话框中输入表单文件名为 interestcalc 后,单击"保存"按钮保存。保存后,按[Ctrl+E]键运行表单,运行结果如图 6-20 所示。

图 6-20　运行时的利息计算表单

现在,虽然利用表单设计器设计出了正确运行的表单,然而,我们还不理解事件处理过程的代码是如何操作对象的。这就需要进一步学习表单设计中的面向对象的程序设计方法。

6.3　表单设计基础

在表单设计中使用了面向对象的程序设计方法。理解和掌握面向对象的程序设计方法及其中的类与对象的概念是表单设计的基础。

6.3.1　对象与类

要理解对象与类的概念,必须了解面向对象的程序设计方法。面向对象的程序设计方法与面向过程的程序设计思想相比,是一种程序设计思想与方法的巨大改变。

思维方式决定了人们解决问题的方式,结构化程序设计是通过将一个复杂问题划分成几个按某种顺序处理的相对简单的子问题,然后将每个子问题通过过程或函数来实现,最终按既定顺序调用这些过程或函数以求解整个问题。而在面向对象的程序设计中,人们将现实世界中与解题相关的事物进行归纳并抽象出一般的概念。在抽象过程中,人们从相关事物中舍弃个别的、非本质的、或与解题无关的次要特征,而抽取与解题有关的实质性内容加以考察,形成对有助于所求解问题的简明扼要的正确认识。例如,"按钮"是一个抽象的概念,世界上没有任何两个按钮是完全相同的,但我们从各种按钮和开关的物理实体中舍弃了个体的差异,抽取出具有一般性和普遍性的"按钮"概念。

抽象出概念后,人们由概念出发设计程序中所使用的类。用程序中的类反映人头脑中抽象的概念。然后使用类创建对象,将对象具体化或个性化后使之与现实世界的具体事物相对应,这样程序中的对象就可以比较真实地反映现实世界中的具体事物了。例如,在程序中根据按钮的概念设计出"按钮类",然后由按钮类生成程序中的按钮对象,初始生成的按钮对象就具有按钮的共同特征了,最后使用现实世界中具体按钮的个性化属性和行为特征,修正按钮对象的属性和行为特征,这样程序中的按钮对象就与具体按钮实体相符合了。

现实世界是由多种事物相互联系相互作用构成的一个复杂系统。例如，在电气设备中，按钮总是与受控器件相互联系相互作用的。因而，面向对象的程序是通过研究分析每一个对象及对象之间的交互作用来完成整个程序或程序系统的设计，从而较真实地模拟和展现现实世界的运动状态。因此，面向对象程序设计的重点是考虑如何由一般的概念设计类，创建哪些对象，如何将对象具体化，以及如何设计对象间的协作关系等问题。

为提供对面向对象程序设计方法的支持，面向对象程序设计在程序语言方面做了强有力的扩充，引入了许多不同于面向过程的新概念，如类、对象等。它们是进行表单设计必须掌握基本概念。

（1）对象

对象（Object）是在程序中对反映客观世界中具体事物的属性及其行为特征的描述。人们将自然界的物理对象与程序中的对象对应起来，将现实世界的事物抽象为程序中的对象。例如，现实生活中的一个人是一个对象，一件商品、一个企业等都可以抽象为程序中的一个对象。每个对象都具有一系列属性，用于描述对象的各种状态或静态特征。同时，每类对象都具有一些动态的行为特征，我们称之为方法。对象的方法确定了对象的行为和功能。

如果把一台电视机看成一个对象，那么可以用一组名词来描述电视机的基本特征，如液晶面板、42英寸等，这是电视机作为对象的属性；按说明书对电视机进行音量调节和频道选择，这是附属于对象的行为特征，即方法。

对象把事物的属性和方法封装在一起，形成一个相对独立的实体。在面向对象的程序设计中，对象是由属性及可以施加在这些属性上的方法所构成的统一体，它是作为独立的单元来处理的，是构成程序的基本单位和运行实体。在例6.3中的标签、按钮、表单都是对象。

（2）类的概念

所谓类（Class），就是对一组对象的属性和行为特征的抽象描述。或者说，类是对具有共同属性、共同操作性质的对象的抽象描述。

类与对象密切相关，类是对象的归纳和抽象。对象的属性、事件和方法，都是在类定义中确定的。类就像一张设计图纸或一副模具，所有对象均是通过类来产生的，就像所有产品是根据产品图纸生产出来的一样；对象具有类所规定的属性、事件和方法，就像产品具有设计图纸所要求的性能和特点一样。类确定了由类生成的对象所具有的属性和方法。反过来，类的功能只有通过产生一个具体对象并通过使用该对象才能实现，就如同人头脑中的"电视机"概念不能直接使用，只有通过电视机的概念生产出一台具体的电视机后才能使用。由同一个类产生的不同对象可以有差别化的个性特征。例如，"电视机"这一概念是一个类，它是对具有相同属性特征和功能的具体电视机的抽象，电视机具有大小、颜色等属性，具有显示图像、伴音等行为功能。某一台具体的电视机就是一个对象，是电视机类的实例。因此，同样具有电视机类描述的属性和功能，但每台电视机的大小、颜色等属性值可能不同。电视机类描述的功能只有在某台具体电视机上才能实现，并且可以具有更丰富的功能。在Visual FoxPro 6.0中，"表单控件"工具栏上的各种常用控件就是控件类。通过控件按钮，我们才能在表单上创建控件对象，而控件类的功能则必须通过该控件对象得以体现，并且通过编程使控件对象具有比标准控件对象更符合用户需要的功能。

（3）类的特性

在面向对象的程序设计中的类具有封装性和继承性的特性。

1）封装性

封装性就是指类的内部信息对用户是隐藏的。在类的引用过程中，用户只能看到封装界面上的信息，类的内部信息（数据结构及操作、对象间的相互作用）则是隐藏的。以电话为例，当用户安装一部电话时，并不会关心这部电话呼号和拨号时采用的内部机制，也不会关心电话是如何与通信线路相连以及按键操作是如何转换成电信号的。相反，用户只须知道拿起听筒，拨出适当号码，与接电话的人谈话即可，完全没有必要了解电话本身的内部细节。但这并不是说，电话没有这些内部细节，而是将它们隐藏在电话内部了。同样，对于一个类而言，用户不需要知道类的内部信息的具体结构，只需要掌握类的使用方法。

2）继承性

在面向对象的程序设计中，可使用继承对已有的类进行扩充以产生新的类。其中已有的、被继承的类称为父类，产生的新类称为子类。继承是自动在父类与子类间共享方法与属性的一种特性，子类不但能自动继承父类的方法和属性，而且一旦父类做了某一项改变，其子类亦会跟着自动改变。也就是说，子类会继承其父类所有的特性与行为模式。这样在编写子类时，只要描述子类所特有的属性与方法就可以了。

正因为类具有继承性，我们在编写程序时，可以把以前编写好的类通过继承或派生引入到新的类中。这样，以前编写的类可以不经修改或稍加修改就可多次重复使用，这就是可重用。这一点对提高系统开发效率非常重要。

6.3.2　Visual FoxPro 中的类

Visual FoxPro 提供了已经设计好的并可以重用的基类，用户能够直接使用基类创建所需要的对象或由基类派生出子类以扩充其功能。

1. 基类的类型

Visual FoxPro 中的基类又可以分为容器类和控件类。相应地，基于这两种基类的对象也分为两大类型，即容器对象和控件对象。

1）容器类与容器对象

由容器类创建的对象称为容器对象或容器。容器对象可以包含、容纳别的对象，在设计时和运行时，容器对象及其包含的对象可以作为一个独立的对象来操作。例如，在表单中可包含命令按钮控件、复选框控件、编辑框控件等，因此，表单即为容器对象，表单中的每个单独对象都是可操作的。容器对象提供了一种将多个对象组合的功能，在对象层次结构中，容器内所包含的对象位于容器对象的下一层。需要注意的是，不同的容器对象所能包含的对象类型是有限制的，表6-2 对此进行了详细说明。例如命令按钮组对象只能包含命令按钮对象。

2）控件类与控件对象

由控件类创建的对象称为控件对象或控件。控件对象是相对独立的对象，其中不能容纳其他对象，它比容器类封装得更完全，但没有容器类灵活。例如，命令按钮、复选框等控件中就不能包含其他对象。因此命令按钮、复选框等是控件类对象。控件对象不能单独存在。它只能作为容器对象的一个元素，并通过所在的容器对象来引用和操作。

2．VFP 基类的列表

为了便于面向对象的程序设计，表 6-2 详细地说明了 Visual FoxPro 提供的 30 个基类。其中多数基类可以通过控件工具栏上的 21 个控件按钮可视化地在表单上创建对象，各种基类的特点及使用方法将在 6.4 节中详细介绍。

表 6-2　Visual FoxPro 的基类

类　　型	名　　称	说　　明
容器类	Column	表格中的列类。可包含 Header 和除 Form、FormSet、ToolBar、Timer 外的任意对象，该类可包含在 Grid 类中
	CommandGroup	命令按钮组类。可包含 CommandButton 对象
	Container	容器类。可包含任意控件
	Control	控件类。可包含任意控件
	Custom	自定义类。自定义类具有属性、事件和方法，但没有可视化的外观，可包含任意控件、PageFrame、Container 和 Custom 对象
	Form	表单类。可以包含任意控件、PageFrame、Container 和 Custom 对象
	FormSet	表单集类。可以包含 Form 和 ToolBar
	Grid	表格类。可以包含 Column 对象
	OptionGroup	选项按钮组类。可以包含 OptionButton 对象
	PageFrame	页框类。可以包含 Page 对象
	Page	页类。可以包含任意控件、Container 和 Custom 对象
	ToolBar	工具栏类。可以包含任意控件、PageFrame 和 Container 对象
控件类	CheckBox	复选框类
	CommandButton	命令按钮类，该类可以包含在 CommandGroup 中
	ComboBox	组合框类
	EditBox	编辑框类
	Header	标头类。该类可以包含在 Column 中
	Hyperlink Object	超级链接对象类
	Imager	图像类
	Label	标签类
	Liner	线条类
	ListBox	列表框类
	OLEBoundControl	OLE 绑定控件类
	OLEContainerControl	OLE 容器控件类
	OptionButton	选项按钮类。该类可以包含在 OptionGroup 中
	Separator	分割器类
	Shape	形状类
	Spinner	微调控制类
	TextBox	文本框类
	Timer	计时器类

3. 生成基于类的对象

对象是类的实例，只有具体的对象才能实现类的事件或方法。创建对象可以通过 CreateObject() 函数完成，也可以在表单设计器中使用可视化方式生成对象。前者是一种通用方法，后者是一种常用方法。

1）由类创建对象

格式：<对象引用名> =CreateObject(<类名>)

说明：其中的类名可以是基类，也可以是用户定义的子类。

功能：生成由指定类名的类派生的对象，然后可用对象引用名引用该对象。

【例 6.4】由表单基类 "Form" 派生对象 Form1，并显示。

```
Form1=CreateObject("Form")
Form1.Show()
```

2）在容器类对象中添加对象

由于控件对象只能作为容器对象中的一个元素，不能单独操作。在容器对象中添加新的控件对象可以用容器类对象的 AddObject 方法。

格式：<容器对象名> . AddObject (<控件对象名>,<控件类名>)

说明：向容器对象中添加控件对象。按照默认设置，添加进去的对象是不可见的，即控件的 Visible 属性为 .F.。

【例 6.5】在例 6.4 的表单中添加一个按钮对象 "Cmd1"。

```
Form1.AddObject(" Cmd1", " CommandButton ")
Form1.Cmd1.Visible=.T.
```

3）释放对象

在程序中创建的局部和本地对象，在程序运行结束后将自动释放，全局对象要使用 Release 命令释放。

6.3.3 Visual FoxPro 中的对象

对象是类的实例化，对象的属性、方法（程序）和事件（过程）都是由类继承而来的，即所有对象的属性、事件和方法在定义类时就被指定。

Visual FoxPro 中的每个对象都有一组由类继承而来的属性、事件以及方法。它们构成了对象的三要素。这三个要素不能独立存在，必须附属于某一对象。用户通过设置对象的属性、事件和方法来处理对象，从而实现对象的具体功能。

1. 对象的属性

属性（Property）用于描述对象所具有的状态和行为特点，它反映了对象的特征。由同一个基类或子类创建的对象都有固定的一组属性。例如，标签类具有标题（Caption）、字体大小（FontSize）、可见性（Visible）、自动大小（AutoSize）等属性。而按钮类除了上述属性外，还具有标签类所没有的 Cancel 属性。常用属性如表 6-3 所示，这些属性是大部分对象共有的。

对象中的每个属性都反映对象某一方面的特征，具有一定含义，并被系统赋予默认属性值。对象的某些属性是只读的，仅反映对象的状态，而某些属性是可读可写的，可以根据需要通过"属性"窗口修改对象的属性值。对于特定的对象，例如表单，还可以添加新的属性，以细化其特征。

表 6-3　常用属性

属　　性	属　性　说　明
Name	指定在代码中所引用对象的名称
BaseCLass	指定 Visual FoxPro 基类的类名。被引用对象基于该基类。设计和运行时只读
Class	返回一个对象所基于的类的名称。设计和运行时只读
Parent	引用一个控件的容器对象
Height	用数值指定对象的高度，设置值为数值，默认单位为像素
Width	用数值指定对象的宽度。设置值为数值，默认单位为像素
Left	用数值指定控件最左边相对于其直接容器左边的距离，设置值为数值，默认单位为像素
Top	用数值指定控件顶边相对于其直接容器顶边的距离，设置值为数值，默认单位为像素
BackColor	用颜色值指定对象内文本和图形的背景色
ForeColor	用颜色值指定对象内文本和图形的前景色
BackStyle	指定一个对象的背景是否透明。 0—透明；1—不透明（默认值）
ScolLbars	指定控件所具有的滚动条类型。0—无；1—水平；2—垂直；3—既水平又垂直
Caption	指定对象的标题
AutoSize	指定对象是否依据其内容自动调节大小。.T. —可自动调节；.F. —不自动调节
Alignment	指定与对象相关的文本的对齐方式。0—左对齐；1—右对齐；2—居中对齐；3—自动对齐，文本对齐方式取决于控件源的数据类型
FontName	指定用于显示文本的字体名称
FontSize	用数值指定对象文本的字体大小
FontBold	指定显示文本时是否使用粗体。.T. —使用粗体；.F. —不使用粗体（默认值）
FontItalic	指定显示文本时是否使用斜体。.T. —使用斜体；.F. —不使用斜体（默认值）
FontStrikethru	指定显示文本时是否加下划线。.T. —加下划线；.F. —不加下划线（默认值）
Picture	指定在对象内显示的位图或图标文件名
TabIndex	用数值指定对象的 Tab 键次序
TabStop	指定用户是否可以使用 TAB 键把焦点移动到对象上。.T. —可以（默认值）；.F. —忽略 TAB 键次序
Value	指定控件当前状态，对于组合框和列表框对象，该属性只读
Enabled	指定对象是否响应由用户触发的事件。它的值为逻辑值，默认值为.T.（响应用户触发的事件）
ReadOnly	指定用户能否编辑该控件，或指定与临时表对象相关联的表或视图是否允许更新。该属性的值为逻辑值，默认值为.F.（可以编辑）
Visible	指定对象是否可见。它的值为逻辑值，默认值为.T.（可见）

2. 对象的方法

方法（Method）也称为方法程序，它对应一段程序代码，能使对象执行一个操作。与一般的 Visual FoxPro 过程不同，它附属于对象并与对象不可分割地结合在一起，是与对象相关联的过程，能使对象执行一个操作。方法可完成某个操作任务。创建对象后，就可以在应用程序的任意位置调用该对象的方法。Visual FoxPro 中对象的常用方法见表 6-4。

对象的方法也是由类继承而来，当其不能满足对象的功能要求时，用户可以修改对象的方法程序，赋予其新的功能。对于特定的对象，例如表单，还可以添加新的方法，以丰富其行为特征。

表 6-4 常用方法

方　　法	方 法 说 明
Refresh	重新绘制一个表单或控件，并刷新它的所有值
Release	从内存中释放表单集或表单
SetFocus	使控件得到焦点
Cls	清除表单或屏幕对象(_Screen)中的图形和文本
Circle	在表单或屏幕对象(_Screen)中绘制圆或椭圆。该方法的参数为 Circle(半径, [圆心 X 坐标, 圆心 Y 坐标[,纵横比]])

3. 对象的事件

事件（Event）是一种预先定义好的能够被对象识别和响应的特定动作。这些特定动作可以是由用户触发的一个针对对象的特定操作，如在按钮对象上单击；或是由系统触发的一个特定的信号，如计时器的计时结束信号。

每个对象都有一组事件，称为事件集。在 Visual FoxPro 中，事件集不像方法那样可以扩展，事件集是相对固定的，用户不能创建新的事件。也就是说，一类对象可识别的事件是固定的。

在对象层次中，事件的处理遵循独立性原则，即每个对象识别并处理属于自己的事件。例如，单击表单上的命令按钮，则仅触发该命令按钮的单击事件，而不触发表单的单击事件，即使表单是该命令按钮的容器。

有的事件适用于专门的对象，有的适用于多种对象。表 6-5 列出了系统中的常见事件，其中的 Init、Destroy 和 Error 事件适用于所有对象。

表 6-5 常见事件

事　件	触 发 时 机	事　件	触 发 时 机
Load	在创建对象前发生	GotFocus	对象得到焦点时
Init	对象创建时	LostFocus	对象失去焦点时
Activate	激活或显示对象时	KeyPress	按下并释放一个按键时
Destroy	对象释放时	MouseUp	按下鼠标键时
Error	事件或方法发生错误时	MouseDown	释放鼠标键时
UnLoad	对象从内存中释放时	DblClick	双击时
queryunload	在卸载一个表单之前发生	Click	单击时
Resize	当调整对象大小时	RighClick	右击时

4. 事件驱动工作方式

Visual FoxPro 表单的运行过程与程序不同，表单运行过程中，表单及其中对象的某事件一旦被触发，系统就去执行相应对象中与该事件对应的一段程序代码，这段程序代码称为事件处理过程。当然，事件处理过程的代码需要用户事先编写好。过程执行完毕，则系统又处于等待状态。当新的事件到来时，再次执行与该事件对应的事件处理过程。如此循环，直到表单完全运行结束。这种工作方式称为事件驱动工作方式。在例 6.3 中，单击"计算"命令按钮 cmdcalc 后，就会执行该按钮的 Click 事件代码，该代码计算出利息并将计算结果显示在标签上，然后系统会等待下一个事件的到来。若再次单击"计算"命令按钮，则会再次触发并执行该按钮的 Click 事件代码，如此循环，直到关闭表单。

事件引发后要执行哪些功能操作取决于对该事件编写的事件过程代码。没有编写事件过程代码的事件，即使有事件产生，对象也不会响应。

6.3.4 对象引用

在面向对象的程序设计中，对象之间是交互作用、彼此协作的，通过将具有独立功能的各个对象有机地组合在一起，就能构成一个具有特定功能的表单。因此，需要通过在对象的事件或方法中，引用对象自身或其他对象的属性、事件与方法来达到对象间的交互作用与相互结合的目的。为此，必须掌握对象引用。并在此基础上，进行对象属性的设置与方法程序的调用。

1．对象的包容层次

当一个容器包含一个对象时，称被包含的对象是容器的子对象，而容器称为该对象的父对象。因此，容器对象可以作为其他对象的父对象。例如，在例 6.3 中，命令按钮组容器 cmgcalcexit，是其包含的命令按钮 cmdcalc 和 cmdexit 的父对象，而命令按钮是命令按钮组的子对象。另外，一个容器内的对象本身也可以是容器。例如，例 6.3 中的命令按钮组容器 cmgcalcexit 作为表单容器内的对象，其本身也是一个容器对象，这样就形成了对象的嵌套层次关系。例 6.3 中的嵌套层次如下：

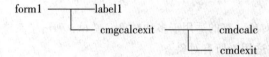

2．引用对象

在 Visual FoxPro 中，除表单或表单集对象可作为最外层容器单独存以外，其他对象必须包含在容器对象中。为了引用和操作这些对象，就需要标识出它与其外层容器的嵌套层次关系。因此，引用对象的语法格式是，从外层容器对象开始直到要引用的目标对象，按层次关系逐级向下写出各层对象名。对象名之间用"."符号来分隔。除表单或表单集对象外，对象名必须由对象的 Name 属性指定。而根据引用对象时的参照对象不同，可分为绝对引用和相对引用两种方式。

1）绝对引用

以最外层容器对象为参照对象，从最外层容器对象的名称开始引用对象称为绝对引用。它明确指出了最外层容器的名称。对表单对象而言，表单对象的名称就是表单文件名。例如，在例 6.5 中使用绝对引用方式设置按钮对象 Cmd1 的 Visible 属性为.T.的语句是：

```
Form1.Cmd1.Visible = .T.
```

多数情况下，我们不知道或不关心表单对象的名称（例如在类设计器中），此时我们就要使用表 6-6 中的 THISFORM 或 THISFORMSET 这类"代词"来指代最外层容器。

表 6-6　对象引用中的代词

引用关键字	引用对象
THISFORM	表示包含当前对象的表单
THIS	表示当前对象本身
THISFORMSET	表示包含当前对象的表单集

在例 6.3 中以"计算"按钮 cmdcalc 为参照对象的 Click 事件代码中，使用绝对引用方式设置"退出"按钮 cmdexit 的 ENABLED 属性的语句为：

```
THISFORM.cmgcalcexit.cmdexit.ENABLED =.T.
```

2）相对引用

相对引用与绝对引用不同，它不是以最外层容器为参照对象，而是以方法程序或事件过程所依附的对象为参照对象出发向上引用其与目标控件对象所在的最内层共同容器后，再逐级向下引用到目标控件对象。相对引用使用表 6-6 中的 This 指出参照对象，即对象本身。同时为了向上引用共同容器对象，相对引用中使用了所有包含在容器中的控件对象都具有的 PARENT 属性，该属性是对控件对象所在的直接容器的引用。

格式：对象.`Parent`

在例 6.3 中以"计算"按钮 cmdcalc 为参照对象的 Click 事件代码中，使用相对引用方式设置"退出"按钮 cmdexit 的 ENABLED 属性的语句为：

```
THIS.PARENT.cmdexit.ENABLED=.T.
```

若该直接容器仍不是共同容器，则再次使用直接容器的 PARENT 属性，以引用更高一级的容器。如例 6.3 中，在"计算"按钮 cmdcalc 的 Click 事件代码中引用表单对象的标题属性的语句为

```
THIS.PARENT.PARENT.CAPTION="利息计算器"
```

由以上例子可以看出，引用对象时有时相对引用较为简洁，有时绝对引用较为简洁，要根据实际情况选择相对简洁的对象引用方法。

6.3.5 设置对象属性值与调用对象方法

掌握对象的引用后，就可以通过引用的对象进一步设置对象的属性值或设计对象的方法。

1. 设置对象的属性值

对象的某个属性的属性值可以在设计时通过属性窗口进行设置，也可以在编写事件代码中通过赋值语句进行设置。

格式：<对象引用名>.<属性>=<表达式>

功能：将对象引用名所指向对象的属性设置为表达式的值。

2. 调用对象的方法或触发对象的事件程序

创建对象后，就可调用对象的事件过程或方法程序。

调用格式：<对象>.<方法>[(参数表)]

如果对象的方法要返回一个值并用于表达式中，则在调用时必须在方法名后跟一对圆括号。对象的事件除了通过用户触发外，还可以通过代码调用触发，其调用格式与调用方法程序的格式相同。

如例 6.3，在命令按钮 cmdexit 的 Click 事件代码中调用表单的 Release 方法来关闭表单的语句为：

```
ThisForm.Release
```

3. 调用基类中的方法

对象和子类自动继承基类的全部功能，需要时，也可以用新功能替代继承来的功能。如果希望在子类或对象中使用父类方法，可以使用作用域操作符（::）在子类或对象中调用基类中的方法。

6.4　表单及常用表单控件

在掌握了在控件对象属性及其方法的引用语法后，我们就可以在事件处理过程代码中设置控件对象的属性和方法了。但在表单设计中使用哪些控件，以及使用控件的哪些属性、方法和事件，还必须熟悉表单及表单中常用控件的特点，并进一步掌握其属性、方法和事件后，才能正确地使用这些控件。

6.4.1　表单

表单是最常用的容器对象，具有自己的属性、事件和方法，在其中可包含本文框、命令按钮、列表框等多种控件，用以输入数据、显示数据、执行应用程序的特定操作等。

1. 表单的常用属性

表单的常用属性如表 6-7 所示。

表 6-7　表单的常用属性

属　　性	说　　明
AlwaysOnTop	控制表单是否总是处在其他打开窗口之上
AutoCenter	控制表单初始化时是否让表单自动地在 Visual FoxPro 6.0 主窗口内居中
BorderStyle	决定表单的边框样式：0—无边框；1—单线边框；2—固定对话框；3—可调边框
Closable	控制用户是否能通过双击"关闭"按钮来关闭表单
DataSession	控制表单或表单集里的表是否能在可全局访问的工作区中打开(值为 1)，还是仅能在表单或表单集的所有工作区内打开(值为 2)
MaxButton	控制表单是否具有最大化按钮
MinButton	控制表单是否具有最小化按钮
Movable	控制表单是否能够移动
Titlebar	控制标题栏是否显示在表单的顶部
ShowWindow	控制表单是否在屏幕中，悬浮在顶层表单中或作为顶层表单出现
WindowState	控制表单运行时是最小化、最大化还是正常状态
WindowsType	控制表单是否为非模式表单还是为模式表单，即用户在访问应用程序用户界面中任何其他单元前必须关闭这个表单
Icon	为表单指定一个图标

表单所具有的其他属性如 Caption、BackColor、ForeColor、ScrollBars、Visible、Enabled 等请参见表 6-3。

2. 使用表单常用属性

1）顶层表单

顶层表单能作为一个单独任务显示在任务栏中，可游离于 VFP 系统之外。将 ShowWindows 属性设为"作为顶层表单"即可。

2）子表单

子表单可作为 VFP 窗口内的一个表单或作为顶层表单内的表单，若将表单作为 VFP 内的子表单则将 ShowWindows 属性设为"在屏幕中";若将表单作为顶层表单内的子表单则将 ShowWindows 属性设为"在顶层表单中"即可。

3)浮动表单

浮动表单窗口可游离于 VFP 窗口之外。通过将 Desktop 属性设为.T.,即可以使之成为浮动表单。

4)模式表单

模式表单运行后,其他表单不能接受用户事件。只有本表单的操作完成并退出时,其他表单才能响应用户事件。模式表单 WindowType 属性为"模式"。

3. 为表单对象添加和属性

当使用现有属性无法描述表单的特征时,可以通过添加表单属性来描述其新的特征。添加表单属性的步骤是:

(1)打开表单设计器后,在系统菜单中选择"表单"→"编辑属性/方法程序"命令。打开"编辑属性/方法程序"对话框,如图 6-21 所示。

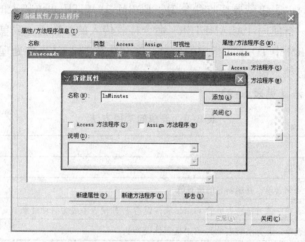

图 6-21 "编辑属性/方法程序"对话框

(2)单击对话框上的"新建属性"按钮,在弹出的"新建属性"对话框中输入属性名称,单击"添加"按钮后,再单击"关闭"按钮,就可以新建一个属性。

如果不再需要表单的某个属性和方法时,可以在"属性/方法程序信息"列表框中选择要删除的属性,单击"移去"按钮,经确认后,即可删除表单属性。

4. 表单的常用事件

表单常用事件见表 6-8,表单的某些系统事件是按一定顺序产生的。表单启动运行时,首先触发 Load 事件,然后触发表单内各对象的 Init 事件,当所有表单内对象的 init 事件处理完毕后,触发表单的 Init 事件。当执行表单的 Init 事件时,表单内的对象已建立完毕,因此,可以在表单的 Init 事件处理过程中设置表单内对象的属性或调用其方法,以完成表单初始化任务。

当表单关闭时,首先触发表单内各对象的 Unload 事件,当所有表单内对象的 Unload 事件处理完毕后,然后触发表单的 Unload 事件。因此表单的 Unload 事件一般用于最后的清理任务,如关闭表单执行过程中打开的数据表等。在 Unload 事件处理过程执行完毕。最后触发表单的 Destroy

事件，表单运行就此结束。

表 6-8　表单的常用事件

事　件	说　明
Load	在创建表单或者表单集之前将会发生这个事件。这个事件的命令代码常常做一些初始化的工作
Init	初始化事件
Activate	当激活或显示一个对象时，将会发生 Activate 事件
Destroy	表单释放事件
Unload	在关闭表单或者表单集时，将会发生这个事件。这个事件是在释放表单之前发生的最后一个事件。当 Destroy 事件已触发且所有包含的对象被释放后，发生 Unload 事件
QueryUnload	单击表单窗口左上角控制按钮中的关闭按钮时发生
Resize	调整对象的大小时发生。Resize 事件可以通过交互方式触发。在重新设置对象的 Width 和 Heigh 属性时都会触发这个事件

在表单启动运行时，表单若要接收命令 DO FORM 中 WITH 短语传入的参数，就必须在 Init 事件处理过程中的第一行使用 PARAMETERS 命令接收传入的参数值。表单运行结束时，如果有返回值传送给 DO FORM 中 TO 子句指定的变量，就必须在 Unload 事件处理过程中使用 RETURN 命令返回值，且表单必须是模式表单。

5. 表单的常用方法（见表 6-9）

表 6-9　表单的常用方法

方　法	说　明
Release	释放表单
Refresh	重新绘制表单，并刷新它的所有值
Show	显示表单，该方法将表单的 Visible 属性设为.T.,并使表单成为活动对象
Hide	隐藏表单，该方法将表单的 Visible 属性设为.F.

6.4.2　标签控件

标签（Label）主要用来在表单中显示文字信息。文字信息的内容是由标签的 Caption 属性决定，因此 Caption 属性是标签控件最重要的属性。通常对标签只修改其属性，它的事件和方法很少使用。这里只介绍它的常用属性，如表 6-10 所示。

表 6-10　标签控件常用属性

属　性　名	作　用
AutoSize	值为.T.时，可自动调整标签区域以适应其中文字内容的大小
Caption	指定在标签中显示的文本

标签对象的位置、大小、文本字体、文本大小、文本对齐方式，及背景色和前景色等属性请参考表 6-3。例如，用代码来修改标签的文本内容可用 Thisform.Label1.Caption="文本内容"这种方式来指定。

6.4.3　文本框控件与编辑框控件

表单运行时其中的文本框（Textbox）与编辑框（Editbox）可以由用户直接输入数据与编辑数据，它是实现数据输入和输出的基本控件。其内容是由 Value 属性决定，因此 Value 属性是文本框与编辑框控件最主要的属性。

使用文本框可以输入的数据类型包括字符型（默认类型）、数值型、日期型和逻辑型，编辑框中的数据类型只能为字符型和备注型。文本框中具体的可输入的数据类型是由 Value 属性的初值决定。如 Value 属性为 0 时，则只能输入数值型数据，Value 属性的默认数据类型为字符型。

文本框或编辑框的主要区别在于：文本框只能供用户输入一段数据，按[Enter]键可结束输入，而在编辑框中可以输入多段数据。并由 Scrollbars 属性决定是否有垂直滚动条，当 Scrollbars 值为 0 时，编辑框没有滚动条，当属性值为 2（默认值）时，编辑框包含垂直滚动条。当需要编辑长字段或备注字段文本时，可以使用编辑框。因为这两个控件的区别不大，在这里只介绍文本框控件。

1．文本框控件常用属性（见表 6-11）

表 6-11　文本框控件常用属性

属　性　名	作　　用
ControlSource	指定与数据源绑定的字段，如：员工、员工号
PasswordChar	指定输入的内容是否显示为用户设置的字符。如：其值为 "*" 时，文本框中输入的内容都显示为 "*"。多用于接收密码
ReadOnly	确定文本框是否为只读。值为.T.时为只读状态，文本框的值不可修改
Value	决定当前控件数据值的状态，该属性的初值的数据类型决定了运行时文本框所能输入的数据类型
TabIndex	指定页面上控制的 Tab 键次序

2．文本框的常用方法和事件

文本框常用的方法是 SetFocus，它使当前控件获得焦点。如果想让名为 Text1 的文本框控件获得焦点，可以如下引用该方法：

```
ThisForm.Text1.SetFocus
```

文本框常用的事件有以下 3 个。

（1）GotFocus 事件：当控件获得焦点时发生的事件。

（2）LostFocus 事件：控件失去焦点时发生的事件。

（3）Valid 事件：在控件失去焦点之前所发生的事件。常用来触发输入数据合法性的检查。

3．设置 Tab 键序

表单运行时，若表单上有多个文本框，可以按[Tab]键或[Shift+Tab]键在各个文本框间移动输入焦点。这时，各文本框获得焦点的顺序称为 Tab 键序，它由文本框对象的 TabIndex 属性决定。直接设置各文本框的 TabIndex 属性很不方便，因此，Visual FoxPro 提供了可视化设置 Tab 键序的方法。该方法是单击表单设计器工具栏上的设置 Tab 键次序按钮，此时，表单上显示出各文本框的 Tab 键序。如图 6-22 所示。然后按新的 Tab 键序依次单击各文本框，就可重新调整 Tab 键序。

4．文本框生成器

文本框是带有生成器的控件，用生成器可方便地为控件设置大部分常用属性。通过选择文本框的快捷菜单中的"生成器"命令可以打开"文本框生成器"对话框。其中包含"格式"、"样式"和"值"三个选项卡，如图 6-23 所示。

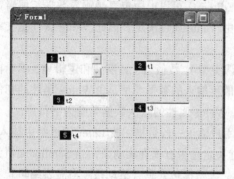

图 6-22　设置文体框 Tab 键序

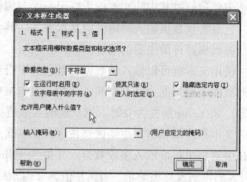

图 6-23　文本框生成器的"格式"选项卡

在"格式"选项卡中，用户可在"数据类型"下拉列表框中选定文本框可接受的输入数据类型；"在运行时启用"复选框可以指定表单运行时该文本框是否可用；"使其只读"复选框可以指定文本框的内容是否允许修改；在"输入掩码"组合框中，设置输入掩码字符串来限定输入数据的格式，其中的掩码字符的含义请参考表 3-7。

在"样式"选项卡中可以设置文本框的外观效果、有无边框和框内文字的对齐方式，如图 6-24 所示。

在"值"选项卡中可以设置文本框的数据绑定，如图 6-25 所示。选定表和字段后，文本框就与该字段建立了联系，字段内容可以在文本框中显示出来，文本框中输入的数据也能存储到字段中。

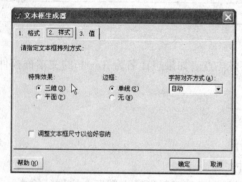

图 6-24　"样式"选项卡

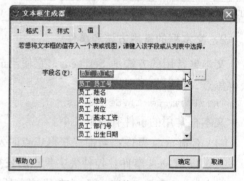

图 6-25　"值"选项卡

【例 6.6】设计一个表单。要求：用文本框 1 的内容替换标签 1 的内容，用文本框 2 的内容替换标签 2 的内容。其中的文本框 1 与员工表（员工.dbf）中的"员工号"字段绑定；文本框 2 的内容不能改动；表单运行后，文本框 2 首先获得焦点；单击命令按钮完成替换。

操作步骤如下：

（1）创建一个新表单，在其上添加两个标签、两个文本框和一个命令按钮。调整为如图 6-26 所示的布局。

（2）控件 Label1、Label2、Text1 属性不用做任何修改，采用默认值即可。

Text2 和 Command1 控件属性设置见表 6-12。

表 6-12　Text2 和 Command1 控件属性

对 象 名	属 性 名	属 性 值	作 用
Text2	ReadOnly	.T.	Text2 内容只能读，不能修改
Command1	Caption	用文本框内容修改标签内容	修改 Command1 的标题内容

（3）右击 Text1 打开文本框生成器，在"值"选项卡中，打开员工表（员工.dbf），选择"员工号"字段与 Text1 绑定。

（4）对 Form1 的 Init 事件编写代码如下。

```
ThisForm.Text2.SetFocus                              &&文本框 2 获得焦点
```

（5）对 Command1 的 Click 事件编写代码如下。

```
ThisForm.Label1.Caption=ThisForm.Text1.Value    &&用文本框 1 的内容替换标签 1 的内容
ThisForm.Label2.Caption=ThisForm.Text2.Value    &&用文本框 2 的内容替换标签 2 的内容
```

运行结果如图 6-27 所示。

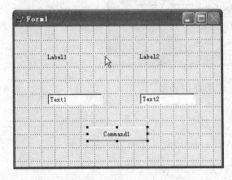
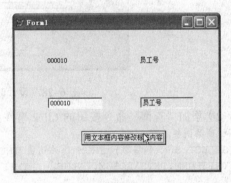

图 6-26　表单上各控件布局　　　　　图 6-27　表单运行结果

6.4.4　命令按钮控件

单击命令按钮（CommandButton）可完成某个特定的控制，如关闭表单、移动记录指针、打印报表等。其操作代码就是为其 Click 事件编写的程序代码。Caption 属性用于设置命令按钮的标题文本内容，其他外观的设置，如位置、大小、文本字体、文本大小、文本对齐方式及颜色等，与设置 Label 控件的操作类似。对于命令按钮，经常使用 Enable 属性来确定按钮是否有效，如果按钮的 Enable 属性为.F.，则该按钮不可用，其标题变为暗灰色，单击该按钮不会引发该按钮的单击事件。

若要在命令按钮的标题中增加快捷键提示，可在其 Caption 属性值中增加"\<"符号和快捷键字符。如命令按钮的 Caption 属性值设置为"退出 \ <Q"时，则该按钮的标题显示为"退出（Q）"。那么，按[A1t+Q]组合键与单击此按钮的效果相同。

1. 命令按钮控件常用属性（见表 6-13）

表 6-13　命令按钮控件常用属性

属 性 名	作 用
Caption	设置按钮的标题
Enable	确定按钮是否有效。默认值为.T.；如果其值为.F.，单击该按钮不会引发该按钮的单击事件

2. 命令按钮常用事件

Click 事件：当在命令按钮上单击时发生。要使用命令按钮，最重要的是编写 Click 事件代码。

【例 6.7】设计一个经营成果查询表单，要求能够查询出经营期间的销售总额、销售利润、利润率、入库商品总额、库存总额及应付货款。

（1）创建对象及设置属性，创建 6 个标签对象并修改其 Caption 属性如图 6-28 中标签的标题所示；创建 6 个文本框对象并修改其 Name 属性如图 6-28 所示，创建两个命令按钮并修改其 Caption 属性如图 6-28 中按钮的标题所示。

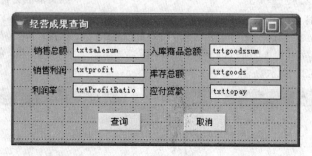

图 6-28　设计时的经营成果查询表单

（2）添加"查询"命令按钮的 Click 事件：

```
*  商品销售总额
SELECT SUM(销售额) FROM 商品销售 INTO ARRAY ATMPSUM
THISFORM.TXTSALESUM.VALUE = ATMPSUM(1,1)

*库存总额:已入库商品总额
SELECT SUM(进货金额) FROM 商品进货 INTO ARRAY ATMPSUM
THISFORM.TXTGOODSSUM.VALUE = ATMPSUM(1,1)

*应付款总额: 已入库但未付款商品总额
SELECT SUM(订单金额) FROM 应付货款 INTO ARRAY ATMPSUM
THISFORM.TXTTOPAY.VALUE = ATMPSUM(1,1)


*利润 = 各种商品的利润总和
*某种商品利润=该商品的销售总额−该商品的库存平均进货成本*该商品销量
*某商品库存平均成本=（期初商品库存额+本期进货额）/(期初商品库存量+本期进货量)，
*  由于    期初商品库存额= 0   期初商品库存量=0
*  所以    某商品库存平均成本= 本期进货额 /本期进货量
SELECT  SUM(库存金额),SUM(利润) FROM 库存及销售利润 INTO ARRAY ATMPSUM
THISFORM.TXTGOODS.VALUE = ATMPSUM(1,1)
THISFORM.TXTPROFIT.VALUE = ATMPSUM(1,2)

THISFORM.TXTPROFITRATIO.VALUE = ;
 ROUND(100*THISFORM.TXTPROFIT.VALUE/ THISFORM.TXTSALESUM.VALUE,2)
```

（3）添加"取消"命令按钮的 Click 事件。

```
THISFORM.RELEASE
```

运行结果如图 6-29 所示。

图 6-29 运行时的经营成果查询表单

6.4.5 命令按钮组控件

命令按钮组（CommandGroup）是包含一组命令按钮的容器控件。设计时若不编写命令按钮组内命令按钮的 Click 事件处理过程，在运行时单击按钮组中的命令按钮将触发命令按钮组的 Click 事件。反之，设计时若编写了命令按钮组内命令按钮的 Click 事件处理过程，在运行时单击命令按钮将触发命令按钮的 Click 事件而命令按钮组不接收 Click 事件。为了能够对命令按钮组中的若干个命令按钮的 Click 事件进行统一处理，通常只编写命令按钮组的 Click 事件处理过程。在这种情况下，运行时单击其中的命令按钮时，命令按钮组的 Value 属性值就是被单击按钮的序号值，根据这个 Value 属性值就可判别出单击的是哪一个按钮，从而执行与被单击按钮功能对应的操作。若在设计时将命令按钮组的 Value 属性初值修改为字符类型的初值后，在运行时单击其中的命令按钮时，命令按钮组的 Value 属性值就是被单击按钮的 Caption 属性值。需要注意的是，如果是在命令按钮组上单击，而没有在命令按钮上单击，这时，命令按钮组的 Click 事件被触发，但其 Value 不变，因此这特点往往造成用户的误操作。

1. 命令组生成器

使用命令组生成器可以方便地对命令按钮组的各种属性进行设置，右击命令按钮组，在弹出的快捷菜单中选择"生成器"命令，即可打开如图 6-30 所示的"命令组生成器"对话框。

命令按钮组在刚创建时，包含两个命令按钮。用户可单击命令组生成器的"按钮"选项卡，在其中的"按钮的数目"微调框处重新设置命令按钮的个数。并可在其下方表格的"标题"列中指定每个按钮的标题。如果需要在按钮上显示图形，则可单击"图形"列右侧的按钮，打开"打开图片"对话框为按钮指定图形文件。

在命令组生成器的"布局"选项卡中可指定按钮组中的各个按钮是水平排列还是垂直排列，并可指定各按钮之间的间隔及按钮组的边框样式，如图 6-31 所示。

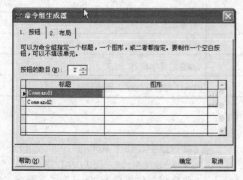

图 6-30 "按钮"选项卡

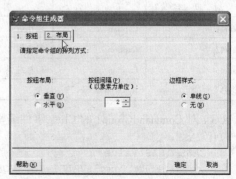

图 6-31 "布局"选项卡

2．命令按钮组的常用属性（见表 6-14）

表 6-14　命令按钮组的常用属性

属 性 名	作 用
ButtonCount	设置命令按钮组中命令按钮的数目
Value	命令按钮组中的各个按钮被自动赋予的编号。在 Click 事件处理过程中通过检测 Value 的值，就可以执行为相应按钮编写的程序代码

通常，通过检测 Value 的值，可使用如下结构执行为相应按钮编写的程序代码。

```
Do Case
   Case This.Value=1          &&按钮组中按钮1被单击
      …                       &&为按钮1编写的程序代码
   Case This.Value=2
      …
Endcase
```

3．命令按钮组中的按钮控件引用

可以用两种方式引用命令按钮，一是直接引用命令按钮名，如：

```
ThisForm.CommandGroup1. Command1.Caption="按钮1"
```

或使用按钮的顺序号来引用，如：

```
ThisForm.CommandGroup1.Buttons(1).Caption="按钮1"
```

【例 6.8】设计一个利用命令按钮组完成简单计算器功能的表单。要求：用文本框 1 和文本框 2 接受输入数据，单击命令按钮组上的按钮完成相应的计算，并在文本框 3 中输出结果；分母为零时，给出错误提示。

操作步骤如下：

（1）创建一个新表单，在其上添加三个标签、三个文本框和一个命令按钮组控件，如图 6-32 所示。

（2）同时选中文本框控件 Text1、Text2 和 Text3 将其 Value 属性改为 0。设置命令按钮组 CommandGroup1 按钮数目为 4，各按钮标题为：+、-、*、/。

其他各控件属性设置见表 6-15。

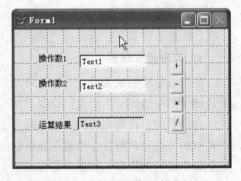

图 6-32　表单上各控件布局

表 6-15　其他各控件属性

对 象 名	属 性 名	属 性 值	作 用
Label1	Caption	操作数 1	标签的显示内容
Label2	Caption	操作数 2	标签的显示内容
Label3	Caption	运算结果	标签的显示内容
Text3	ReadOnly	.T.	Text3 内容只能读，不能修改

（3）对 CommandGroup1 的 Click 事件编写如下代码。

```
DO CASE
   CASE THIS.Value=1                      &&按钮组中按钮1被单击
      THISFORM.Text3.VALUE=THISFORM.Text1.VALUE+THISFORM.Text2.VALUE
                                          &&两数相加结果放入Text3文本框中
```

```
CASE This.VALUE=2
    THISFORM.Text3.VALUE=THISFORM.Text1.VALUE-THISFORM.Text2.VALUE
CASE This.VALUE=3
    THISFORM.Text3.VALUE=THISFORM.Text1.VALUE*THISFORM.Text2.VALUE
CASE This.VALUE=4
    IF  THISFORM.Text2.VALUE=0          &&除法分母为零
        MESSAGEBOX("除数不能为零!")                &&给出提示框
    ELSE
        THISFORM.Text3.VALUE=THISFORM.Text1.VALUE/THISFORM.Text2.VALUE
    ENDIF
ENDCASE
```

6.4.6 选项按钮组控件

选项按钮组（OptionGroup）又称单选按钮组，通常含有多个按钮，当其中一个按钮被选定时，其他按钮都会变成未选定状态。选项按钮的标准样式是一个圆圈。圆圈内如果有一个黑点，表示该选项按钮被选定。为了美观，选项按钮的外观也可以设置为图形。

选项按钮组与命令按钮组有许多类似之处，参考命令按钮组的介绍能很容易地理解选项按钮组的使用方法。

1．选项按钮组生成器

可以调用生成器对选项按钮组的各种属性进行设置，在生成器的"按钮"选项卡中可指定按钮的个数及各个按钮的标题；在"布局"选项卡中可指定按钮的排列方式；在"值"选项卡中可完成选项按钮组与表中字段的绑定等设置。

2．按钮是否选中判断

选项按钮组哪个按钮被选中的判断与命令按钮组的判断方法相同，是通过选项按钮组对象的Value属性值判断。Value默认值为1，如果没有按钮被选定，其值为0。

3．常用属性

（1）ButtonCount属性：设置选项按钮组中命令按钮的数目。

（2）ControlSource属性：指定选项按钮组与表中某个字段绑定。

（3）Value属性：选项按钮组中的各个按钮被自动赋予的编号。在程序中通过检测Value的值，可区别不同按钮被选中的情况。

4．按钮组中的按钮引用

按钮组中的按钮引用方法与命令按钮组相同。

6.4.7 复选框控件

复选框（CheckBox）又称多选框，有三种状态，其Value属性的值分别为：0或.F.，表示该选项未被选定；取1或.T.，表示选中了复选框；取2或Null时，表示空态，既不处于选定状态也不处于未选定状态，此时复选框看上去像一个带有阴影的方框。

表单上有多个复选框时，每个复选框是独立的，彼此互不干扰，用户可以选择一个或多个，也可以一个都不选或全选。

复选框可以有 3 种不同的外观：方框、文本按钮和图形按钮。当复选框的 Style 属性值设置为 0 时，其外观为默认的方框。选中时，方框内有"√"标志。当复选框的 Style 属性值设置为 1，而 Picture 属性未设置时，其外观为文本按钮。若为 Picture 属性指定某个图形文件时，其外观为图形按钮，选中时，按钮呈按下状态。

通过复选框的 ControlSourse 属性设置，可以将复选框与表中的一个逻辑字段绑定。如果当前记录该字段的值为.T.，那么复选框显示为选中；当前记录该字段的值为.F.，那么复选框显示为未选中。

复选框的标题内容由其 Caption 属性设置，如 ThisForm.Check1.Caption="Windows"。一般只对其 Click 事件编程。

6.4.8 组合框控件和列表框控件

组合框（ComboBox）和列表框（ListBox）的作用非常相似，都有一个供用户选择的列表，用户可以从中选择条目（数据项），进行某些操作。

1. 两者的主要区别

（1）列表框任何时候都显示它的列表；而组合框通常只有一个条目是可见的。用户可以单击组合框上的下三角按钮打开条目列表，从中选择。

（2）组合框不提供多重选择的功能，没有 MultiSelect 属性。当列表框的 MultiSelect 属性值为.T. 时，允许多重选择。反之，仅允许单选。

（3）组合框有两种形式：下拉组合框（Style 属性为 0）和下拉列表框（Style 属性为 2）。对下拉组合框，用户既可以从列表中选择，也可以在编辑区中输入。对下拉列表框，用户只可从列表中选择。

在其他方面，两者基本相同，这里只介绍列表框。

2. 列表框生成器

对于列表框的一些主要属性可用列表框生成器来设置。该生成器包含"列表项"、"样式"、"布局"和"值"四个选项卡。

（1）"列表项"选项卡，如图 6-33 所示。用于指定填充到列表框中的列表项。它们可以是表或视图中的字段值、手工输入的数据或数组中的值。如果在"用此填充列表"下拉列表框中选择"手工输入数据"选项，此时将显示如图 6-34 所示的选项卡，允许用户在下方的表格中手工输入数据作为列表框中列表项的内容。

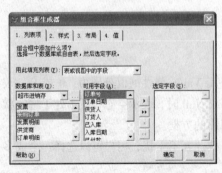
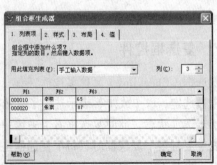

图 6-33 "列表项"选项卡　　　　　　　　图 6-34 手工输入数据

（2）"样式"选项卡，如图6-35所示。用来设置列表框的外观效果，包括选择"三维"或"平面"效果，指定列表样式，以及指定是否允许递增搜索等。

（3）"布局"选项卡，如图6-36所示。用来控制列表框的列宽和显示。

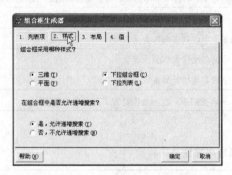 

图 6-35 "样式"选项卡　　　　　　　　　图 6-36 "布局"选项卡

（4）"值"选项卡，如图6-37所示。用来指定返回值及存储返回值的字段。

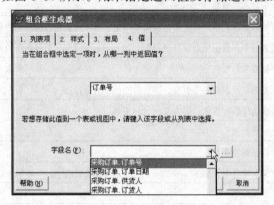

图 6-37 "值"选项卡

3. 列表框的数据源类型

列表框的 RowSourceType 属性用于指定数据源的类型，即数据来自何处。RowSource 属性则用来指定具体的数据源内容。表6-16列出了列表框或组合框的 RowSourceType 属性值及其对应的数据源类型，通过 RowSourceType 属性和 RowSource 属性的设置，可以将不同数据源中的数据自动添加到列表框或组合框中。

表 6-16　列表框的数据源类型

RowSourceType	类　　型	说　　　明
0	无	默认值，由程序向列表中添加列表项。只能用 AddItem 方法或 AddListItem 方法添加列表项
1	值	用 RowSource 中用逗号分隔的多个值来作为列表项
2	别名	用 RowSource 中指定的数据表中的各字段来作为列表项，显示的字段数取决于 ColumnCount 属性的值，其值为 0 或 1，列表将显示表中第一个字段的值；如果值为 3，列表将显示表中最前面的三个字段值
3	SQL 语句	用 RowSource 中指定的 Select-SQL 命令选出的记录来作为列表项。在程序中设置 RowSource 属性，必须将 Select 语句用引号括起来

续表

RowSourceType	类　型	说　明
4	查询文件	用 RowSource 中指定的一个 qpr 文件中的各项来作为列表项，用查询的结果填充列表
5	数组	用 RowSource 中指定的数组中的各项作为列表项
6	字段	用 RowSource 中用逗号分隔的多个字段列表来作为列表项
7	文件	用 RowSource 中指定的文件夹中的各文件名作为列表项
8	结构	用 RowSource 中指定的表中的字段名来填充列表
9	弹出式菜单	用一个先前定义的弹出式菜单来填充列表。这一选项是为了提供向后兼容性

4. 列表框的常用属性（见表 6-17）

表 6-17　列表框常用属性

属性名	作　用
BoundColumn	确定列表框的哪一列与 Value 属性绑定
ColumnCount	设置列表框中显示的列数
ControlSource	指定列表框的数据源，用户可以通过该属性指定一个字段，用以保存用户从列表框中选择的结果
List	用来访问列表框中各数据项的字符型数组，如 List(i) 表示第 i 个列表项的内容
ListCount	指定列表中数据项的数目
ListIndex	指定列表框中选定数据项的索引号，即当前操作项的下标
MultiSelect	是否可以一次选择多行数据，值为.T.时允许多选
RowSource	指定列表框的数据源
RowSourceType	指定列表框数据源的类型
Selected	指定列表项是否被选中，如 Selected(i)=.T.，表示第 i 项被选中，一般用于多选判断
Sorted	指定列表项是否排序
DisplayValue	在组合框输入或显示的数据值
Value	指定所选列表项的值

5. 列表框的常用方法和事件

（1）AddItem 方法：在列表中添加一个新的数据项。如 ThisForm.List1.AddItem("大华电子厂")，此时 RowSourceType 属性必须设置为 0。

（2）RemoveItem 方法：删除相应的数据项。如 ThisForm.List1.RemoveItem(i)，即可删除第 i 项。

（3）Clear 方法：清除列表框中所有条目。如 ThisForm.List1.Clear，即可清除列表框中所有条目。

（4）Click 事件：当单击选择列表框中的一项数据时发生。

【例 6.9】设计一个采购订单辅助查询表单，表单文件名为"辅助订单查询.scx"。要求根据在列表中列出订单号、供货商名称和订货人名称。为方便查询，在列表下方可以选择分别按这三项的数据排序。

操作步骤如下：

（1）创建一个新表单，在其上添加列表框、标签控件、选项按钮等控件（对象布局如图 6-38 所示），设置其 WindowType 属性值为 1，并添加新属性 lcSQLstr 和 lcOrderSno。

（2）把员工表（员工.dbf）、采购订单表（采购订单.dbf）和供货商表（供货商.dbf）添加到数据环境中。

（3）设置各对象的属性如表 6-18 所示。

表 6-18　采购订单辅助查询表单的属性

对　象	类　别	说　明	属　性	属　性　值
listOrder	列表框	订单列表	ColumCount	3
			Name	listOrder
			RowSourceType	3-SQL 语句
Optsort	选项按钮组	选择列表排序依据	Name	Optsort
			BoundColumn	1
			ButtonCount	3
Option1	选项按钮	订单号排序选项	Caption	订单号
Option2	选项按钮	供货商排序选项	Caption	供货商
Option3	选项按钮	订货人排序选项	Caption	订货人
Check1	复选框	已入库筛选条件	Caption	已入库
Check2	复选框	已付款筛选条件	Caption	已付款
cmdOk	命令按钮	确定按钮	Caption	确定
			Name	cmdOk
cmdExit	命令按钮	取消按钮	Caption	取消
			Name	cmdExit
Label1	标签	描述选项按钮组	Caption	排序
Label2	标签	描述复选框组	Caption	筛选

（4）对表单的 Init 事件编写如下代码。

```
THIS.cSQLStr ="select 订单号,名称 as 供货商,;
               姓名 as 订货人 from 供货商,员工,采购订单 ;
               where 供货商.供货商号 = 采购订单.供货人 ;
               and 员工.员工号=采购订单.订货人 "
```

（5）对表单的 Unload 事件编写如下代码。

```
RETURN THIS.cOrderSno
```

（6）对表单的 Refresh 事件编写如下代码。

```
LOCAL lccondition
IF THISFORM.check1.VALUE = 1
   lcCondition =" .AND. 已入库 = .T."
ELSE
   lcCondition =" .AND. 已入库 = .F."
ENDIF

IF THISFORM.check2.VALUE = 1
   lcCondition = lcCondition + " .AND. 已付款 = .T."
ELSE
   lcCondition = lcCondition  + " .AND. 已付款 = .F."
ENDIF
```

```
THISFORM.lstOrder.ROWSOURCE= THISFORM.cSQLstr+lcCondition+ "order by
"+str(thisform.optiongroup1.value)+" into Cursor cOrders"
```

（7）对 Optsort、Check1、Check2 对象的 Click 事件编写如下代码。

```
THISFORM.REFRESH
```

（8）对 cmdOk 对象的 Click 事件编写如下代码。

```
THISFORM.cOrderSno = ""
THISFORM.release
```

（9）对 cmdOk 对象的 Click 事件编写如下代码。

```
THISFORM.cOrderSno = THISFORM.lstOrder.VALUE
THISFORM.release
```

（10）对 cmdExit 对象的 Click 事件编写如下代码。

```
THISFORM.cOrderSno = ""
THISFORM.release
```

（11）在命令窗口中输入

```
DO FORM 辅助订单查询 to lcRetVal
```

在如图 6-39 的运行界面中选中订单后，单击"确定"按钮，即可将选中的订单号保存到变量 lcRetVal 中。

图 6-38　采购订单辅助查询表单设计

图 6-39　运行结果

6.4.9　微调按钮控件

微调按钮（Spinner）用于接受给定范围内的数值输入。它可以直接接受从键盘输入的数字，通过单击该控件的上、下三角按钮也可增减它的当前值。其接受数字的范围和调节幅度由其 Increment 属性控制。

1. 微调按钮的主要属性（见表 6-19）

表 6-19　微调按钮的主要属性

属 性 名	作　　用
Value	表示微调按钮的当前值
KeyBoardHighValue	设置能用键盘在微调文本框中输入数值的上限
KeyBoardLowValue	设置能用键盘在微调文本框中输入数值的下限

续表

属 性 名	作　用
SpinnerHighValue	设置单击上三角按钮能够在微调文本框中调整数值的上限
SpinnerLowValue	设置单击下三角按钮能够在微调文本框中调整数值的下限
Increment	设置每次单击上、下三角按钮的增减数值，默认值为 1

2．微调按钮的常用事件

（1）UpClick：当单击上三角按钮时发生。

（2）DownClick：当单击下三角按钮时发生。

6.4.10　表格控件

表格控件（Grid）是 Visual FoxPro 的一种以表格形式显示或修改数据表中数据的控件。它功能强大，操作方便。在一对多的表单中经常是在主表中显示一个记录，并同时在表格控件中显示与之对应的子表的多个数据。表格是一种容器，其中含有若干个列控件（Column）；而每一个列控件也是一个容器，其中包含有列标题（Header）和列单元控件（Text）。这些控件都有自己的属性、方法和事件。对它们要按层次关系引用，如 ThisForm.Gridl. Columnl.Headerl.Caption="员工号"，就是对表格中的第一列控件的列标题文本的设置。

1．创建表格控件

1）由数据环境创建表格

打开"表单设计器"窗口后，先向数据环境中添加数据表，如员工.dbf，然后用鼠标将该表从"数据环境"窗口拖放到表单窗口中的表单对象上，在表单对象中会产生一个与表员工.dbf 自动绑定的表格控件。该表单运行后，员工.dbf 中的内容就会显示在表格中。

2）用表格生成器创建表格

单击"表单控件"工具栏中的表格按钮在表单中创建一个表格对象，然后右击此表格对象，在弹出的快捷菜单中选择"生成器"命令，会出现如图 6-40 所示的"表格生成器"对话框。在表格生成器对话框中可方便地设置表格的内容、外观和属性等。

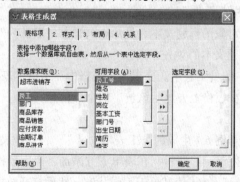

图 6-40　"表格生成器"对话框

在"表格生成器"对话框的"表格项"选项卡中，可选择一个表或视图。并把在表格中要显示的字段添加到"选定字段"列表框中。

在"样式"选项卡中可选取一种表格的显示样式，包括专业型、标准型、浮雕型或账务型等。

在"布局"选项卡中，可重新设置表格各列的标题和列控件的类型。

在"关系"选项卡中，通过设置各表之间的关系，可以创建一对多表格。

2．编辑表格

要设置表格中的控件，右击表格，在弹出的快捷菜单中选择"编辑"命令，将表格作为容器激活。此时可以修改列标题、调整表格的行高与列宽等，并可选中表格中的列控件（Column）和列标题（Header）以进行设置。

3．表格常用属性（见表 6-20）

表 6-20　表格常用属性

属 性 名	作 用
AllowAddNew	该属性为逻辑值.T.时，允许用户在表单运行时对表格操作，可以在表格中向数据表添加或编辑记录。值为.F.（默认值）时，表单运行时只能用 Append 或 Insert 命令向数据表中添加新记录
ColumnCount	设置表格控件的列数。默认值为 1，此时表格将列出数据源的全部字段
RecordSource	指定表格数据源
RecordSourceType	指定表格数据源的类型。默认值为 1（别名），此时按 RecordSource 指定的表显示字段。值为 3 时按 SQL 语句查询

4．常用的列属性（表 6-21）

表 6-21　常用的列属性

属 性 名	作 用
ControlSource	指定列数据源，通常是表中的一个字段
CurrentControl	指定列对象中的一个控件为活动单元格
Sparse	确定 CurrentControl 属性是影响列中的所有单元格还是只影响活动单元格。默认值为.T.，此时在列中只有选中的单元格以 CurrentContml 指定的控件显示，其他单元格仍以文本显示。值为.F.时，列的所有单元格都以 CurrentControl 指定的控件显示

5．常用的标头（Header）属性

（1）Caption：指定标头对象的标题文本，显示于列顶部。默认为对应字段的字段名。

（2）Alignment：指定标题文本的对齐方式。

【例 6.10】修改例 6.1 中的员工表单。要求：在表格中显示员工表（员工.dbf）的信息；当在表格中单击某一员工号时，在表格上方显示该员工的全部信息。

操作步骤如下：

（1）在表单设计器中打开例 6.1 生成的员工表单。

（2）调整表单的布局如图 6-41 所示，在表单下方添加一个容器控件，在容器控件上右击，在弹出的快捷菜单中选"编辑"命令,使其处于编辑状态，然后打开数据环境，将员工数据表拖拽到容器内。调整表格对象大小使其与容器大小相同。

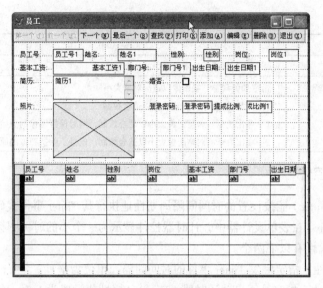

图 6-41　例 6.9 表单设计界面

（3）将图像控件"照片 1"的 Strech 属性值设为 1。

（4）对表格控件中的 Column1 下的 Text1 控件的 Click 事件编写如下代码。

```
LOCATE FOR 员工号=ALLTRIM(THIS.VALUE)     &&查找定位到记录
THISFORM.REFRESH                         &&刷新表单
```

运行结果如图 6-42 所示。

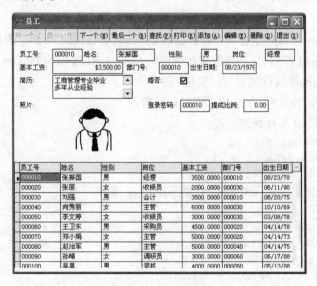

图 6-42　运行结果

6.4.11　图像控件

图像控件用于在表单上显示图像。它可用于显示 BMP、JPG、GIF 等多种格式的图片文件。图像对象不能与表中通用字段绑定，所以不能用于显示数据表通用型字段中的图像。图像控件的主要属性如表 6-22 所示。

表 6-22　图像控件的主要属性

属　性　名	作　用
Picture	指定列数据源，通常是表中的一个字段
Stretch	指定如何调整一幅图像以适应对象大小
	0—剪裁(默认值)。剪裁图像以适合控制
	1—等比填充。调整图像大小以适合控制，同时保持图像的原始比例
	2—变比填充。调整图像大小以适合控制，但是不保持图像的原始比例

6.4.12　计时器控件

计时器控件（Timer）能按设置的时间间隔周期性地执行其 Timer 事件代码。它是一个在表单运行时不可见的控件。在表单设计器中，计时器控件显示为一个小的时钟图标。

计时器的常用属性有以下两个。

（1）Interval 属性：指定触发 Timer 事件的时间间隔，单位为毫秒。

（2）Enabled 属性：指定是否启动计时器。Enabled 属性值设置为.F.时，计时器停止工作，不会触发 Timer 事件。默认值为.T.。

计时器控件的主要事件是 Timer 事件，当计时器计时到间隔时间时将触发 Timer 事件，然后重新计时。

【例 6.11】设计一个秒表表单，要求单击其中的"开始"按钮时开始计时，单击"停止"按钮时停止计时，按复位按钮，秒表归零。

操作步骤如下：

（1）在新建表单中添加一个标签，将标签的 FontSize 属性值设为 28，添加一个计时器和一个命令按钮组（如图 6-43 所示）。并修改按钮组中的 Command1 按钮的 Caption 属性值为"开始"，Command2 按钮的 Caption 属性值设为"复位"。

（2）给表单添加属性 lnSeconds 用于保存计时值。

（3）给表单添加 Init 事件处理过程。

```
THISFORM.lnseconds = 0
THISFORM.timer1.ENABLED = .F.
THISFORM.timer1.INTERVAL = 100
```

（4）给命令按钮组 CommandGroup1 对象添加 Click 事件。

```
DO CASE
CASE THIS.VALUE = 1
IF THIS.COMMAND1.CAPTION="开始"
    THISFORM.timer1.ENABLED = .T.
    THIS.COMMAND1.CAPTION = "停止"
    THIS.Command2.ENABLED = .F.
ELSE
    THISFORM.timer1.ENABLED = .F.
    THIS.COMMAND1.CAPTION ="开始"
    THIS.Command2.ENABLED = .T.
ENDIF
CASE THIS.VALUE = 2
THISFORM.lnseconds=0
```

```
THISFORM.label1.CAPTION=STR(THISFORM.lnseconds,8,2)
THISFORM.REFRESH
ENDCASE
```

运行结果如图 6-44 所示。

图 6-43　设计时的秒表表单

图 6-44　运行时的秒表表单

6.4.13 页框控件

页框控件（PageFrame）是一个容器类，其中可以包含多个页面（Page）对象。利用页框控件可生成含有类似选项卡样式的多个页面的表单。每个页面都是独立的，可以容纳其他对象，但设计前必须先激活页框，再选中某个页进行操作。

1. 页框的主要属性（表 6-23）

表 6-23　页框的主要属性

属 性 名	作 用
ActivePage	指定当前活动页
PageCount	指定页框中所含页面的数目
TabStretch	默认值为 1，表示以单行显示所有的页面标题；值为 0 时，表示以多行显示所有的页面标题

2. 页的常用属性（表 6-24）

表 6-24 页的常用属性

属 性 名	作 用
Caption	设置页标题
PageOrder	指定页框控件中页的相对顺序

【例 6.12】建立如图 6-45 所示的表单。页框中一页显示商品表（商品.dbf）的信息，另一页显示订单明细表（订单明细.dbf）的信息。

图 6-45　例 6.12 的界面

操作步骤如下：

（1）新建表单，在表单中添加一个页框 PageFrame1。

（2）在表单的数据环境中加入商品和订单明细表，并设置商品表与订单明细表的关系。

（3）设置页框的 PageCount 属性值为 2。

（4）右击页框选择"编辑"命令激活页框，选中 Page1，修改其 Caption 属性值为"商品"，从数据环境中将商品表拖到 Page1 中。选中 Page2，修改其 Caption 属性值为"订单明细"，从数据环境中将订单明细表拖到 Page2 中。

6.4.14 ActiveX 控件与 ActiveX 绑定控件

ActiveX 是 Microsoft 公司的一组技术标准，符合该标准的控件就是 ActiveX 控件。许多具有特别功能和用途的程序被开发为 ActiveX 控件，在 Visual FoxPro 中可以很方便地使用，从而扩展了 Visual FoxPro 的功能，提高开发效率。单击"表单控件"工具栏中的 ActiveX 控件（OleControl）按钮和 ActiveX 绑定控件（OleBoundControl）按钮，可以分别向表单中添加 ActiveX 控件和 ActiveX 绑定控件。

1. ActiveX 控件

在"表单控件"工具栏中按下"ActiveX 控件"按钮，并在表单中单击以添加该控件时，将自动打开一个"插入对象"对话框，如图 6-46 所示。

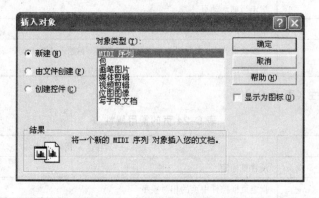

图 6-46　"插入对象"对话框

在"插入对象"对话框中，若选择"新建"单选按钮，可以新建一个 OLE 对象插入到表单中，从而将其他应用程序，如 Word、Excel 等添加到表单中；若选择"由文件创建"单选按钮，可以从磁盘中选定一个文件作为 OLE 对象插入到表单中；若选择"创建控件"单选按钮，则可将一个第三方开发的 ActiveX 控件（*.ocx）添加进来。

另外，单击"表单控件"工具栏中的"查看类"按钮，在弹出的菜单中选择"ActiveX 控件"命令，在列出的 ActiveX 控件中可选择相应的控件添加到表单上。如果要添加的 ActiveX 控件没有列在其中，可以通过"工具"→"选项"命令，打开"选项"对话框，选择"控件"选项卡，选中其中的"ActiveX 控件"单选按钮，可在出现的列表框中选择要添加的选项。如图 6-47 所示，可选择 Microsoft Date and Time Picker Control，version 6.0 选项。

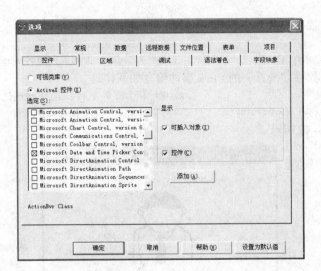

图 6-47 "控件"选项卡

2. ActiveX 绑定控件

ActiveX 绑定控件主要用于操作数据表中的通用型字段。将 Visual FoxPro 数据表中的通用型字段与表单中的 ActiveX 绑定控件进行绑定，就能在表单中显示通用型字段中的文本、声音、图片与视频等多媒体数据，并可随时调用创建这些不同种类多媒体数据的应用程序，对它们进行编辑修改。

向表单中添加一个 ActiveX 绑定控件，然后在该控件的 ControlSource 属性中指定所要绑定的通用型字段名，就可以实现数据表中的通用型字段与表单中 ActiveX 绑定控件的绑定。

【例 6.13】设计一个通过调节滑块（Slider）显示员工表（员工.dbf）中各位员工的照片的表单。

操作步骤如下：

（1）新建一个表单，在表单"控件"工具栏中单击"查看类"按钮，在弹出的菜单中选择"ActiveX 控件"命令，将滑块（Slider）控件添加到表单中。

（2）在表单数据环境中添加员工.dbf 表，拖动"照片"字段到表单中，自动产生一个标签控件及一个与员工.dbf 表中"照片"字段绑定的 ActiveX 绑定控件"olb 照片 1"。

（3）将 ActiveX 绑定控件"olb 照片 1"的 Stretch 属性值设为 1，各控件的位置调整如图 6-48 所示。

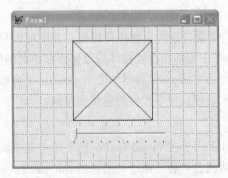

图 6-48 ActiveX 绑定界面

（4）对 ActiveX 控件"滑竿"的 Init 事件编写如下代码。

```
This.Min=1                    &&滑竿（Slider）的最小值
This.Max=RecCount()           &&滑竿（Slider）的最大值为 spxx.dbf 表中的记录数
```

（5）对 ActiveX 控件"滑杆"的 Click 事件编写如下代码。

```
Go This.Value                 &&指针指向滑竿（Slider）值的记录
ThisForm.olb照片.Refresh      &&对 ActiveX 绑定控件进行刷新
```

运行结果如图 6-49 所示。

图 6-49　运行结果

6.4.15　线条控件和形状控件

1．线条控件（Line）

线条控件用于在表单上画各种类型的线条，包括斜线、水平线和垂直线。在"表单控件"工具栏中选中线条控件，直接在表单上拖动调整即可画出需要的线条。线条的样式由属性 BorderColor、BorderStyle、BorderWidth 等的值确定。

2．形状控件（Shape）

形状控件用于在表单上画出各种形状，包括矩形、圆角矩形、正方形、圆角正方形、椭圆或圆。画法同线条相似。其形状类型默认为矩形，通过调整 Curvature、Width 和 Height 属性的值，可以画出上述各种形状。Curvature 的取值范围是 0～99，决定矩形的角的弧度，其值越大，角弧度越大；值为 0 时（默认值），角为直角。

6.4.16　容器控件和超级链接控件

1．容器控件

容器控件（Container）与前面介绍的页框控件相似，其中可以包含多个不同类型的控件。只是容器控件不分页。在容器控件中添加和设置控件与设置页框中页的操作是一样的。在向 Container 容器内添加控件时，必须先激活 Container 容器。使用 Container 容器控件的作用是可将容器内包含的所有控件作为一个整体来处理，便于控件的组织和控制。

2．超级链接控件

超级链接控件（Hyperlink）用于在 Visual FoxPro 的表单中提供调用网页浏览器访问网络资源的功能。把超级链接控件添加到表单后，通过调用它的 NavigateTo 方法，可以很容易地访问指定网址的网站。超级链接控件在运行时不可见。

例如，如果需要调用网页浏览器访问百度，那么可在表单中加入超级链接对象 Hyperlink1，然后在其他可见对象的事件中调用 Hyperlink1 的 NavigateTo 方法，如在标签或命令按钮对象的 Click 事件中，使用如下代码。

```
Thisform.Hyperlink1.NavigateTo("http://www.baidu.com")
```

6.5　自定义类、属性和方法

Visual FoxPro 已经为我们提供了丰富的控件类，但有时还不能完全满足应用系统设计的需要，这时就需要在基类的基础上设计我们自定义的类。

6.5.1　自定义类

对自定义类的操作包括创建自定义类，在类中添加属性和方法以及使用自定义类。

1. 可视类库文件

可视类库文件用于存储采用类设计器设计的自定义类，其文件扩展名为.vcx。一个可视类库可容纳多个基于不同基类的子类。每个自定义类都要存储到一个类库文件中。类库文件可在新建类时，由系统创建。删除类库文件可在 Windows 资源管理器或项目管理器中完成。

2. 创建自定义类

可通过将表单设计器中已有控件对象另存为类来创建自定义类。

【例 6.14】将例 6.3 中的"退出"按钮 cmdexit 另存为类。

操作步骤如下：

（1）在表单设计器中的属性窗口的对象列表框中选择 cmdexit 对象。

（2）选择"文件"→"另存为类"命令，打开"另存为类"对话框，如图 6-50 所示。

（3）选择"选定控件"单选按钮，在"类名"文本框中输入 exitbutton，在"文件"文本框中输入保存该类的类库路径"d:\用户类库.vcx"，并单击"确定"按钮。

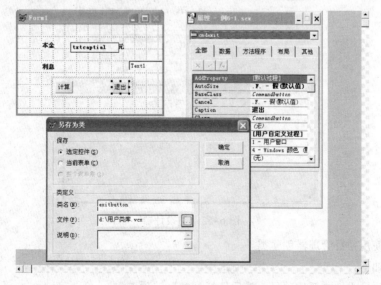

图 6-50　"另存为类"对话框

虽然将对象另存为类比较方便。但这种方法只适用于基类为常用控件的自定义类，并且不能添加新的属性和方法。较为普遍的方法是使用类设计器。打开类设计器的方法有利用菜单方式和使用项目管理器，下面对这两种方法分别加以说明。

方法一：利用菜单方式创建类。

操作步骤如下：

（1）在系统主菜单下，选择"文件"→"新建"命令，在"新建"对话框中选择"类"单选按钮，然后单击"新建文件"按钮，打开"新建类"对话框，如图 6-51 所示。

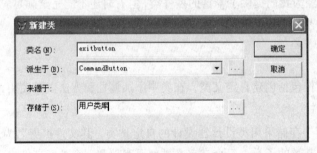

图 6-51 "新建类"对话框

（2）在如图 6-51 的"新建类"对话框的"存储于"文本框中，单击右侧的按钮选择已存在的可视类库文件；或直接输入新的可视类库文件名；在"派生于"下拉列表框中选择父类名；在"类名"文本框中输入新建的类名，该类由"派生于"下拉列表框中的父类派生而来。最后单击"确定"按钮，进入类设计器。

（3）进入"类设计器"窗口（见图 6-52）。在类设计器中可修改由父类继承的该基类的属性、事件或方法。修改方式与表单设计器相同，在此不再赘述。

图 6-52 类设计器

方法二：使用项目管理器创建类。

操作步骤如下：

（1）打开项目文件或新建项目，然后选择"类"选项卡。

（2）单击"新建"按钮，弹出"新建类"对话框，其后的操作与菜单方式中的操作相同。

3. 修改自定义类

创建自定义类后，还可以再修改。修改一个类后，将影响基于这个类的所有子类和对象。

操作步骤如下：

（1）打开项目文件或新建项目，然后选择"类"选项卡。

（2）在类的结构层次视图中，首先展开类所在的类库文件，然后选择需要修改的类。

（3）单击"修改"按钮，进入类设计器进行修改。

4. 删除自定义类

若不再需要某个自定义类，为节省存储空间可以删除。删除一个类后，基于这个类的所有子类和对象将无法使用，必须谨慎操作。

操作步骤如下：

（1）在项目管理器中选择要删除的类，该操作与修改自定义类的（1）、（2）步相同。

（2）单击"移去"按钮，在弹出的确认对话框中单击"移去"按钮删除。

6.5.2 添加类属性与方法

当类创建完成后，新类就已继承了父类的全部属性和方法程序。系统不仅允许修改这些属性和方法，而且当父类的原有属性不能满足要求时，用户还能为新建类添加新的属性和方法程序。

1. 添加属性

当类设计器为当前窗口时，选择"类"→"新建属性"命令，打开"新建属性"对话框。在该对话框输入如下信息后，单击"添加"按钮，则新属性被加入到"属性"窗口（见图6-53）。

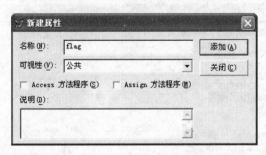

图6-53　"新建属性"对话框

（1）在"名称"文本框中，输入要创建的新属性名。

（2）在"可视性"下拉列表框中，选择属性设置。属性设置有三个选项，各自有不同的含义。公共（Public）表示该属性可以在其他类或过程中引用；保护（Protected）表示只可以在本类的其他方法或子类中引用；隐藏（Hidden）表示只可以在本类的其他方法中引用。

（3）在"说明"文本框中，输入对新属性的说明文字。

添加新属性后，默认值设置为.F.。为了给新属性设置不同的默认值，可在"属性"窗口中完成设置。

2. 添加方法

虽然新建类继承了父类的全部方法和事件。但有时还需要加入新的方法。选择"类"→"新建方法程序"命令,打开"新建方法程序"对话框。在对话框中输入的内容与"新建属性"对话框中的类似,但单击"添加"按钮后,还必须在代码窗口中添加方法的程序代码,才能最终完成新方法程序的添加。

6.5.3 使用自定义类

要使用自定义类,必须注册自定义类库。注册后,类库中的按钮就可以像常用控件一样被添加到容器对象中,注册步骤如下:

（1）在表单设计器的控件工具栏中,单击"查看类"按钮,在弹出的菜单中选择"添加"命令（见图 6-54）,弹出"打开"对话框,如图 6-55 所示。

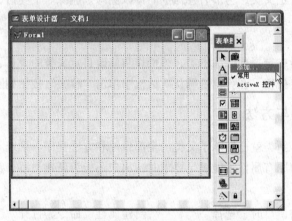

图 6-54 选定"查看"类按钮的"添加"命令

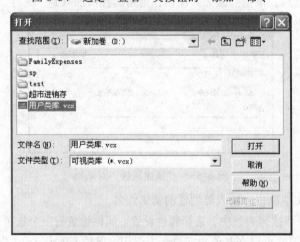

图 6-55 打开类库"用户控件.VCX"

（2）从中选择包含自定义类的类库后,单击"打开"按钮,类库中的类就出现在"表单控件"工具栏中,如图 6-56 所示。若要使用常用控件或已注册的其他类库中的控件,可单击"查看类"按钮,在弹出的注册类库列表中选择常用控件或其他类库即可。

（3）与使用标准控件一样,将"取消"按钮对象加入表单。表单运行时,单击"取消"按钮,出现"确认"对话框,如图 6-57 所示。

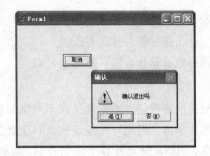

图 6-56 增加了用户控件的 "表单控件" 工具栏　　图 6-57 使用 "取消" 按钮

本 章 小 结

　　本章介绍了创建表单的方法，其中详细介绍了表单设计器环境及表单设计中使用的面向对象程序设计方法。表单设计器提供了一个可视化的编程环境，利用表单设计器可以灵活地设计各种类型的表单。面向对象的程序设计方法是表单设计中所使用的程序设计方法，通过使用 VFP 的基类创建表单对象，并编写相关对象的事件处理过程，就可以设计出具有一定功能的表单。最后对常用的表单及其控件对象的属性、方法和事件进行了详细说明并介绍了 VFP 的自定义类。

习　　题

一、填空题

1. Visual FoxPro 6.0 不仅支持标准的面向过程的程序设计方式，还支持_____程序设计方法。

2. 类具有_____，_____的特征。

3. VFP 的各种基类一般可分为两大类：_____和_____。

4. 事件触发方式可以分为：_____触发、_____触发和_____三种方式。

5. 按引用对象时的参照对象不同，可分为_____和_____两种对象引用方式。

6. 修改表单中的容器类对象时，首先要激活该容器；即在其上右击，在弹出的快捷菜单中选择_____命令。

7. 实现控件与数据源的数据绑定通常是由控件的_____属性来指定。

8. 要使在文本框中输入的口令显示为*****，应该设置文本框的_____属性。

9. 应用列表框和组合框时，_____可以更节省表单的显示空间。

10. 当用户单击命令按钮时，会触发命令按钮的_____事件。

二、思考题

1. 什么是数据环境？数据环境如何设置？

2. "文本框"与"编辑框"有什么区别？在什么情况下，用"命令按钮组"比"命令按钮"更方便？

3. 数据绑定可以通过什么方式实现？

4. 面向对象的程序设计思想与结构化程序设计的思想有何区别与联系？

5. 什么是对象？什么是类？类与对象有什么区别和联系？

6. 在面向对象的程序设计中，什么是对象？什么是属性？什么是方法？

7. 在面向对象的程序设计中，什么是事件？什么是事件过程？什么是事件驱动？

8. 什么是继承？什么是父类？什么是子类？

9. 引用对象的两种方式是什么？各有什么特点？

三、上机操作题

1. 设计一个用复选框来控制文本框可见或不可见的表单。选中复选框时文本框内容可见，否则，不可见。并可以单击"退出"按钮或按 Alt+Q 组合键关闭该表单。

2. 设计一个可按不同档次选择计算个税的表单，对输入文本框中的工资额，可选择列表框中自己设置的不同工资档次计算个税率，并在输出文本框中显示应缴税金。

3. 用表单设计器设计一个有"上一条记录"和"下一条记录"两个按钮，可以对员工信息表（员工.dbf）中的数据记录实现查看的表单。

第 7 章 报表设计

报表是各种数据常用的输出形式，它为显示并总结数据提供了灵活的途径。Visual FoxPro 提供的"报表设计"功能非常强大，不仅能控制打印输出数据记录的格式，而且它还综合了统计计算、自动布局等功能，使得打印复杂的报表也成为很简单的事。报表可以基于单表，也可以基于多表，同时允许将各种格式的文本与图形对象一起输出，从而建立清晰生动的"报表"。

通过本章的学习，我们不仅要了解报表的相关知识，还要求能够熟练使用报表向导和报表设计器设计各种报表，并能够完成报表的创建、设计和输出。

7.1 创 建 报 表

所谓报表是指利用数据库中的数据制作并打印输出的表格文档，常用于提供有关的数据信息，也是 Visual FoxPro 操作的最终结果。报表主要包括两部分内容：数据源和布局。数据源是报表的数据来源，报表的数据源通常是数据库中的表或自由表，也可以是视图、查询或临时表。视图和查询用于对数据库中的数据进行筛选、排序、分组，因此在定义了一个表、一个视图或查询之后，就可以创建报表了。

Visual FoxPro 提供了三种方式来创建报表：

（1）利用报表向导创建简单的报表。

（2）利用快速报表创建简单的报表。

（3）利用报表设计器创建具有个性的报表或修改已有的报表。

下面我们逐一介绍。

7.1.1 利用报表向导创建报表

利用报表向导是创建报表最简单的方法，它会自动提供许多报表设计器的定制特性，适合初学者使用。使用报表向导首先应该打开报表的数据源。通过报表向导，用户只须回答简单的问题，按照"报表向导"对话框的提示进行操作即可。

启动"报表向导"有以下四种方式：

（1）选择"文件"→"新建"命令，在"文件类型"选项区域中选择"报表"单选按钮，单击"向导"按钮。

（2）打开"项目管理器"对话框，选择"文档"选项卡中的"报表"项，然后单击"新建"按钮，在弹出的"新建报表"对话框中单击"报表向导"按钮，如图 7–1 所示。

图 7–1　启动报表向导

（3）选择"工具"→"向导"→"报表"命令。

（4）直接单击工具栏上的"报表"按钮。

通过以上四种方法中的任何一种方法，均可启动报表向导。报表向导启动后，会弹出"向导选取"对话框，如图7-2所示。

如果数据源只是一个表，应选取"报表向导"选项，如果数据源包括父表和子表，那么应选取"一对多报表向导"选项，然后单击"确定"按钮。

下面通过一个具体的例子来说明报表向导的使用方法。

【例 7.1】利用报表向导创建一个"供货商信息一览表"，在此报表中，用到的数据源是"供货商.dbf"，如图7-3所示。

图7-2 "向导选取"对话框

供货商号	名称	地址	电话	联系人
000010	三环乳制品公司	向阳街	87623891	姜文波
000020	大华电子厂	西安路	74927498	刘丽华
000030	永利商贸有限公司	太原街	45982088	徐斌
000040	博文文具公司	西北路	85745168	吴为国
000050	奇美纸业公司	珠江路	73840899	王薇
000060	康泰食品厂	新华路	45799666	张喜
000070	太平洋日化厂	东城街	86768899	刘文元

图7-3 数据源"供货商.dbf"

操作步骤如下：

（1）选择"文件"→"新建"命令，在弹出的"新建"对话框中选定"报表"单选按钮，然后单击"向导"按钮，打开如图7-2所示的"向导选取"对话框。

（2）向导选取。由于本数据源只有一个数据表，所以本例选择"报表向导"选项，然后单击"确定"按钮，将弹出"报表向导"对话框，如图7-4所示。

（3）选择数据表和字段。在"报表向导"对话框中的"数据库和表"列表框中选择"超市进销存"数据库中的"供货商"表，"可用字段"列表框中将出现该表的所有字段。选中要在报表中输出的字段名之后，单击右三角按钮，或双击字段名之后，该字段就被移动到"选定字段"列表框中。单击右向双三角按钮将选中全部字段并移动到"选定字段"列表框中。此例选中供货商表中的全部字段。

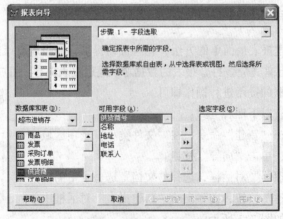

图7-4 报表向导步骤1

（4）分组记录，如图 7-5 所示。该步骤可确定数据分组方式，以便于报表分析，但所选定的分组字段须建立索引，最多可建立三层分组。本例无分组选项。

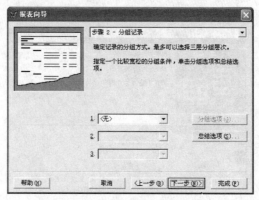

图 7-5　报表向导步骤 2

（5）选择报表样式，如图 7-6 所示。单击"样式"名称，在左上角会显示该样式的效果。本例选择"经营式"样式。

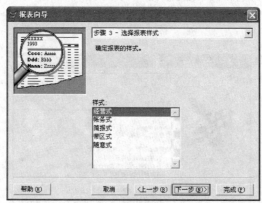

图 7-6　报表向导步骤 3

（6）定义报表布局，如图 7-7 所示。可以通过相关按钮设置报表的列数、方向和字段布局。在左上角会显示该布局样式的效果。本例选择纵向、单列的报表布局。

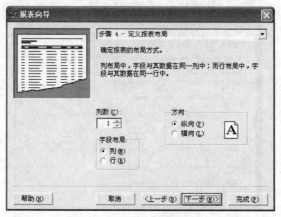

图 7-7　报表向导步骤 4

（7）排序记录，如图 7-8 所示。可以选择 1~3 个字段确定报表中记录的排列顺序，并可设置是升序还是降序，也可以不选排序字段。"选定字段"的第一行为主排序字段，以下依次为次一级排序字段。本例选取"供货商号"字段为升序排序字段。

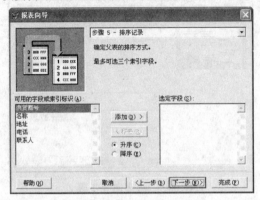

图 7-8　报表向导步骤 5

（8）完成，如图 7-9 所示。在"报表标题"文本框中可以输入标题，如本例输入"供货商信息一览表"。可以选择"保存报表以备将来使用"、"保存报表并在报表设计器中修改报表"或"保存并打印报表"单选按钮。

图 7-9　报表向导步骤 6

对于生成的报表，可以单击"预览"按钮查看其效果，如图 7-10 所示。

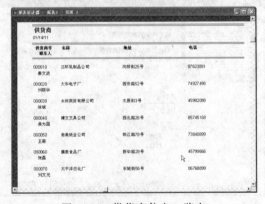

图 7-10　供货商信息一览表

若对报表感到满意，可以选择"打印报表"中的打印按钮输出该报表到打印机；若不满意，则可以单击"关闭预览"按钮，返回到之前的步骤进行相应的修改。单击报表向导中的"完成"按钮，在弹出的"另存为"对话框中，可以指定报表文件的名称和存取路径，该报表将保存在以frx 为扩展名的文件中，如供货商信息.frx。

7.1.2 利用快速报表创建简单的报表

快速报表是一种在报表设计中常用的、类似报表向导的报表工具，它是创建简单报表文件的最快速的方法，也是所具有的设计功能最简单的一种方法。通常先使用"快速报表"功能来创建一个简单报表，然后在此基础上进行修改，直到满意为止。

下面通过例子来说明快速创建报表的操作步骤。

【例 7.2】使用"快速报表"功能，将"供货商.dbf"中的数据以报表的形式打印出来。

操作步骤如下：

（1）单击工具栏上的"新建"按钮，选择"报表"文件类型，单击"新建文件"按钮，打开"报表设计器"窗口，出现一个空白报表，如图 7-11 所示。或者在命令窗口中输入命令：create report进入"报表设计器"窗口。

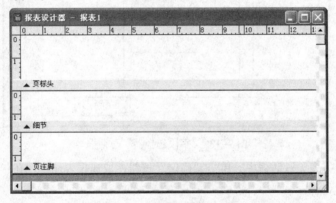

图 7-11 "报表设计器"窗口

（2）打开"报表设计器"窗口之后，在主菜单栏中出现"报表"菜单，选择"报表"→"快速报表"命令。由于打开"报表设计器"窗口之前没有打开数据源，系统弹出"打开"对话框，此时选择数据源"供货商.dbf"。

（3）系统弹出"快速报表"对话框，如图 7-12 所示。在该对话框中可以为报表选择所需要的字段布局、标题和字段。

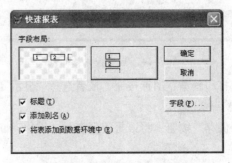

图 7-12 "快速报表"对话框

对话框中各主要按钮和选项的功能介绍如下：

- 字段布局。对话框中两个较大的按钮用于设计报表的字段布局，选择左侧按钮产生列报表布局，即每行放置一条记录，且字段从左到右水平排列；选择右侧按钮产生行报表布局，即每条记录的字段从上到下垂直排列。
- "标题"复选框。选择"标题"复选框，表示在报表中为每一个字段添加一个字段名标题。
- "添加别名"复选框。不选中"添加别名"复选框，表示在报表中不在字段前面添加表的别名。如果数据源是一个表，别名无实际意义。当数据源是多个表时，选择此项。
- "将表添加到数据环境中"复选框。选中"将表添加到数据环境中"复选框，表示把打开的表文件添加到报表的数据环境中作为报表的数据源。
- "字段"按钮。单击"字段"按钮，将出现"字段选择器"对话框，此时可以为报表选择可用的字段，如图 7-13 所示。在默认情况下，字段选择器里出现表文件中除通用型字段以外的所有字段。单击"确定"按钮，关闭"字段选择器"对话框，返回到"快速报表"对话框。

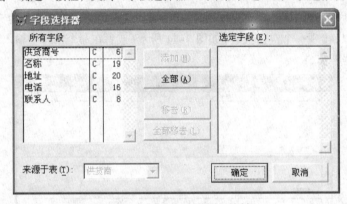

图 7-13 "字段选择器"对话框

（4）在"快速报表"对话框中，单击"确定"按钮，快速报表便出现在"报表设计器"窗口中，如图 7-14 所示。

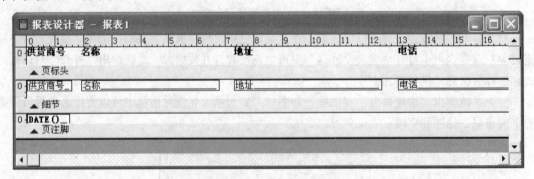

图 7-14 报表设计器布局

（5）单击工具栏上的"打印预览"图标按钮，或者选择"显示"→"预览"命令，打开快速报表的预览窗口，如图 7-15 所示。

（6）单击工具栏上的"保存"按钮，将该报表保存为"供货商.frx"报表文件。

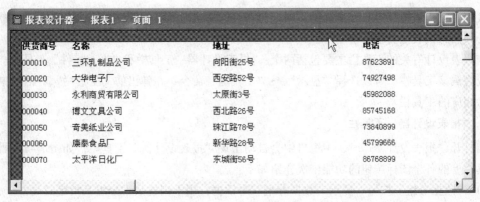

图 7-15 快速报表预览

7.1.3 利用报表设计器创建报表

Visual FoxPro 提供的报表设计器允许用户通过直观的操作来直接设计报表，或者修改报表。如果需要直接设计报表的话，报表设计器将提供空白报表，在空白报表中，可以按需要和爱好加入各种控件对象，以便生成更加灵活多样的报表文件。也可以打开已有的报表文件，在其上对报表进行修改。

调用报表设计器有三种方式：

1. 菜单方式调用

选择"文件"→"新建"命令，或者单击工具栏上的"新建"按钮，在弹出的"新建"对话框中选定"报表"单选按钮，然后单击"新建文件"按钮。也可以选择"文件"→"打开"命令，或单击工具栏上的"打开"按钮，在弹出的"打开"对话框中选定已经存在的报表文件，单击"确定"按钮，就可以打开报表设计器。

2. 在项目管理器环境下调用

打开"项目管理器"对话框，在"文档"选项卡中选取"报表"项，然后单击"新建"按钮，在"新建报表"对话框中单击"新建报表"按钮。

3. 使用命令调用

在命令窗口中输入并执行如下命令：CREATE REPORT 或者 MODIFY REPORT。

在实际应用中，往往先创建一个简单报表，每当打开已经保存的报表文件时，系统自动打开"报表设计器"窗口。关于"报表设计器"的具体使用方法，将在下节中详细介绍。

7.2 设 计 报 表

"报表向导"和"快速报表"只能创建模式化的简单报表，而利用"报表设计器"窗口可以创建符合用户要求和具有特色的报表。利用"报表设计器"窗口可以方便地设置报表的数据源，设计报表布局，添加各种报表控件等。

7.2.1 报表工具栏

如果用户使用报表设计器创建报表，报表设计器将提供一个空白报表，然后由用户自己动手在报表上建立报表控件对象。报表的不同部分在打印输出时是不一样的,因此在手工设计报表之前,必须熟悉报表工具栏的使用。

与报表设计有关的工具栏主要包括两个:"报表设计器"工具栏和"报表控件"工具栏。若要显示或隐藏该工具栏,可以选择"显示"→"工具栏"命令,在弹出的"工具栏"对话框中选择或清除相应的工具栏。

1."报表设计器"工具栏

当打开"报表设计器"时,主窗口中会自动出现"报表设计器"工具栏,如图 7-16 所示。此工具栏上的各个图标按钮的功能依次介绍如下:

(1)"数据分组"按钮。显示"数据分组"对话框,用于创建数据分组及指定其属性。

(2)"数据环境"按钮。显示报表的"数据环境设计器"窗口。

(3)"报表控件工具栏"按钮。显示或关闭"报表控件"工具栏。

(4)"调色板工具栏"按钮。显示或关闭"调色板"工具栏。

(5)"布局工具栏"按钮。显示或关闭"布局"工具栏。

在设计报表时,利用"报表设计器"工具栏中的按钮可以使操作更加方便。

2."报表控件"工具栏

Visual FoxPro 在打开"报表设计器"窗口的同时就会打开"报表控件"工具栏(或者选择"显示"→"报表控件工具栏"命令即可显示该工具栏),如图 7-17 所示。

图 7-16 "报表设计器"工具栏　　　　图 7-17 "报表控件"工具栏

该工具栏中各个图标按钮的功能依次简单介绍如下:

(1)"选定对象"按钮。移动或更改控件的大小。在创建一个控件后,系统将自动选定该按钮,除非选中"按钮锁定"按钮。

(2)"标签"按钮。在报表上创建一个标签控件,用于输入数据记录之外的信息。

(3)"域控件"按钮。在报表上创建一个字符控件,用于显示字段、内存变量或其他表达式的内容。

(4)"线条"按钮、"矩形"按钮和"圆角矩形"按钮。分别用于绘制相应的图形。

(5)"图片/ActiveX 绑定控件"按钮。用于显示图片或通用型字段的内容。

(6)"按钮锁定"按钮。允许添加多个相同类型的控件而无须多次选中该控件按钮。

单击"报表设计器"工具栏上的"报表控件工具栏"按钮可以随时显示或关闭该工具栏。在进行报表设计时,经常会用到以上这些工具。

7.2.2　设置报表数据源

报表总是与一定的数据源相联系,因此在设计报表时,确定报表的数据源是首先要完成的任务。如果一个报表总是使用相同的数据源,就可以把数据源添加到报表的数据环境中。当数据源中的数据更新后,使用同一个报表文件打印的报表将反映新的数据内容,但报表的格式不变。

在用"报表设计器"创建了一个空白报表并直接设计报表时才需要指定数据源。指定数据源的操作步骤如下：

（1）在创建了一个空白报表后，选择"显示"→"数据环境"命令；也可以在报表设计器的空白处右击，在弹出的快捷菜单中选择"数据环境"命令；还可以单击"报表设计器"工具栏中的"数据环境"按钮，打开"数据环境设计器"窗口，如图 7-18 所示。

（2）选择"数据环境"→"添加"命令，或在"数据环境设计器"窗口中右击，选择"添加"命令。将弹出"打开"对话框，选择"超市进销存"数据库，出现图 7-19 所示的对话框。

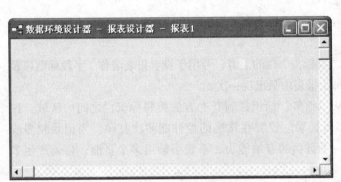

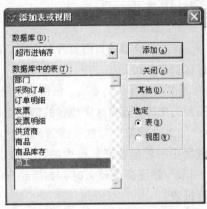

图 7-18 "数据环境设计器"窗口　　　　图 7-19 "添加表或视图"对话框

（3）然后选择"超市进销存"数据库中的"员工.dbf"表，单击"添加"按钮，就会在"数据环境设计器"中添加数据源，如图 7-20 所示。

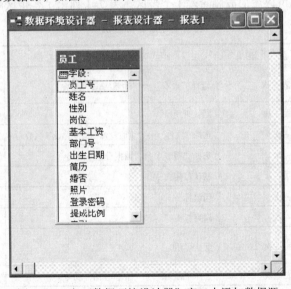

图 7-20 向"数据环境设计器"窗口中添加数据源

7.2.3 设计报表布局

设计报表布局即在报表中合理安排数据的位置。在报表设计器中，如图 7-11 所示，报表包括若干个带区，即报表中每个白色的区域。它可以包含文本、来自表字段中的数据、计算值、用户自定义函数以及图片和线条等。在报表设计器的带区中，可以插入各种控件，包含打印中所需的标签、字段、变量和表达式。

1．带区

每一带区底部的灰色条为标识栏。带区名称显示于靠近三角的标识栏中，三角指示该带区位于标识栏之上。

1）基本带区

报表设计器窗口刚打开时，窗口内含有"页标头"、"细节"和"页注脚"这 3 个默认的基本带区，简介如下：

（1）"页标头"带区。该带区位于"页标头"栏的上方，可用于设置报表名称、字段标题以及需要的图形。该带区中包含的信息在每张报表中只出现一次。

（2）"细节"带区。该带区包括从"细节"标识栏到其上方的相邻标识栏之间的区域。该带区中一般包含来自表中的一行或多行记录。设置在该区的控件能多次打印。当记录较多或"细节"带区高度较大时，如果超出一个页面的容纳能力，系统会输出多个页面，自动产生多页报表。

（3）"页注脚"带区。该带区包括从"页注脚"标识栏到其上方的相邻标识栏之间的区域。该带区中包含出现在页面底部的一般信息，如页码、制表日期等。如果不需要在页末打印任何内容，可将控件移走或删除。

在每一个报表中都可以添加或删除若干个带区。表 7-1 列出了各带区的创建方法及其作用。

表 7-1　报表带区说明

带 区 名 称	范　　围	创 建 方 法	内　　容
标题	每报表一次	选择"报表"→"标题/总结"命令	标题、日期、页码、公司标志或围绕标题的框等
页标头	每页面一次	默认可用	日期、页码以及页标题
列标头	每列一次	选择"文件"→"页面设置"命令，设置列数>1	每列页标题
组标头	每组一次	选择"报表"→"数据分组"命令	分组字段或分隔线
细节	每记录一次	默认可用	数据和说明性文本
组注脚	每组一次	同组标头	分组总计、小计文本
列注脚	每列一次	同列标头	
页注脚	每页面一次	默认可用	日期、页码、分类总计线、分类总计以及说明性文本
总结	每报表一次	选择"报表"→"标题/总结"命令	总计文本

2）调整带区高度

快速制表产生的报表带区，其高度仅能容纳一个控件。在带区中添加需要的控件时，如果带区的高度不够，可以在"报表设计器"中调整带区的高度以放置需要的控件。可以使用左侧标尺作为参照，标尺量度仅指带区的高度，并不包含页边距。

（1）粗调。用鼠标选中某一带区标识栏，此时出现一个上下双向箭头，然后上下拖曳该带区，直至得到满意的高度为止。

（2）微调。双击需要调整高度的带区的标识栏，系统将显示一个对话框。在该对话框中，可直接输入所需高度的数值，也可单击上下三角按钮调整"高度"微调按钮中的数值。选中"带区高度保持不变"复选框，可以防止报表带区由于容纳过长的数据或者从其中移去数据而移动位置。

2．添加域控件

域控件用于打印表或视图中的字段、变量和表达式的计算结果。向报表中添加域控件有以下两种方法。

方法一：

（1）打开报表的数据环境。

（2）选择表或视图。

（3）拖放字段到布局上。

方法二：

（1）在"报表表达式"对话框中，选择"表达式"文本框右侧的按钮。

（2）在"字段"列表框中，双击所需的字段名。

（3）表名和字段名将出现在"报表字段的表达式"列表框内。

 注 意

　若"字段"列表框为空，则应该向数据环境中添加表或视图。

（4）单击"确定"按钮；

（5）在"报表表达式"对话框中，单击"确定"按钮。

3．添加标签控件

标签控件在报表中一般用作说明性文字。这些说明性文字或标题文本就需要使用标签控件来设置。例如在报表的页标头带区内对应字段变量的正上方加入一个标签来说明该字段表示的意义。

（1）向报表中添加标签控件。操作步骤是：单击"报表控件"工具栏中的"标签"按钮，此时鼠标指针形状变成一条竖直线；然后在报表的指定位置上右击，便出现一个插入点，即可在当前位置上输入文本。

（2）编辑标签控件。操作步骤是：单击"报表控件"工具栏中的"标签"按钮，然后在"报表设计器"中单击所需编辑的标签，键入修改内容。

4．添加线条、矩形和圆形控件

报表仅仅包含数据还不够美观，可以使用"报表控件"工具栏提供的添加线条、矩形或圆角矩形按钮，在报表适当位置上添加相应的图形线条控件使其效果更好。

当添加线条控件时，单击"线条"按钮，然后在报表上拖动鼠标即可划出线条；若要改变线条的形状或粗细，选择"格式"→"绘图笔"命令，在其子菜单中单击所需线条的形状和大小即可。要删除线条时，只要选中该线条，再按[Delete]键即可（或者选择"编辑"→"剪切"命令也可删除控件）。

当添加矩形时，单击"报表控件"工具栏上的"矩形"按钮，然后在报表上拖动鼠标即可。

当添加圆角矩形或圆形时，单击"报表控件"工具栏上的"圆角矩形"按钮，然后在报表上拖动鼠标。若需要改变圆角矩形的形状，可选中该控件并右击，在快捷菜单中选择"属性"命令，在弹出"圆角矩形"对话框中进行设置即可。

若要同时选定多个控件，可以选定一个控件后，按住[Shift]键再依次选定其他控件，同时选定的多个控件的控点显示在每个控件的周围，可以将它们作为一组内容来移动、复制、设置或删除。

5．OLE 对象

在开发应用程序时，常用到对象链接与嵌入（OLE）技术。一个 OLE 对象可以是图片、声音、文档等，Visual Foxpro 的表可以包含这些 OLE 对象，就意味着报表也能够处理 OLE 对象。在"报表控件"工具栏中单击"图片/ActiveX 绑定控件"按钮，可以向报表中插入包含 OLE 对象的通用型字段，也可以插入图片。插入通用型字段时，会根据记录来显示不同的图片；若插入一个图片文件，则不会随着记录的变化而更改。

若向报表中添加图片，操作步骤是：单击"报表控件"工具栏上的"图片/ActiveX 绑定控件"按钮，弹出"报表图片"对话框，然后在"图片来源"选项区域中选择"文件"单选按钮，在"文件"文本框中输入要插入图片的文件名，或单击其右侧的按钮，在弹出的"打开"对话框中选择要插入图片的文件名称，最后单击"确定"按钮。

若要插入通用型字段，操作步骤是：单击"报表控件"工具栏上的"图片/ActiveX 绑定控件"按钮，弹出"报表图片"对话框，然后在"图片来源"选项区域中，选择"字段"单选按钮，在"字段"文本框中输入通用型字段的名称，或单击其右侧的"选择字段/变量"按钮，在弹出的对话框中，选择需要加入的通用型字段，然后单击"确定"按钮，最后返回"报表图片"对话框后，再单击"确定"按钮。

6．设置控件布局

利用"布局"工具栏中的按钮可以方便地调整报表设计器中被选控件的相对大小或位置。"布局"工具栏可以通过单击报表设计器工具栏上的"布局"工具栏按钮，或选择"显示"→"布局工具栏"命令打开或关闭。"布局"工具栏共有 13 个按钮，如图 7-21 所示，各按钮功能不再赘述。

图 7-21 "布局"工具栏

7．设计分组报表

组的分隔是基于分组表达式进行的。这个表达式通常由一个字段，或者由一个以上的字段组成。一个报表中可以设置一个或多个数据分组。分组之后，报表布局会自动包含"组标头"和"组注脚"带区。

1）设置报表的记录顺序

报表布局实际上并不对数据进行排序，它只是按它们在数据源中存在的顺序处理数据。因此，如果数据源是表，记录的物理顺序可能不适于分组。为了使数据源适合于分组处理记录，必须对数据源进行适当的索引或排序。通过为表设置索引，或者在数据环境中使用视图、查询作为数据源才能达到合理分组显示记录的目的。

事先可以在表设计器中对表建立索引，一个表可以有多个索引。可以在数据环境之外设置当前索引，例如在命令窗口执行有关命令。

2）设计单级分组报表

一个单组报表可以基于输入表达式进行一级数据分组。分组的操作方法如下：

（1）选择"报表"→"数据分组"命令，或者单击"报表设计器"工具栏上的"数据分组"按钮，也可以右击报表设计器，在弹出的快捷菜单中选择"数据分组"命令，此时将显示"数据分组"对话框。

（2）在第一个"分组表达式"框内键入分组表达式，或者单击其右侧的按钮，利用"表达式生成器"对话框创建表达式。

（3）在"组属性"选项区域，选定想要的属性。组属性主要用于指定如何分页。在"组属性"选项区域中有四个复选框，根据不同的报表类型，有的复选框不可用。

（4）单击"确定"按钮。分组之后，报表布局就有了组标头和组注脚带区，可以在带区内放置任何需要的控件。通常把分组所用的域控件从"细节"带区复制或移动到"组标头"带区，也可以添加线条、矩形、圆角矩形等希望出现在组内第一条记录之前的任何标签。组注脚通常包含组总计和其他组总结性的信息。

8．设计多栏报表

多栏报表是一种将报表分为多个栏目打印输出的报表。如果打印的内容较少，横向只占用部分页面，那么设计成多栏报表比较合适。

1）设置"列标头"和"列注脚"带区

选择"文件"→"页面设置"命令"列"选项区域，把"列数"组合框中的值调整为栏目数，例如设置为2，则将整个页面平均分成两部分；设置为3，则将整个页面平均分成三部分。在报表设计器中将添加一个"列注脚"带区，同时"细节"带区也相应缩短。

这里，"列"指的是页面横向打印的记录的数目，不是指单条记录的字段数目。

2）添加控件

在向多栏报表添加控件时，应注意不要超过报表设计器中带区的宽度，否则可能使打印的内容相互重叠。

3）设置页面

在打印报表时，对"细节"带区中的内容的打印，系统默认为是"自上而下"地进行。这适合于除多栏报表以外的其他报表。对于多栏报表而言，这种打印顺序只能靠左边距打印一个栏目，页面上其他栏目则为空白。为在页面上真正打印出多个栏目来，需要把打印顺序设置为"自左向右"。在"页面设置"对话框中单击"打印顺序"选项区域右侧的"自左向右"按钮即可。

9．报表设计器实例

【例 7.3】使用报表设计器，设计一个"员工销售业绩.frx"报表。用到的数据源是"员工销售.dbf"。

操作步骤如下：

（1）选择"文件"→"新建"命令，选择"报表"单选按钮，然后单击"新建文件"按钮，打开"报表设计器"窗口。

（2）添加数据环境。在报表中右击，选择"数据环境"命令，将"超市进销存"数据库中的视图"员工销售"添加进来，如图 7-22 所示。然后单击"关闭"按钮，进入图 7-23 所示的页面。

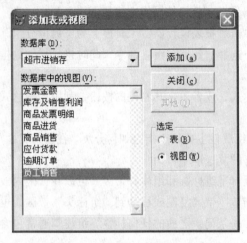

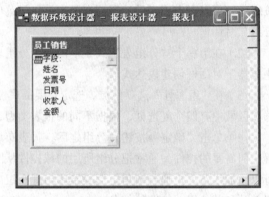

图 7-22 "添加表或视图"对话框   图 7-23 数据环境添加完毕

（3）选择"报表"→"标题/总结"命令，选中其中的"标题带区"和"总结带区"复选框，然后单击"确定"按钮。

（4）选择"文件"→"页面设置"命令，列数设置为2；选择"报表"→"数据分组"命令，设置分组表达式为"员工销售.收款人"。设计完成后如图 7-24 所示。

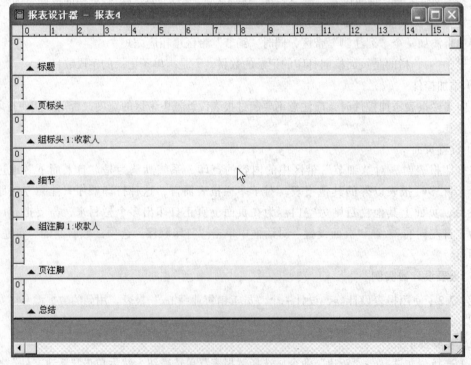

图 7-24 设置带区页面

（5）添加标题和时间。在"标题"带区插入标签控件，输入"员工销售业绩"，选定该标签控件，然后选择"格式"→"对齐"命令，设置该标签为水平居中，选择"格式"→"字体"命令，在打开的"字体"对话框中为该标题设置合适的字体、字号和颜色等内容。

接下来添加时间，在"标题"带区插入域控件，在弹出的表达式生成器中设置表达式为如下日期函数：

STR(YEAR(DATE()),4)+'年'+STR(MONTH(DATE()),2)+'月'+STR(DAY(DATE()),2)+'日'

（6）设置"组标头"带区。在此带区中插入一个标签控件，输入"员工"字样；再插入两个域控件，在弹出的表达式生成器中设置表达式分别为"员工销售.收款人"和"员工销售.姓名"，调整字体大小及设置为水平对齐；并在这三个控件的下边插入横线；再插入三个标签，分别输入"发票号"、"日期"和"金额"字样，并在底边插入横线。

（7）设置"细节"带区。插入三个域控件，在弹出的表达式生成器中设置表达式分别为"员工销售.发票号"、"员工销售.日期"和"员工销售.金额"。

（8）设置"组注脚"带区。先插入一条横线，再在横线的下面插入一个标签和一个域控件。在标签中输入"合计"字样；在弹出的域控件表达式生成器中设置表达式为"员工销售.金额"，然后单击报表表达式中的"计算"按钮，在弹出的"计算字段"对话框中选择"总和"单选按钮，如图 7-25 所示。

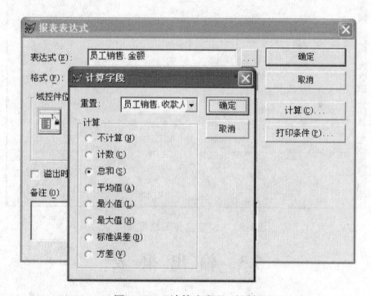

图 7-25 "计算字段"对话框

（9）设置"页注脚"带区。插入一个域控件，在弹出的表达式生成器中设置表达式为：

padc("-"+alltrim(str(_pageno))+"-",6," ")

（10）设置"总结"带区。插入一个标签控件，输入"销售金额"字样；插入一个域控件，在弹出的表达式生成器中设置表达式为"员工销售.金额"，然后单击报表表达式中的"计算"按钮，在弹出的"计算字段"对话框中选择"总和"单选按钮。

（11）保存如图 7-26 所示的报表设计结果并预览，预览结果如图 7-27 所示。

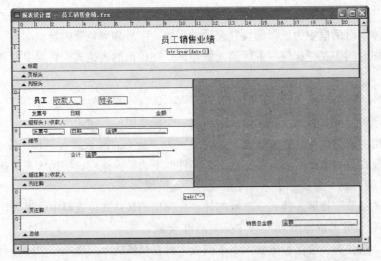

图 7-26 "员工销售业绩"设计界面

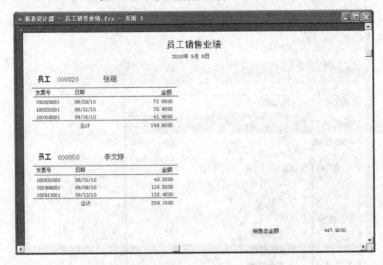

图 7-27 预览"员工销售业绩"

7.3 输 出 报 表

创建报表的目的是使用报表，即通过打印机把有关数据输出。报表文件的扩展名为.frx，该文件存储了报表设计的详细说明；每个报表文件还带有扩展名为.frt 的报表文件，在报表文件中并不存储每个数据字段的值，仅存储数据源的位置和格式信息。

1. 设置报表页面

打印报表之前，应考虑页面的外观，例如页边距、纸张类型和所需的布局。如果更改了纸张的大小和方向设置，应确认该方向适用于所选的纸张大小。例如，若纸张为信封，则方向必须设置为横向的。

1）设置左边距

选择"文件"→"页面设置"命令，打开"页面设置"对话框，在"左页边距"组合框中输入页边距数值，页面布局将按新的页边距显示。

2）选择纸张大小和方向

在"页面设置"对话框中，单击"打印设置"按钮，打开"打印设置"对话框。可在"大小"下拉列表框中选定纸张大小。默认的打印方向为纵向，若要改变纸张方向，可在"方向"选项区域中选择"横向"单选按钮，再单击"确定"按钮。

2. 预览报表

报表按数据源中记录出现的内容和顺序处理记录。如果报表文件的数据源内容已经更新了，每次打印输出报表时，报表中的数据反映数据源的当前值。如果数据源的表结构被修改过，例如报表所需要的域控件已经被删除了，运行报表时将出现出错信息。

当打印数据分组报表时，如果直接使用表内的数据，数据可能不会在布局内按组排序。在打印一个报表文件之前，应该确认数据源中已对数据进行了正确的索引或排序。

为确保报表正确输出，可使用"预览"功能在屏幕上查看最终的页面设计是否符合设计要求。在"报表设计器"中，任何时候都可以使用"预览"功能查看打印效果。报表的"预览"操作十分便利，可以选择"显示"→"预览"命令，或在"报表设计器"中右击并在弹出的快捷菜单中选择"预览"命令，也可以直接单击"常用"工具栏中的"打印预览"按钮。

在打印预览工具栏中，单击"上一页"或"前一页"按钮可以切换页面。若要更改报表图像的大小，在"缩放"下拉列表框中选择缩放比例即可。想要返回到设计状态，单击"关闭预览"按钮，或者直接单击预览工具栏中的"打印报表"按钮，便将报表直接送往 Windows 系统的打印管理器。

3. 打印输出报表

报表的输出有两种方式：菜单方式和命令方式。

方法一：利用 Visual Foxpro 系统菜单。

这种方式下，若要在屏幕上观看报表，须利用预览选项；若要打印输出，则先将打印机与计算机连接好，打开打印机电源，单击常用工具栏上的"打印"按钮，或选择"文件"→"打印"命令，或选择"报表"→"运行报表"命令，或在"报表设计器"窗口内右击并在弹出的快捷菜单中选择"打印"命令，也可以打开"打印"对话框进行打印，如图 7-28 所示。

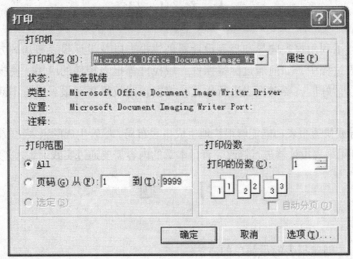

图 7-28 "打印"对话框

方法二：采用命令方式。

在命令方式下，打印报表的命令是 REPORT。

命令格式：

```
REPORT FORM <报表文件名> [ENVIRONMENT][<范围>]
[FOR<逻辑表达式>]
[HEADING<字符表达式>]
[NOCONSOLE]
[PLAIN]
[RANGE 开始页[, 结束页]]
[PREVIEW][[IN]WINDOW<窗口名> IN SCREEN] [NOWAIT]]
[TO PRINTER [PROMPT]|TO FILE<文件名>[ASCII]]
[SUMMARY]
```

说明：

（1）<报表文件名>：指定要打印的报表文件名，默认扩展名为.frx。

（2）ENVIRONMENT：用于恢复存储在报表文件中数据环境的信息。

（3）HEADING<字符表达式>：<字符表达式>的值作为页标题打印在报表的每一页上。

（4）NOCONSOLE：在打印机上打印报表时禁止在屏幕上显示报表内容。

（5）PLAIN：使 HEADING 设置的页标题仅在报表的第一页中显示。

（6）RANGE 开始页[, 结束页]：指定打印的开始页和结束页。

（7）PREVIEW：指定报表在屏幕上显示预览，不在打印机上输出，并可指定打印预览的输出窗口。

（8）TO PRINTER：将指定报表文件在打印机上输出。如果有 PROMPT 选项，打印前弹出"打印"对话框，供用户进行打印范围、打印份数的选择。

（9）TO FILE：将报表输出内容输出到文本文件，ASCII 使打印机代码不写入文件。

（10）SUMMARY：打印或预览"总结"带区的内容，不打印"细节"带区的内容。

例如：用命令方式，将报表文件在打印机上输出。

```
REPORT FORM 员工销售业绩.FRX TO PREVIEW        &&指定报表在屏幕上打印预览
REPORT FORM 员工销售业绩.FRX TO PRINTER        &&指定报表在打印机上输出
```

本 章 小 结

本章详细讲述了利用报表向导和报表设计器创建报表以及设计报表布局的方法，并通过实例介绍了在创建报表过程中，如何通过标签控件、域控件等报表控件的应用，使报表更具有实用性和多样性。报表设计好后，要对报表进行预览，根据预览效果再对报表进行不断的修改完善，最终打印输出报表。

利用报表向导或快速报表功能能够很快地生成报表布局，尽管生成的报表比较简单，但在此基础上可以很方便地利用报表设计器进行修改完善。本章的内容需要通过实践训练才能够熟练地掌握。

习　　题

一、填空题

1. 使用_____是创建报表的最简单的方法。

2. 与报表设计有关的工具栏主要包括两个，即_____和_____。

3. 报表设计器窗口系统默认有 3 个带区，分别是_____、_____和_____。

4. 打开报表文件的命令是_____。

5. 报表文件的扩展名是_____。

6. 标签控件在报表中一般用作_____。

7. 调用报表设计器有三种方式，分别是_____、_____和_____。

8. 建立报表有三种方法，它们是报表向导、报表设计器和_____。

二、简答题

1. 报表的控件有几种？各自有什么作用？

2. 如何设置报表的数据源？

3. 比较报表向导与报表设计器的异同点。

三、操作题

1. 利用报表向导设计一个报表。

2. 利用报表设计器设计一个报表。

3. 通过更改报表的布局、添加报表的控件和设计数据分组等方式，美化、修改一个用报表向导生成的简单报表。

第 8 章 菜单设计

一个数据库应用系统通常涉及输入、编辑、修改、删除、查询等多种功能，利用菜单可以将这些功能组织在一起，统一到应用程序中。同时，菜单为用户提供了一个结构化的、界面友好的访问途径，便于用户方便地使用这些功能。

本章主要介绍在 Visual FoxPro 系统中使用菜单设计器设计下拉式菜单与快捷菜单的方法，以及在应用系统中加载菜单的方法。

8.1 概　　述

菜单将数据库应用系统中的各项功能显示在屏幕上，为用户提供了一个结构化的、界面友好的访问途径，用户要执行其中的任一功能，只须选择对应的菜单命令或按下指定的组合键即可。

8.1.1 菜单的种类及组成

菜单的种类包括水平菜单、弹出式菜单和下拉式菜单（如图 8-1 所示）。水平菜单又称为条形菜单，弹出式菜单又称为上下文菜单或快捷菜单。在 visual foxpro 中应用最广泛的是下拉式菜单和快捷菜单。

下拉式菜单是水平菜单和弹出式菜单的组合，其中水平菜单作为主菜单，弹出式菜单作为子菜单。当选择一个水平菜单选项时，将激活相应的弹出式菜单。

弹出式菜单独立于菜单栏，能根据用户当前单击鼠标的位置，动态地调整菜单项的显示位置及显示内容，提供相应的操作。因此，弹出式菜单又称为上下文菜单或快捷菜单。通常，弹出式菜单通过单击鼠标右键打开，所以也称右键菜单。

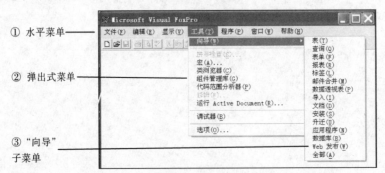

图 8-1　一个典型的下拉式菜单

图 8-1 是 Visual Foxpro 的系统菜单，也是一个典型的下拉式菜单。其中，①是水平菜单，其所在的位置是菜单栏，此菜单是下拉式菜单的主菜单，包括文件、编辑、显示等菜单项；②是弹出式菜单，也是"工具"菜单项的子菜单，包括向导、拼写检查、宏等菜单项；③也是弹出式菜单，但它是"向导"菜单项对应的子菜单。

另外，菜单项包括菜单标题、热键、快捷键等部分，以"文件"菜单下的"新建(N)...Ctrl+N"菜单项为例，"新建"是此菜单项的标题；N 是此菜单项的热键，表示当"文件"菜单打开时，单击[N]键可以执行"新建"菜单对应的功能；"..."表示执行此菜单项会打开一个对话框；Ctrl+N 是此菜单项的快捷键，表示无论文件菜单打开与否，都可以通过按下组合键[Ctrl+N]来执行"新建"菜单对应的功能。

而且，在②指向的弹出式菜单中，"向导"菜单项后有个右三角图标，表示此菜单项对应有子菜单；"拼写检查"菜单项为灰色，表示目前禁用此菜单项；菜单中的灰色分隔线将一组功能相近的菜单项划分在一起。

8.1.2 菜单的创建步骤

创建一个菜单，一般需要执行以下基本步骤：

（1）规划菜单。根据用户任务组织菜单，确定哪些菜单出现在界面；给每个菜单和菜单选项设置一个意义明确的标题；按照估计的菜单项使用频率、逻辑顺序或字母顺序组织菜单项；在菜单项的逻辑组之间放置分隔线；给每个菜单和菜单选项设置热键或键盘快捷键；为其中一些菜单项创建子菜单。

（2）创建菜单。在规划的基础上，利用菜单设计器编制主菜单、子菜单和菜单选项。

（3）为菜单项指定任务。创建菜单时，应为每个菜单项指定一个任务，可以是执行一条命令、执行一个过程或激活一个子菜单。过程和命令的区别在于过程由多条命令构成。

（4）预览菜单。菜单创建的过程中，可以随时单击"预览"按钮，预览整个菜单系统，找出错误，从而方便及时修改。

（5）生成菜单程序。创建菜单时所做的工作保存在一个扩展名为.mnx 的文件中，.mnx 文件中其实存放的是菜单的格式，并不是程序文件，必须被编译成.mpr 文件后才能被程序调用，选择"菜单"→"生成"命令可以将.mnx 文件编译为.mpr 文件。对菜单做了任何修改之后，都必须重新生成一次.mpr 文件。

（6）运行及测试菜单。运行生成后的.mpr 文件，单击每个菜单项测试其功能，如发现错误，及时修改保存为.mnx 后，再重新生成.mpr 文件并运行。

下拉式菜单在预览时，和定义的内容完全一样，但是在运行时，主菜单中会多出一个菜单项。如果项目管理器是打开的，此菜单项是"项目"，反之，此菜单项是"格式"，如图 8-2 所示。多出的这个菜单项对菜单本身没有影响，当菜单连编后脱离 Visual FoxPro 环境运行时，此菜单项自动消失，那时用户看到的效果同预览时的完全一样，如图 8-3 所示。

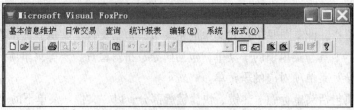

图 8-2   生成的下拉式菜单

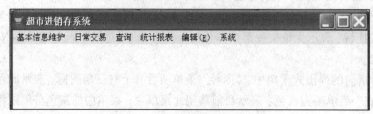

图 8-3   连编后下拉式菜单

8.2   菜单设计器

在 Visual FoxPro 中创建菜单的方法有两种：利用菜单设计器和采用编程方式。利用 Visual FoxPro 提供的菜单设计器编制菜单程序，用户只需要输入一些描述菜单特性的参数，几乎不必编写程序语句，菜单设计器就能自动生成菜单系统，是创建菜单的首选。

8.2.1   菜单设计器简介

"菜单设计器"是用来设计菜单的工具，建立新菜单或修改已有的菜单，都要用到 "菜单设计器"窗口。

1. 以菜单方式新建菜单

以菜单方式新建菜单，有三种方式可供选择，分别是：

（1）选择"文件"→"新建"命令，选中"文件类型"选项区域中的"菜单"单选按钮，单击"新建文件"按钮，弹出"新建菜单"对话框，如图 8-4 所示。

（2）单击常用工具栏上的"新建"按钮，选中"文件类型"选项区域中的"菜单"单选按钮，单击"新建文件"按钮，弹出"新建菜单"对话框，如图 8-4 所示。

（3）打开项目管理器后，选择"其他"选项卡，选择"菜单"选项，单击项目管理器中的"新建"按钮，弹出"新建菜单"对话框，如图 8-4 所示。

图 8-4   "新建菜单"对话框

如果要新建下拉式菜单，单击"菜单"按钮，将出现如图 8-5 所示的"菜单设计器"窗口。如果要新建快捷菜单，单击"快捷菜单"按钮，将出现如图 8-6 所示的"快捷菜单设计器"窗口。

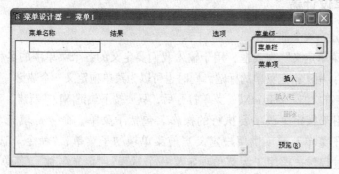

图 8-5　菜单设计器窗口

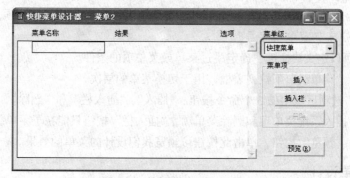

图 8-6　快捷菜单设计器窗口

2. 以命令方式新建菜单

在命令窗口中输入如下命令：

CREATE MENU [<菜单文件名>]

命令中的<菜单文件名>指扩展名为.mnx 的菜单文件，允许使用默认的文件扩展名。

3. 以菜单方式打开已有菜单

以菜单方式新建菜单，有三种方式可供选择，分别是：

（1）选择"文件"→"打开"命令，在"打开"对话框中选择"菜单"类型，在文件列表中选择某菜单文件，单击"确定"按钮，依据所选菜单的类型，相应地打开"菜单设计器"窗口或"快捷菜单设计器"窗口。

（2）单击常用工具栏上的"打开"按钮，其余步骤同上。

（3）打开项目管理器后，选择"其他"选项卡，在"菜单"选项下找到要打开的菜单,单击项目管理器中"修改"按钮，依据所选菜单的类型，相应地打开"菜单设计器"窗口或"快捷菜单设计器"窗口。

4. 以命令方式打开已有菜单

在命令窗口中输入如下命令：

MODIFY　MENU　<文件名>

命令中的<文件名>指扩展名为.mnx 的菜单文件，允许使用默认的文件扩展名。若<文件名>

是新名称，则创建新菜单，否则打开原有菜单。

8.2.2 使用菜单设计器

菜单设计器可分为4个部分：

（1）左侧是"菜单定义"列表框，用于输入我们要定义的各个菜单项的名称和结果。

"菜单名称"列：用于指定菜单的标题，同时也可以为菜单项定义一个热键，方法是在热键字符前加上"\<"两个字符。如"新建\<N"，菜单打开后，只要按下热键[N]，"新建"菜单项就被执行。

"结果"列：用于指定菜单项要执行的操作。包括子菜单、命令、填充名称(菜单项 #)和过程四个选项。"子菜单"选项供用户定义当前菜单项的子菜单；"命令"选项用于为菜单项设置一条命令；"过程"选项用于为菜单项定义一个过程；"填充名称"(菜单项 #)供用户定义第一级菜单的菜单名或子菜单的菜单项序号，方便阅读菜单程序和在程序中引用。当前若是主菜单项，则显示"填充名称"，表示让用户定义菜单名；当前若是子菜单项，则显示"菜单项 # "，表示让用户定义菜单项序号。

"选项"列：可以定义快捷键、确定跳过菜单或菜单项的条件。

（2）右上角为"菜单级"下拉列表框，用于切换菜单的层次。

（3）"菜单项"选项区域中的3个命令按钮："插入"、"插入栏"和"删除"，分别用于插入新的自定义菜单项，插入系统菜单项和删除菜单项，"插入栏"按钮只能在子菜单级使用。

（4）右下角是"预览"按钮，单击此按钮可预览我们设计的菜单的效果。

8.2.3 完善菜单设计

当"菜单设计器"窗口被打开时，Visual FoxPro的"显示"菜单中会包含"常规选项"和"菜单选项"两个命令，它们与"菜单设计器"窗口相结合，可使菜单设计更加完善。

1. 常规选项

选择"显示"→"常规选项"命令，将出现"常规选项"对话框，如图 8-7 所示。

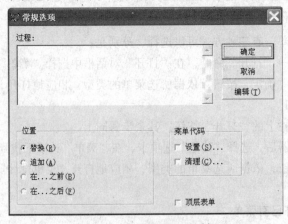

图 8-7 "常规选项"对话框

"常规选项"对话框是针对整个下拉式菜单的设置，用于定义菜单的总体属性，它既可以为菜单增加一个初始化过程或清理过程，也可以用于确定用户菜单与系统菜单之间的位置关系。

1）"过程"列表框

在该列表框中可以为整个下拉式菜单编写公共的过程代码。

2）位置区

位置区有 4 个单选按钮，可用来描述用户定义的菜单与系统菜单的关系。"替换"选项为默认选项，它表示使用用户定义的菜单替换系统菜单，"追加"选项将定义的菜单内容附加在当前系统菜单内容的后面。

3）菜单代码区

"设置"复选框可供用户设置菜单程序的初始化代码，该代码位于菜单程序的首部，主要用来进行全局性设置。例如设置全局变量，定义数组或设置环境等。

"清理"复选框可供用户设置菜单程序的清理代码，清理代码用来删减菜单系统。典型的清理代码包含初始时启用或废止菜单及菜单项的代码，清理代码在菜单显示出来后执行。

4）"顶层表单"复选框

菜单设计器创建的菜单系统的默认位置是在 VFP 系统窗口中，如果希望菜单出现在表单中，就需要选中"顶层表单"复选框，当然还必须将表单设置为"顶层表单"。

2．菜单选项

不同于常规选项是针对整个下拉式菜单的，菜单选项则是针对某个子菜单。选择"显示"→"菜单选项"命令，会出现"菜单选项"对话框，可供用户为子菜单中的某些菜单项写入公共的过程，这些菜单项的特点是既未设置任何命令或过程动作，也无下级菜单。

8.3 下拉式菜单设计

下面以商品进销存系统为例，如图 8-8 所示，介绍下拉式菜单的设计过程。

图 8-8 下拉式菜单

8.3.1 规划菜单

1. 菜单定义

经过规划，菜单定义为：

主菜单(基本信息维护，日常交易，查询，统计报表，编辑，系统)

一级子菜单定义为：

基本信息维护(部门设置，员工数据维护，供货商数据维护，商品数据维护)

日常交易(销售及发票，采购订单，采购入库，采购付款)

查询(员工查询，部门查询，发票查询，订单查询，经营成果查询)

统计报表（销售报表，应付货款报表，库存及销售利润报表）

编辑(粘贴，复制，剪切)

二级子菜单定义为：

销售报表（员工销售业绩报表，商品销售报表）

2．各个菜单项对应的热键（见表 8-1）和快捷键（见表 8-2）

在此例中，对主菜单项"编辑"及其子菜单项分别设定了热键和快捷键。

表 8-1　菜单项对应的热键

菜　单　名　称	热　　键	菜　单　名　称	热　　键
编辑	E	粘贴	P
复制	C	剪切	T

表 8-2　菜单项对应的快捷键

菜　单　名　称	快　捷　键	菜　单　名　称	快　捷　键
粘贴	Ctrl+V	复制	Ctrl+C
剪切	Ctrl+V		

3．各个菜单项对应的任务（见表 8-3）

表 8-3　菜单项对应的任务

菜　单　名　称	任　　务	菜　单　名　称	任　　务
部门设置	do form 部门设置	员工数据维护	do form 员工
供货商数据维护	do form 供货商	商品数据维护	do form 商品
销售及发票	do form 发票	采购订单	do form 采购订单
采购入库	do form 采购入库	采购付款	do form 采购付款
员工查询	do form 员工查询	部门查询	do form 部门查询
发票查询	do form 发票查询	订单查询	do form 订单查询
经营成果查询	do form 经营成果查询	员工销售业绩报表	report form 员工销售业绩 preview
商品销售报表	report form 商品销售 preview	员工销售业绩报表	report form 员工销售业绩 preview
商品销售报表	report form 商品销售 preview	库存及销售利润报表	
应付货款报表			

8.3.2　创建下拉式菜单

创建下拉式菜单时，需要先创建主菜单及子菜单，然后才能为各个菜单分配相应的任务。

1．创建主菜单及子菜单

【例 8.1】利用菜单设计器建立如图 8-9 所示的下拉式菜单的主菜单。

创建主菜单操作步骤如下：

（1）打开菜单设计器窗口。在命令窗口输入命令：

MODIFY MENU mainmenu

（2）在如图 8-5 所示的"菜单设计器"窗口的"菜单名称"处，输入"基本信息维护"，在"结果"处选择"子菜单"项，完成第一个菜单项"基本信息维护"的设计。

（3）按照上述方法依次完成"日常交易"、"查询"、"统计报表"、"编辑(\<E)"、"系统"菜单项的设计。其设计结果如图 8-9 所示。

创建子菜单并指定任务的操作步骤如下：

【例 8.2】利用菜单设计器建立如图 8-8 所示的下拉式菜单的子菜单并指定其任务，以"基本信息维护"子菜单为例。

"基本信息维护"子菜单有 4 个菜单项，分别是"部门设置"、"员工数据维护"、"供货商数据维护"和"商品数据维护"。

（1）在图 8-9 中，选择"基本信息维护"菜单项，单击其"结果"右侧的"创建"按钮，打开如图 8-10 所示的"基本信息维护"的子菜单项设计窗口。

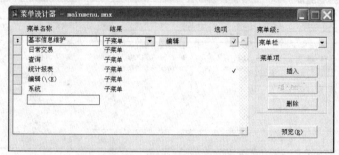

图 8-9　主菜单设计结果

图 8-10　设计子菜单项

（2）在"菜单名称"项中输入"部门设置"，在"结果"选项中选择"命令"项，在其右侧的文字框中输入"do form 部门设置"（注：部门设置.scx 对应部门设置的表单）。

设计好的界面如图 8-11 所示。

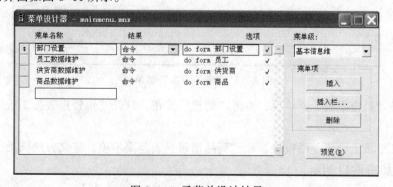

图 8-11　子菜单设计结果

（3）单击"菜单级"下三角按钮，选择"菜单栏"选项，回到主菜单。

【例8.3】利用菜单设计器在菜单项逻辑组之间设定分隔线，以"日常交易"菜单项为例。

（1）选择"日常交易"菜单项，单击"创建"按钮，打开"日常交易"的子菜单项设计窗口。

（2）定义"销售及发票"、"采购订单"、"采购入库"、"采购付款"等菜单项，定义方法同例8.2中所述，具体定义见表8-3。

（3）选择"采购订单"菜单项，单击窗口右侧的"插入"按钮插入一个新的菜单项，将其菜单名称设为"\-"，结果设为"子菜单"项，定义了菜单项逻辑组之间的分隔线，如图8-12所示。

（4）利用此方法，可以继续建立"查询"菜单项。

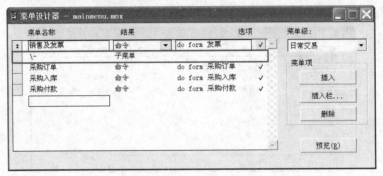

图 8-12　设定菜单项逻辑组之间的分隔线

【例8.4】利用菜单设计器建立二级子菜单，以"统计报表"菜单项为例。

（1）选择"统计报表"菜单项，单击"创建"按钮，打开"统计报表"的子菜单项设计窗口。

（2）定义"销售报表"菜单项，在"结果"选项中选择"子菜单"项。

（3）定义"应付货款报表"、"库存及销售利润报表"菜单项，定义方法同上，因为这两个菜单项暂时没有任务，可以将其结果设为"菜单项#"或"命令"项，如果设为"命令"项，不要在其后的文本框中输入代码。具体定义见表8-3，结果如图8-13所示。

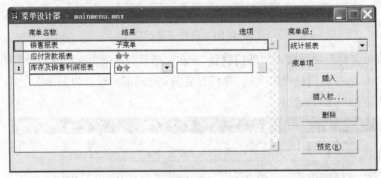

图 8-13　"统计报表"菜单项

（4）选择"销售报表"菜单项，单击"创建"按钮，打开"销售报表"二级子菜单项设计窗口。

（5）定义"员工销售业绩报表"和"商品销售报表"菜单项，定义方法同上，具体定义见表8-3，结果如图8-14所示。

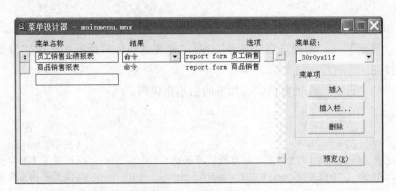

图8-14 二级子菜单项

【例8.5】利用菜单设计器插入系统菜单项，以"编辑"菜单项为例。

（1）选择"编辑(\<E)"菜单项，单击"创建"按钮，打开它的子菜单项设计窗口。

（2）单击窗口中的"插入栏"按钮，打开"插入系统菜单栏"窗口，在其中依次选择"剪切"、"复制"和"粘贴"项，并单击"插入"按钮将其插入到菜单设计器窗口。

（3）单击"粘贴"菜单项后的选项按钮，可以看见此菜单项已具有同系统菜单同样的快捷键。

【例8.6】利用菜单设计器为菜单项编写过程。

设计菜单时，某些菜单项的任务很简单，仅仅是打开一个表单或报表，这样用一条命令就可以实现，但有些菜单项的任务相对复杂，需要若干条命令实现，这样就产生了过程。

（1）选择"系统"菜单项，单击"创建"按钮，打开它的子菜单项设计窗口。

（2）定义"退出"菜单项，在"结果"选项中选择"过程"项，单击"创建"按钮以打开过程编辑窗口。

（3）在过程编辑窗口，编写如下代码并关闭此窗口：

```
choice = MessageBox("您确定要退出该程序吗？",4+32+256)
if choice = 6 then  &&点了Yes
    CLEAR EVENTS
endif
```

（4）选择"文件"→"保存"命令，系统即保存当前的菜单定义。菜单设计的结果作为菜单定义保存在扩展名为.mnx的菜单文件和扩展名为.mnt的菜单备注文件中。

2．预览菜单

选择"菜单"→"预览"命令，检查菜单中存在的问题。主要发现两个问题，一个是下拉式菜单的初始化设置问题。例如，此菜单的窗口标题和窗口图标还是系统默认的，应改为个性化的设置；应关闭已经打开的文件；应关闭命令窗口等；二是统计报表中有两个菜单项的任务未设，当单击此菜单项时没有任何响应，容易造成用户的错觉，应给出相应的提示，待今后指定具体任务时再加以修改。

3．菜单的维护

将"显示"菜单中的"常规选项"和"菜单选项"命令与"菜单设计器"窗口相结合，可使菜单设计更加完善。

【例8.7】利用菜单设计器和系统菜单的"常规选项"命令解决下拉式菜单的初始化问题。

操作步骤如下：

（1）选择"显示"→"常规选项"命令，在"常规选项"对话框中选中"设置"复选框，单击"确定"按钮。

（2）在弹出的"设置"编辑窗口输入如下的初始化代码。

```
CLEAR ALL
CLEAR
KEYBOARD '{Ctrl+F4}'                          &&关闭 Command 窗口
MODIFY WINDOW SCREEN TITLE '超市进销存系统'      &&设置菜单窗口标题
MODIFY WINDOW SCREEN icon FILE "app.ico"       &&设置菜单窗口图标
```

【例 8.8】利用菜单设计器和系统菜单的"菜单选项"命令为未分配任务的菜单项设置公共过程。

"统计报表"菜单中的"应付货款报表"和"库存及销售利润报表"菜单项还未曾分配任务，可以给"统计报表"菜单设置公共过程，这样当单击这两个菜单项中的任意一个时会显示"报表正在建设中"的提示信息。

操作步骤如下：

（1）在菜单设计器中选择"统计报表"菜单项，单击其右侧的"编辑"按钮，打开它的子菜单项设计窗口。

（2）选择"显示"→"菜单选项"命令。

（3）在"菜单选项"对话框的"过程"列表框内输入代码，如图 8-15 所示。

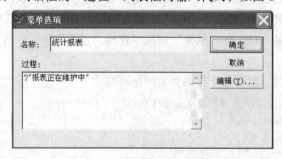

图 8-15　"菜单选项"对话框

4．生成菜单程序

当"菜单设计器"窗口处于打开状态时，可选定"菜单"下拉菜单中的"生成"命令来生成菜单程序。选定该命令后屏幕上将会出现"生成菜单"对话框，如图 8-16 所示。对话框中有一个"输出文件"文本框用来显示系统默认的菜单程序路径及程序名，用户可以修改或单击右侧的按钮来另选一个存取路径，然后单击对话框中的"生成"按钮来生成菜单程序。

图 8-16　"生成菜单"对话框

利用菜单设计器生成的菜单程序，其名称默认与菜单文件主文件名相同，扩展名为.mpr。例如菜单文件名为 mainmenu.mnx，则菜单程序名就为 mainmenu.mpr。

5．运行菜单程序

格式：DO 菜单名.mpr

该命令可以运行菜单程序，但菜单程序扩展名.mpr 不可省略，例如 DO mainmenu.mpr。运行菜单程序时，VFP 会自动对新建或修改后的.mpr 文件进行编译并产生目标程序.mpx，而且对于主名相同的.mpr 和.mpx 程序，VFP 总是运行后者。若要从该菜单退出，可在命令窗口中输入 SET SYSMENU TO DEFAULT 命令，此命令能恢复系统菜单的默认配置，也可在命令窗口中输入 MODIFY WINDOW SCREEN 命令，此命令能恢复系统窗口的默认图标和标题。

8.4　快速菜单设计

要快速生成一个菜单，最简单的方法是利用系统提供的快速菜单功能，但此功能仅在"菜单设计器"窗口为空时才允许选择，否则它是灰色不可用的。利用此功能既可以快速生成一个与系统菜单一样的菜单，也可以根据需要对其修改。

【例 8.9】快速建立一个下拉式菜单，并生成菜单程序。

操作步骤如下：

（1）打开菜单设计器窗口。在命令窗口输入命令：

MODI MENU menu1

出现 "新建菜单"对话框，单击其中的"菜单"按钮，出现"菜单设计器"窗口。

（2）选择"菜单"→"快速菜单"命令，一个与系统菜单一样的菜单就自动填入"菜单设计器"窗口中，如图 8-17 所示。

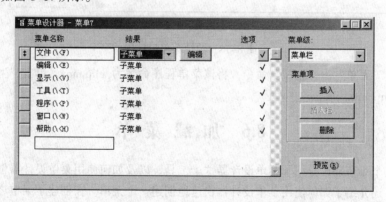

图 8-17　利用菜单设计器设计菜单

（3）根据需要对该菜单进行修改。

（4）生成菜单程序。选择"菜单"→"生成"命令，选择好保存路径和文件名后，单击"保存"按钮。然后，在出现的"生成菜单"对话框中确定生成文件的路径和文件名，

（5）运行菜单程序。选择"程序"→"运行"命令，执行此菜单。

8.5　快捷菜单设计

一般来说，下拉式菜单作为一个应用程序的菜单系统，列出了整个应用程序所具有的功能。

而快捷菜单是一种弹出式菜单,它没有条形菜单栏部分,一般从属于某个界面对象,当右击该对象时,就会在单击处弹出快捷菜单。快捷菜单通常列出与相应对象有关的一些功能命令。利用系统提供的快捷菜单设计器可以方便地定义与设计快捷菜单。

【例 8.10】建立一个具有复制、剪切和粘贴功能的快捷菜单。

操作步骤如下:

(1)打开菜单设计器窗口。在命令窗口输入命令:

```
MODI  MENU menu1
```

出现 "新建菜单" 对话框,单击其中的 "快捷菜单" 按钮,出现 "菜单设计器" 窗口。

(2)插入系统菜单栏。在 "快捷菜单设计器" 窗口中单击 "插入栏" 按钮,在 "插入系统菜单栏" 对话框中选择 "粘贴" 选项,然后单击 "插入" 按钮。用相同的方法插入 "复制"、"剪切" 等选项。此时快捷菜单设计器如图 8-18 所示。

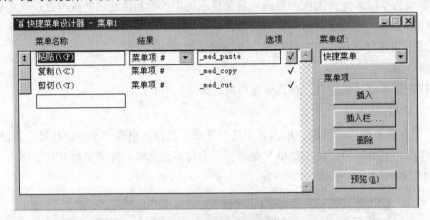

图 8-18 快捷菜单设计器

(3)选择 "菜单" → "生成" 命令,将该菜单程序命名为 clip.mnx,单击 "生成" 按钮,生成菜单程序 clip.mpr。

8.6 加 载 菜 单

前面的几个小节陆续介绍了菜单设计器这个工具,以及如何使用菜单设计器创建弹出式菜单及快捷菜单,还介绍了如何使用菜单设计器快速地创建一个菜单。在创建了菜单之后,本小节接着介绍菜单的加载,即如何将菜单添加到数据库应用系统中,以便用户操作。

将菜单添加到数据库应用系统的方法有三种,下面分别作介绍。

8.6.1 数据库应用系统的主菜单

如果要将已经创建的下拉式菜单作为数据库应用系统的主菜单,步骤如下:

(1)在项目中建立数据库应用系统,并且将下拉式菜单文件,如 mainmenu.mnx,添加到项目中,如图 8-19 所示。

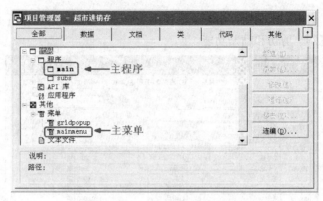

图 8-19　项目管理器中的主菜单

（2）在主程序中调用主菜单处加上 READ EVENTS 命令，启动事件处理，等待用户响应，如图 8-20 所示。

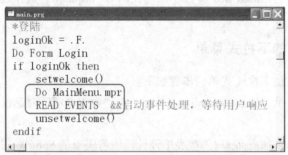

图 8-20　主程序中的 READ EVENTS 命令

（3）在主菜单的具有退出功能的菜单项所对应的过程中添加 CLEAR EVENTS 命令停止 READ EVENTS 开始的事件处理，程序从 READ EVENTS 的下一条程序行继续执行。例如，在 mainmenu.mnx 中，具有退出功能的菜单项是"系统"菜单项的子菜单项"退出"，其结果是执行过程，可以此过程中添加 CLEAR EVENTS 命令，如图 8-21 所示，当执行了此命令后，程序转去执行 main.prg 中的过程 unsetwelcome()，如图 8-20 所示。

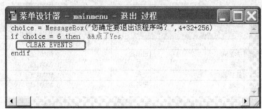

图 8-21　"退出"过程中的 CLEAR EVENTS 命令

8.6.2　表单控件的快捷菜单

如果要将已经创建的快捷菜单（如例 8-10 中的 clip.mnx）作为表单控件的快捷菜单，步骤如下：

（1）打开表单，如商品.scx。

（2）双击表单中的"类别"文本框，在其代码窗口中选择 RightClick 事件，在代码窗口中添加代码 do clip.mpr，其中 clip.mpr 是 clip.mnx 的生成文件。

（3）运行表单，右击"类别"文本框，则弹出快捷菜单，如图 8-22 所示，可以利用此快捷菜单中的功能实现复制、剪切和粘贴功能。

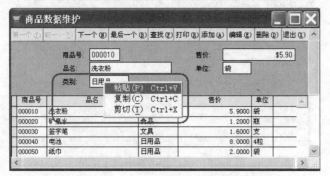

图 8-22　表单控件的快捷菜单

（4）也可以在表单的 RightClick 事件中添加代码 do clip.mpr，则在表单中的任意位置右击，均会弹出快捷菜单。

8.6.3　顶层表单中的下拉式菜单

要在顶层表单中添加下拉式菜单，步骤如下：

（1）创建下拉式菜单（如 mainmenu.mpr）时，在"常规选项"对话框中选中"顶层表单"复选框。

（2）打开给定表单，如商品.scx，在表单设计器中将表单的 ShowWindow 属性设置为 2，作为顶层表单。

（3）在表单的 Init 事件中，输入如下代码，结果如图 8-23 所示。

```
DO mainmenu.mpr with this, .T.
```

图 8-23　顶层表单中的下拉菜单

本 章 小 结

利用菜单可以将一个数据库应用系统涉及的多种功能组织在一起，统一放置到应用程序中。同时，菜单为用户提供了一个结构化的、界面友好的访问途径，便于用户方便地使用这些功能。

本章主要介绍使用菜单设计器设计下拉式菜单与快捷菜单的方法，以及在应用系统中加载菜单的三种方法。

习 题

一、填空题

1. 在 Visual FoxPro 中，使用"菜单设计器"定义菜单，生成的菜单文件的扩展名是_____，生成的菜单程序的扩展名是_____。

2. 运行菜单程序时，VFP 会自动对新建或修改后的菜单程序文件进行编译并产生目标程序，这个目标程序的扩展名是_____。

3. 当存在主文件名相同的菜单程序文件和目标程序文件时，系统将优先运行_____文件。

4. 打开菜单设计器的命令是_____。

5. 菜单设计器中"结果"选项有四个选项，分别是_____、_____、_____和_____。

6. 若要从用户自定义的菜单退出，恢复到系统菜单的默认配置，在命令窗口中键入的命令是_____。

7. 如果要为某个菜单项定义访问键，方法是在要定义的字符前加上_____和_____这两个字符。

8. 当打开菜单设计器定位窗口后，在 VFP 的"显示"菜单中会包含两个命令选项，分别是_____和_____。

二、问答题

1. 创建菜单的步骤是什么？
2. 生成菜单程序的基本步骤是什么？
3. 快捷键和访问键的区别是什么？

三、操作题

用菜单设计器建立一个商品进销存管理系统的系统菜单，菜单结构如下表所示：

主 菜 单	子 菜 单		功 能
系统管理	添加用户		运行相应表单
	删除用户		
	修改密码		
信息管理	商品信息管理	增加商品信息	运行相应表单
		删除商品信息	
		修改商品信息	
	供应商信息管理	增加供应商信息	
		删除供应商信息	
		修改供应商信息	
日常操作	商品进货操作		运行相应表单
	商品销售操作		
统计汇总	销售量统计		运行相应表单
	利润统计		
退出	QUIT		

第 9 章　数据库应用系统的开发

实际的 Visual FoxPro 数据库应用系统是一个复杂的系统。将这样的复杂系统从无到有建立起来，仅依靠 Visual FoxPro 程序设计的知识是不够的。为此，必须掌握系统的开发步骤及开发过程中的组织与管理技术才能保证系统开发任务合理有序地进行。本章将详细介绍数据库应用系统的开发步骤和 Visual FoxPro 应用程序的组织和管理技术。

9.1　数据库应用系统的开发步骤

一般来说，使用 Visual FoxPro 开发数据库应用系统时，需要经过需求分析、系统设计、数据库设计、系统实施、系统测试和运行维护这几个阶段。

1．需求分析阶段

开发人员首先必须明确用户的要求，即充分理解用户对软件系统最终能完成的功能及系统的可靠性、处理时间、应用范围、简易程度等具体指标的要求，并将用户的要求以书面形式表达出来，因此理解用户的要求是需求分析的基本任务。用户和软件设计人员双方都要有代表参加这一阶段的工作，双方经充分讨论和研究后达成协议并产生系统说明书。

需求分析的目的是在系统所要完成的工作方面与用户达成一致，详细说明系统将要实现的所有功能。需求分析包含两个方面的内容，一是分析每部分内部的信息需求，分析为了满足用户要求，系统应处理的数据名称、类型、值域、数据与数据间联系的类型和方式以及数据库需要存储哪些数据；二是进行功能分析，即详细分析各部分如何对各类信息进行加工处理，以实现用户所提出的各类功能需求。

2．系统设计阶段

系统设计是在需求分析的基础之上，结合计算机的具体环境，采用一定的标准和准则，设计计算机系统结构的各个组成部分。系统设计的主要目的是为下一个阶段的系统开发实施准备。这个阶段的基本任务就是在需求分析的基础上建立软件系统的结构，包括数据结构和模块结构，并说明每个模块的输入、输出及应完成的功能。

3．数据库设计阶段

数据库设计是指对于一个给定的应用环境，构造最优的数据模型，建立数据库使之能有效地存储数据，满足应用系统的要求。数据库设计的优劣，将直接影响整个数据库应用系统的性能和执行效率。数据库设计是系统设计非常重要的一步，它将影响整个系统的设计过程。设计数据库要完成以下几项工作。

（1）概念结构设计。将需求分析阶段得到的用户需求抽象为概念模型，即 E-R 图。

（2）逻辑结构设计。将 E-R 图转换成 VFP 支持的关系模式。

（3）物理结构设计。为给定的逻辑结构选取一个最适合应用要求的物理结构，在 VFP 中主要是考虑根据应用的要求在哪些字段上建立索引，为各字段选取合理的字段类型和长度。

（4）组装数据库。建立数据库，添加表，确定多表之间的关联关系。

4. 系统实施阶段

系统实施就是在实际的计算机系统中建立数据库应用系统的过程。包括菜单设计、界面设计、功能模块设计、调试程序等几个方面。

5. 系统测试阶段

在系统测试阶段的任务是验证应用程序是否存在错误、是否能够完全满足用户的需求。具体的测试工作按测试过程分为模块测试、集成测试、系统测试和验收测试这几部分。测试的目的是为了保证数据库应用系统的可靠性和质量，但并不能完全排除系统中的错误。

6. 运行维护阶段

系统经测试投入正式运行后，就进入了运行维护阶段。此阶段主要靠数据库管理员（DBA）做日常的系统管理和维护工作，他们需要听取用户意见，对系统进行完善性维护，收集有关系统错误的报告，以便修正系统中遗留的错误。

当系统运行一段时间后，用户可能会提出新的功能要求，DBA 应尽量在原有系统的基础上进行不断地修改和扩充。随着时间的推移和计算机技术的飞速发展，原有系统总有一天不能满足用户的基本要求和客观环境的需要，必须重新开发，到此一个数据库应用系统的生命周期就结束了，新系统的生命周期就开始了。

9.2 Visual FoxPro 应用程序

Visual FoxPro 应用程序是数据库应用系统的具体实现，它是上述系统开发步骤中系统实施阶段的重要环节。为有效地对 Visual FoxPro 应用程序进行合理的组织与管理，以提高开发效率，就必须掌握它的组成以及它的组织与管理、连编和发布技术。

9.2.1 应用程序的组成

一个典型的数据库应用程序由数据库、用户界面、数据处理和报表等组成。在设计应用程序时，应仔细考虑每个组件将提供的功能以及与其他组件之间的关系。

1. 数据库

数据库存储应用程序要处理的所有原始数据，它是整个系统的数据基础。另外，有些应用程序还将系统的配置参数也保存在数据库中。数据库在 Visual FoxPro 中表现为数据库文件、数据表文件以及与数据表相关的索引文件。一个设计良好的数据库还应提供完整性和有效性规则，以保证数据库中数据的完整性与一致性。

2. 用户界面

用户界面提供用户与数据库应用程序之间的接口。这些用户界面在 Visual FoxPro 中表现为表单、菜单、工具栏等。一个经过良好组织的 Visual FoxPro 应用程序一般需要为用户提供菜单，提供一个或多个表单，用于数据输入并显示。为了保证系统和数据的安全性，用户界面还应提供用户验证、数据格式检查等功能。

3．数据处理

数据处理是应用程序的核心，通过数据处理用户才能取得有用的信息。较简单应用程序数据处理功能，如查询、统计等，可以由表单中的事件处理过程来完成；较复杂的数据处理功能，可以通过设计程序模块来完成。

4．打印输出

对于需要打印存档的数据处理结果，则必须打印输出，以便将数据库中的信息按用户要求的组织方式和数据格式打印出来。在 Visual FoxPro 中，打印输出是通过报表完成的。

5．主程序

主程序是整个应用程序的入口点，它设置应用程序的系统环境和起始点，显示初始的用户界面并控制事件循环，退出应用程序前由主程序恢复原始环境。

9.2.2　应用程序的组织与管理

由应用程序的组成可知，一个应用程序是由多个组件构成的，这些组件表现为大量的表单、数据库表、报表、菜单、程序、类库文件等。如果不进行有效地组织和管理，将会使应用程序的开发工作变得效率低下。因此，需要建立目录结构对应用程序进行有效组织并使用项目管理器对应用程序进行管理。

1．应用程序的组织

建立目录结构是为了分类存储不同类型的文件，便于这些文件的管理和维护。同时也是为应用程序提供一个良好的运行环境，以便于应用程序在运行过程中查找和搜索文件。通常，我们将所有的项目文件存放在一个项目目录中，在项目目录内部再设子目录，以按文件类型设置对应的子目录。具体的目录结构请参考 9.3.2 节。

2．应用程序的管理

利用项目管理器可以将 VFP 应用程序中要使用的各类对象，如文件、数据、文档等，从逻辑上进行组织，合成为一个项目，并由此生成最终的应用程序。

一个文件若要被包含在一个应用程序中，必须添加到项目中。这样在编译应用程序时，VFP才会在最终的产品中将该文件作为组件包含进来。

9.2.3　应用程序的主文件

在项目管理器中用主图标（以黑体的文件名表示）标记的文件是启动.app 文件或.exe 文件时首先被调用的文件，称为主文件。它可以是一个表单、菜单或程序，建议使用程序作为主文件。如果使用应用程序向导建立应用程序，可让向导建立一个主文件程序，无须自己专门来做，除非在向导完成之后，自己想改变主文件。

设置主文件的方法是在项目管理器中选中要设置的主程序文件，选择"项目"菜单或快捷菜单中的"设置主文件"命令，如图 9-1 所示。由于一个应用系统只有一个起始点，所以系统的主文件是唯一的，当重新设置主文件时，原来的设置便自动解除。

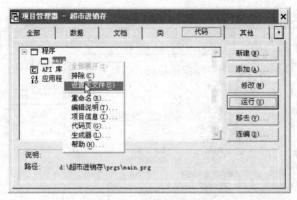

图 9-1　设置主文件

主文件可以是程序文件或者其他类型的文件，一般使用程序作为应用系统的主文件，该程序称作主程序。也可以使用顶层表单作为主文件。主文件的主要功能是初始化环境、显示初始的用户界面、控制事件循环、恢复初始的开发环境。

1. 初始化环境

主文件或主应用程序对象必须做的第一件事情就是对应用程序的环境进行初始化，即用 SET命令配置系统状态和设置系统变量的值，以便为整个应用程序建立特定的系统环境。具体设置包括设置系统的工作目录，及相关文件的搜索路径等。例如：

```
CLEAR ALL
SET TALK OFF
SET DELETE ON                              &&设置系统的 DELETE 状态
CD d:\商品进销存                            &&设置系统的工作目录
SET PATH TO PROGS, FORMS, LIBS, MENUS, DATA, OTHER  &&设置
```

2. 显示初始的用户界面

初始的用户界面可以是一个菜单，也可以是一个表单或其他的用户组件。通常，在显示已打开的菜单或表单之前，应用程序会出现一个启动屏幕或注册对话框。例如：

```
DO FORM login
```

3. 控制事件循环

应用程序的环境建立之后，将显示初始的用户界面。因为面向对象程序是靠事件驱动的，所以需要建立一个事件循环环境来等待用户的交互操作。控制事件循环的方法是执行 READEVENTS 命令，主程序在执行 READ EVENTS 命令后将挂起等待，直到执行 CLEAR EVENTS 后，该命令才执行完毕。

9.2.4　连编应用程序

对整个项目进行联合调试和编译的过程称为连编项目。经过连编，VFP 系统将所有在项目中引用的文件（除了标记为排除的文件）合成为一个应用程序文件。

1. 文件的排除与包含

在项目管理器中，数据项左侧带有排除标记 ⊘ 的为排除文件，没有排除标记的为包含文件。包含文件在项目编译之后包含在生成的应用程序中不允许再被修改。在项目管理器中，选择要设置为排除或包含的文件快捷菜单的"排除"命令或"包含"命令，如图 9-2 所示。

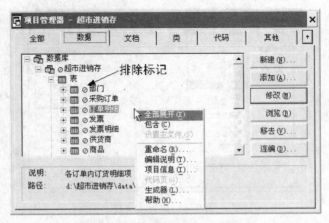

图 9-2　设置文件的排除与包含关系

2.应用程序类型

Visual FoxPro 可以将项目连编成以.app 为扩展名的应用程序文件或者是一个以.exe 为扩展名的可执行文件。表 9-1 列出了这两种连编文件类型的区别。

表 9-1　不同连编文件类型的特征

连编文件类型	特　征
应用程序文件(.app)	比.exe 文件小 10KB ~ 15KB，必须在 Visual FoxPro 环境中运行
可执行文件(.exe)	应用程序中包含了 Visual FoxPro 加载程序，因此文件可以直接在 Windows 系统下运行。但两个支持文件 vfp6r.dll 和 vfp6renu.dll（en 表示英文版）必须放置在与可执行文件相同的目录中，或者在 MS-DOS 搜索路径中

选择连编文件类型时，必须考虑到应用程序的最终大小及用户是否使用 Visual FoxPro。在项目管理器中单击"连编"按钮将会连编应用程序，"连编选项"对话框如图 9-3 所示。

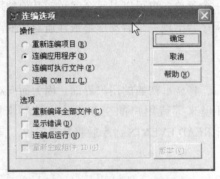

图 9-3　"连编选项"对话框

在"连编选项"对话框中，可以选择连编的类型。在"操作"选项区域中的各个单选按钮的含义如下：

- "重新连编项目"将检查项目中的所有文件，产生源代码或者是检查错误。
- "连编应用程序"可以将项目连编成.app 类型的应用程序。
- "连编可执行文件"将项目连编成.exe 类型的可执行文件。
- "连编 COM DLL"使用项目文件中的类信息，创建一个具有.dll 文件扩展名的动态链接库。

9.2.5　发布应用程序

在完成应用程序的开发和测试工作之后，可使用 Visual FoxPro 企业版安装向导为应用程序创建安装程序和发布磁盘。如果要以多种磁盘格式发布应用程序，安装向导会按指定的格式创建安装程序和磁盘。发布过程如下：

1．创建发布树

发布应用程序要求创建并维护一个独立的只包含要安装的文件的目录树，称为发布树。在发布树中包含要复制到用户硬盘上的所有发布文件。

发布树可以是任何形式。但是应用程序或可执行文件必须放在该树的根目录下。另外，所有运行应用系统所需要的数据库及数据表文件都必须放在这个目录下。

对于商品进销存系统，因为在连编后很多文件就没用了，所以为了建立发布树应当把有用的文件单独复制在一个新文件夹中。假定新文件夹是 D:\SPJXC，需要放入的文件是 spjxc.exe 和 DATA 文件夹（数据库）。

2．制作安装程序

执行安装向导来制作安装程序，安装向导为每个指定的磁盘格式分别创建发布目录。这些目录包含磁盘映象所需的全部文件。

选择"工具"→"向导"→"安装"命令，打开"定位文件"对话框，单击"发布树目录"文本框右侧的按钮，找到前面建立的目录（D:\spjxc）并选定，如图 9-4 所示。

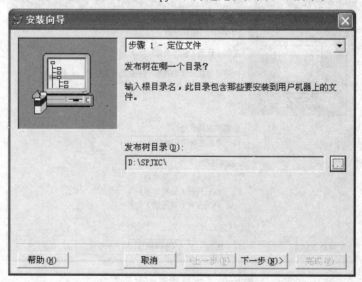

图 9-4　"定位文件"对话框

单击"下一步"按钮，打开"指定组件"对话框，选择所需的组件，如图 9-5 所示。

在"应用程序组件"选项区域中，选中"Visual FoxPro 运行时刻组件"复选框，该组件的大小为 4MB，它包含 Visual FoxPro 运行时必需的文件（Vfp6r.dll）。这个.dll 文件将自动包含在应用程序文件中，它可以在用户的计算机上正确地安装。

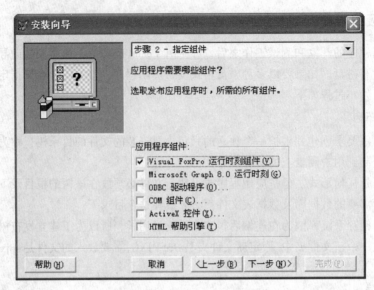

图 9-5 "指定组件"对话框

单击"下一步"按钮，打开"磁盘映象"对话框，选择生成的安装文件存放的目录，A:\、C:\ 或其他目录，如可以选择磁盘映象目录为"D:\商品进销存安装文件"。还要选择安装方式，如图 9-6 所示。

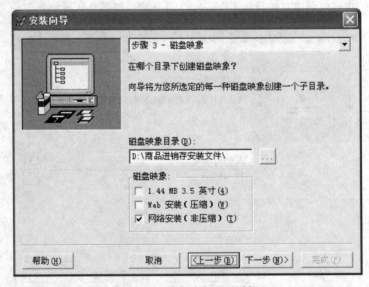

图 9-6 "磁盘映象"对话框

单击"下一步"按钮，打开"安装选项"对话框，在这里设置"安装对话框标题"，以及"版权信息"等内容。安装向导在建立安装对话框时，将把"安装对话框标题"文本框中指定的标题作为标题。同时还在"版权信息"对话框中放置版权信息，可以通过"关于"命令访问"版权信息"对话框。"执行程序"输入项是可选项。在安装应用程序之后，可以指定希望用户立即运行的应用程序。在此，"执行程序"文本框中不要输入内容，如图 9-7 所示。

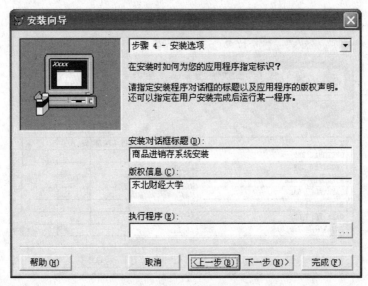

图 9-7　"安装选项"对话框

　　单击"下一步"按钮，打开"默认目标目录"对话框，选择默认的目标目录并设置用户是否可以修改目录与程序，如图 9-8 所示。安装程序将把应用程序放置在"默认目标目录"文本框指定的目录中。注意，不要选择已被 Windows 程序（如 Visual FoxPro、Windows 本身等）使用的目录名称。如果在"程序组"文本框中指定了一个名称，当用户安装应用程序时，安装程序会为应用程序创建一个程序组，并且使这个应用程序显示在用户的"开始"菜单中。

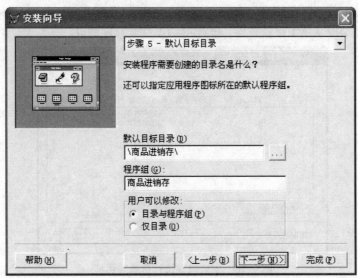

图 9-8　"默认目标目录"对话框

　　单击"下一步"按钮，打开"改变文件设置"对话框，如图 9-9 所示。

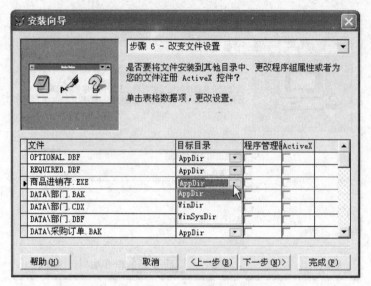

图 9-9 "改变文件设置"对话框

根据需要可以修改其中选项,这里在"商品进销存"系统中未做任何修改,单击"下一步"按钮,打开"完成"对话框,如果没有问题就单击"完成"按钮,要是有问题,可以单击"上一步"按钮返回查看。一旦按下"完成"按钮就不能再重新设置了,系统便开始按照前面的设置制作安装磁盘,制作完成后生成报告,如图 9-10 所示单击"完成"按钮,便可在磁盘上生成安装文件目录。如果是网络安装,那么目录是 NETSETUP,其中是安装所需的文件;如果是软盘安装,那么目录是 DISK144 ,其中还会有 DISK1、DISK2、DISK3 等子目录,分别把每个目录中的文件复制到软盘上,安装时从第 1 张盘开始,运行 SETUP 安装程序即可。

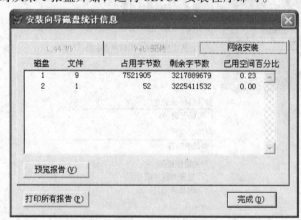

图 9-10 安装向导统计信息对话框

9.3 商品进销存系统开发实例

按照数据库应用系统的开发步骤,商品进销存系统的开发过程分为系统功能分析、数据库设计和系统实现三个部分。前面的 1.6 节明确阐述了系统功能分析与数据库设计的过程。本节主要介绍商品进销存系统的实现过程。

9.3.1　商品进销存系统的组织

1．商品进销存系统组成

确定系统组成即是在系统功能分析的基础上确定系统结构。即根据系统各种程序组件的特点，确定系统完成各功能的程序组件及其关系。根据商品进销存系统的功能要求，商品进销存系统的组成如表 9-2。

表 9-2　商品进销存

系　统　功　能	组　　件	系　统　功　能	组　　件
商品目录	表单（商品目录.scx）	发票查询	表单（发票查询.scx）
部门设置	表单（部门设置.scx）	经营成果查询	表单（经营成果查询.scx）
员工管理	表单（员工管理.scx）	商品销售报表	报表（商品销售报表.scx）
供应商管理	表单（供应商管理.scx）	员工销售报表	报表（员工销售报表.scx）
销售发票	表单（销售发票.scx）	应付款报表	报表（应付款报表.scx）
采购订单	表单（采购订单.scx）	库存及销售利润报表	报表（库存及销售利润报表.scx）
采购入库	表单（采购入库.scx）	系统登录	表单（login.scx）
订单付款	表单（订单付款.scx）	退出	菜单（mainmenu.mnx）
订单查询	表单（订单查询.scx）	主程序	程序（main.prg）
		数据存储	数据库（商品进销存.dbc）

系统由主程序启动，主程序启动后调用菜单，然后由菜单调用各表单与报表。

2．商品进销存系统的目录结构

根据系统组成，为商品进销存系统建立目录结构，如表 9-3 所示。

表 9-3　商品进销存项目目录结构

目　　录　　名	存放文件类型
商品进销存	项目文件
商品进销存\forms	表单文件
商品进销存\reports	报表文件
商品进销存\data	数据库文件、数据表文件、索引文件
商品进销存\menus	菜单文件
商品进销存\progs	程序文件
商品进销存\libs	类库文件
商品进销存\bitmaps	位图文件及图标文件

9.3.2　建立商品进销存系统项目

为便于系统开发的管理，在系统项目文件夹中用项目管理器建立"商品进销存"项目文件。然后使用项目管理器完成系统组件的建立。由于报表已在第 7 章说明，以下对主要组件：数据库、存储过程、主菜单、登录表单、主程序、录入表单、查询表单进行详细说明。

1. 建立数据库

根据数据库设计的要求，在 Data 目录中建立"商品进销存"数据库，并创建数据库中的数据表、视图、永久关系与字段属性。这些任务既可以在数据库设计器中完成，也可以用 SQL 语句完成。为方便数据库的移植，我们这里使用 SQL 语句完成上述任务。

```
CLOSE DATA ALL
SET DEFAULT TO D:\商品进销存\Data
CREATE DATABASE '商品进销存.DBC'


****创建数据库表
***** 建立"商品"表 *****
CREATE TABLE '商品.DBF' NAME '商品' (;
                商品号 C(6) NOT NULL DEFAULT newid("商品","商品号"), ;
                品名 C(20) NOT NULL, ;
                类别 C(8) NOT NULL, ;
                售价 Y NOT NULL CHECK 售价=>0 DEFAULT 0, ;
                单位 C(4) NOT NULL)
***** 创建 "商品"表的索引 *****
ALTER TABLE '商品' ADD PRIMARY KEY 商品号 TAG 商品号
INDEX ON 类别 TAG 类别
INDEX ON 售价 TAG 售价
INDEX ON 品名 TAG 品名
***** 设置商品号字段属性 *****
DBSETPROP('商品.商品号', 'Field', 'InputMask', "999999")
DBSETPROP('商品.商品号', 'Field', 'Format', "999999")
DBSETPROP('商品', 'Table', 'Comment', "超市经营与销售的商品信息")



***** 建立"发票"表 *****
CREATE TABLE '发票.DBF' NAME '发票' (;
                发票号 C(9) NOT NULL DEFAULT newsno("发票","发票号"), ;
                日期 D NOT NULL DEFAULT DATE(), ;
                收款人 C(8) NOT NULL;
                DEFAULT IIF(.NOT.TYPE("CurUser")=="U",curuser,""))
***** 创建发票"表索引*****
INDEX ON 收款人 TAG 收款人
ALTER TABLE '发票' ADD PRIMARY KEY 发票号 TAG 发票号
*****设置发票号字段属性*****
DBSETPROP('发票.发票号', 'Field', 'InputMask', "999999999")
DBSETPROP('发票.发票号', 'Field', 'Format', "999999999")
DBSETPROP('发票', 'Table', 'Comment', "销售收银时打印发票抬头信息")



***** 建立"采购订单"表 *****
CREATE TABLE '采购订单.DBF' NAME '采购订单' (;
                订单号 C(9) NOT NULL DEFAULT newsno("采购订单","订单号"), ;
                订单日期 D NOT NULL DEFAULT DATE(), ;
                供货人 C(8) NOT NULL, ;
                订货人 C(6) NOT NULL ;
                DEFAULT IIF(.NOT.TYPE("CurUser")=="U",curuser,""), ;
```

```
                        已入库 L NOT NULL DEFAULT .F., ;
                        入库日期 D NULL, ;
                        已付款 L NOT NULL DEFAULT .F., ;
                        付款日期 D NULL, ;
                        供货日期 D NOT NULL)
***** 创建"采购订单"表的索引 *****
INDEX ON 订货人 TAG 订货人
INDEX ON 供货人 TAG 供货人
ALTER TABLE '采购订单' ADD PRIMARY KEY 订单号 TAG 订单号
*****设置"订单号"字段属性*****
DBSETPROP('采购订单.订单号', 'Field', 'InputMask', "999999999")
DBSETPROP('采购订单.订单号', 'Field', 'Format', "999999999")


***** 建立"发票明细"表 *****
CREATE TABLE '发票明细.DBF' NAME '发票明细' (发票号 C(9) NOT NULL, ;
                      明细项号 I NOT NULL, ;
                      商品号 C(6) NOT NULL, ;
                      数量 N(9, 2) NOT NULL CHECK 数量=>0 DEFAULT 0, ;
                      售价 Y NOT NULL CHECK 售价=>0 DEFAULT 0)
***** 创建"发票明细"表的索引 *****
INDEX ON 商品号 TAG 商品号
INDEX ON 发票号 TAG 发票号
***** 设置发票明细.发票号字段属性 *****
DBSETPROP('发票明细.发票号', 'Field', 'InputMask', "999999999")
DBSETPROP('发票明细.发票号', 'Field', 'Format', "999999999")
DBSETPROP('发票明细.数量', 'Field', 'Format', "99999.99")
DBSETPROP('发票明细.售价', 'Field', 'Format', "999,999,999.99")


***** 建立"供货商"表*****
CREATE TABLE '供货商.DBF' NAME '供货商' (;
                  供货商号 C(6) NOT NULL DEFAULT newid("供货商","供货商号"), ;
                  名称 C(19) NOT NULL, ;
                  地址 C(20) NOT NULL, ;
                  电话 C(16) NOT NULL, ;
                  联系人 C(8) NOT NULL)
***** 创建 "供货商" 表的索引 *****
INDEX ON 联系人 TAG 联系人
ALTER TABLE '供货商' ADD PRIMARY KEY 供货商号 TAG 供货商号
```

```
INDEX ON 名称 TAG 名称
*****设置字段属性*****
DBSETPROP('供货商.地址', 'Field', 'InputMask', "999999")
DBSETPROP('供货商.地址', 'Field', 'Format', "999999")


***** 建立"订单明细"表 *****
CREATE TABLE '订单明细.DBF' NAME '订单明细' (订单号 C(9) NOT NULL, ;
                      明细项号 I NOT NULL, ;
                      商品号 C(6) NOT NULL, ;
                      数量 N(9, 2) NOT NULL CHECK 数量=>0 DEFAULT 0, ;
                      订货价 Y NOT NULL CHECK 订货价=>0 DEFAULT 0)
***** 创建"订单明细"表的索引 *****
INDEX ON 商品号 TAG 商品号
INDEX ON 订单号 TAG 订单号


***** 建立"员工" 表 *****
CREATE TABLE '员工.DBF' NAME '员工' (;
                 员工号 C(6) NOT NULL DEFAULT newid("员工","员工号"), ;
                 姓名 C(8) NOT NULL, ;
                 性别 C(2) NOT NULL, ;
                 岗位 C(6) NULL, ;
                 基本工资 Y NULL CHECK 基本工资=>0 DEFAULT 0, ;
                 部门号 C(6) NULL, ;
                 出生日期 D NOT NULL, ;
                 简历 M NULL, ;
                 婚否 L NULL, ;
                 照片 G NULL, ;
                 登录密码 C(6) NOT NULL, ;
                 提成比例 N(5, 2) NULL)
***** 创建"员工"表索引 *****
INDEX ON 姓名 TAG 姓名
ALTER TABLE '员工' ADD PRIMARY KEY 员工号 TAG 员工号
INDEX ON 岗位 TAG 岗位
INDEX ON 性别 TAG 性别
INDEX ON 出生日期 TAG 出生日期
INDEX ON 部门号 TAG 部门号


***** 建立"部门"表*****
CREATE TABLE '部门.DBF' NAME '部门' (;
```

```
          部门号 C(6) NOT NULL DEFAULT newid("部门","部门号"), ;
          名称 C(10) NOT NULL, ;
          经理号 C(6) NULL, ;
          上级部门 C(6) NULL, ;
          办公地点 C(16) NULL)
***** 创建"部门"表的索引 *****
INDEX ON 名称 TAG 名称
ALTER TABLE '部门' ADD PRIMARY KEY 部门号 TAG 部门号
INDEX ON 上级部门 TAG 上级部门
INDEX ON 经理号 TAG 经理号
***** 改变部门表字段属性 *****
DBSETPROP('部门.部门号', 'Field', 'InputMask', "999999")
DBSETPROP('部门.部门号', 'Field', 'Format', "999999")
DBSETPROP('部门.经理号', 'Field', 'InputMask', "999999")
DBSETPROP('部门.经理号', 'Field', 'Format', "999999")


***** 建立"商品库存"表*****
CREATE TABLE '商品库存.DBF' NAME '商品库存' (商品号 C(6) NOT NULL, ;
                 库存量 N(13, 2) NOT NULL)
***** 创建"商品库存"的索引 *****
ALTER TABLE '商品库存' ADD PRIMARY KEY 商品号 TAG 商品号


****创建数据库视图
**************** 建立视图为商品销售 ***************
CREATE SQL VIEW "商品销售" ;
  AS ;
  SELECT 发票明细.商品号, sum( 发票明细.数量) as 销量,;
        SUM(发票明细.数量*发票明细.售价) / SUM(发票明细.数量) as 平均售价,;
        SUM(发票明细.数量*发票明细.售价) as 销售额;
  FROM  超市进销存!发票 INNER JOIN 超市进销存!发票明细 ;
   ON  发票.发票号 = 发票明细.发票号 ;
   GROUP BY 发票明细.商品号 ORDER BY 发票明细.商品号


**************** 建立视图为应付货款 ***************
CREATE SQL VIEW "应付货款" ;
  AS ;
  SELECT 供货商.供货商号, 供货商.名称,;
        SUM(订单明细.数量*订单明细.订货价) as 应付货款 ;
    FROM  超市进销存!供货商 INNER JOIN 超市进销存!采购订单 ;
```

```
                    INNER JOIN 超市进销存!订单明细  ;
               ON  采购订单.订单号 = 订单明细.订单号 ;
               ON  供货商.供货商号 = 采购订单.供货人 ;
          WHERE 采购订单.已入库 = .T.   AND 采购订单.已付款 = .F. ;
          GROUP BY 供货商.供货商号 ORDER BY 供货商.供货商号


***************** 建立视图为逾期订单 ****************
CREATE SQL VIEW "逾期订单" ;
   AS ;
   SELECT * FROM 超市进销存!采购订单 ;
   WHERE 采购订单.供货日期 = DATE()   AND 采购订单.已入库 = .F. ;
   ORDER BY 采购订单.订单号


***************** 建立视图为商品进货 ***************
CREATE SQL VIEW "商品进货" ;
   AS ;
   SELECT 订单明细.商品号, ;
             SUM(订单明细.数量*订单明细.订货价)/SUM(订单明细.数量) AS 平均进货价,;
             SUM(订单明细.数量*订单明细.订货价) AS 进货金额,;
             SUM(订单明细.数量) AS 进货量 ;
      FROM  超市进销存!采购订单 INNER JOIN 超市进销存!订单明细 ;
          ON  采购订单.订单号 = 订单明细.订单号 ;
          WHERE 采购订单.已入库 = .T. GROUP BY 订单明细.商品号


***************** 建立视图为库存及销售利润 ****************
CREATE SQL VIEW "库存及销售利润" ;
   AS ;
   SELECT 商品进货.商品号, ;
   商品进货.进货量-IIF(ISNULL(商品销售.销量),0,商品销售.销量) AS 库存量,  (商品进货.
   进货量-IIF(ISNULL(商品销售.销量),0,(商品销售.销量)))*商品进货.平均进货价 AS 库存
   金额, ;
   IIF(ISNULL(商品销售.销量),0,商品销售.销量)*(IIF(ISNULL(商品销售.平均售价),0,商
   品销售.平均售价)-商品进货.平均进货价) AS 利润 ;
   FROM  超市进销存!商品进货 FULL JOIN 超市进销存!商品销售  ;
     ON  商品进货.商品号 = 商品销售.商品号


**************** 开始关系设置 ***************
ALTER TABLE '订单明细' ADD FOREIGN KEY TAG 商品号 REFERENCES 商品 TAG 商品号
ALTER TABLE '发票明细' ADD FOREIGN KEY TAG 商品号 REFERENCES 商品 TAG 商品号
```

```
ALTER TABLE '发票' ADD FOREIGN KEY TAG 收款人 REFERENCES 员工 TAG 员工号
ALTER TABLE '采购订单' ADD FOREIGN KEY TAG 订货人 REFERENCES 员工 TAG 员工号
ALTER TABLE '采购订单' ADD FOREIGN KEY TAG 供货人 ;
            REFERENCES 供货商 TAG 供货商号
ALTER TABLE '订单明细' ADD FOREIGN KEY TAG 订单号 ;
            REFERENCES 采购订单 TAG 订单号
ALTER TABLE '发票明细' ADD FOREIGN KEY TAG 发票号 REFERENCES 发票 TAG 发票号
ALTER TABLE '员工' ADD FOREIGN KEY TAG 部门号 REFERENCES 部门 TAG 部门号
ALTER TABLE '部门' ADD FOREIGN KEY TAG 上级部门 REFERENCES 部门 TAG 部门号
```

2. 建立数据库存储过程

为保证商品号、供货商号、部门号、员工号以及发票号和订单号的唯一，并防止手工误操作，系统将自动生成上述编号。其中商品号、供货商号、部门号、员工号通过调用 NewID()获得，发票号和订单号通过调用 NewSNo()获得。

```
****************************************************************
* 存储过程: NewID
****************************************************************
PROCEDURE NEWID
LPARAMETER tablename,fieldname


SELECT max(&fieldname) from &tablename into array maxid
IF type("maxid")="U"
    nmaxid = 10
ELSE
    nmaxid = val(maxid(1,1))
    nmaxid = nmaxid + 10
ENDIF
fldlen = fsize(fieldname,tablename)

RETURN padl(alltrim(str(nmaxid,fldlen ,0)),fldlen ,"0")
ENDPROC


****************************************************************
* 存储过程: NewSNo
****************************************************************
PROCEDURE NEWSNo
LPARAMETER tablename,fieldname

stoday = right(dtoc(date(),1),6)
snolen = fsize(fieldname,tablename) -6
SELECT max(&fieldname) from &tablename where left(&fieldname,6)==stoday into
array maxsno
IF type("maxsno")="U"
    nmaxsno = 1
ELSE
    nmaxsno = val(right(maxsno(1,1),snolen))
```

```
        nmaxsno = nmaxsno + 1
ENDIF

RETURN stoday+strtran(str(nmaxsno,snolen ,0),space(1) ,"0")
ENDPROC
```

3. 设计系统主菜单

系统主菜单按照系统应提供给用户的功能设计，系统主菜单的设计如表 9-4 所示。主菜单的设计过程参考第 8 章。

表 9-4　商品进销存系统主菜单设计

菜 单 栏	子 菜 单	结 果	命 令
基础数据维护	商品目录	命令	DO FORM 商品目录
	部门设置	命令	DO FORM 部门设置
	员工管理	命令	DO FORM 员工管理
	供应商管理	命令	DO FORM 供应商管理
日常交易	销售发票	命令	DO FORM 销售发票
	采购订单	命令	DO FORM 采购订单
	采购入库	命令	DO FORM 采购入库
	订单付款	命令	DO FORM 订单付款
查询	订单查询	命令	DO FORM 订单查询
	发票查询	命令	DO FORM 发票查询
	经营成果查询	命令	DO FORM 经营成果查询
统计报表	商品销售报表	命令	REPORT FORM 商品销售报表 PREVIEW
	员工销售报表	命令	REPORT FORM 员工销售报表 PREVIEW
	应付款报表	命令	REPORT FORM 应付款报表 PREVIEW
	库存及销售利润报表	命令	REPORT FORM 库存及销售利润报表 PREVIEW
系统功能	系统登录	命令	DO FORM　LOGIN
	退出	过程	CLEAR EVENTS

4. 设计系统登录表单

为保证系统安全，防止因非法使用而导致系统数据被窃取、篡改或破坏，必须对系统用户身份进行验证后才能允许用户使用与其身份对应的系统功能。登录表单在用户成功登录后建立一个全局变量 CurUser，该变量值为当前登录的用户号。系统菜单、表单和数据库在需要当前用户信息时，可以直接取 CurUser 变量值或结合员工表中的数据取得。系统登录表单的设计主要包括界面设计、数据环境设计及事件处理过程设计三部分。

1）界面设计

登录表单的界面设计如图 9-11 所示。

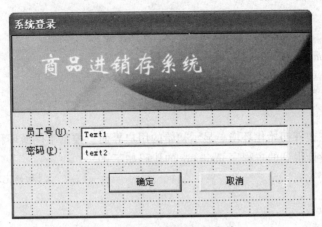

图 9-11 设计时的登录表单

2）数据环境及主要对象属性

在表单的数据环境中加入员工表，对象的属性如表 9-5 所示。

表 9-5 登录表单属性

对 象	类	说 明	属 性	属 性 值
Image1	Image	登录图标	Picture	\商品进销存\graphics\login.bmp
Label1	Label	员工号输入提示	Caption	员工号(\<U):
Label2	Label	密码输入提示	Caption	密码(\<P):
Text1	Textbox	员工号输入		
Text2	Textbox	密码输入	PasswordChar	*
Command1	Commandbutton	确定按钮	Caption	确定
			Default	.T.
Command1	Commandbutton	取消按钮	Caption	取消
			Cancel	.T.

3）事件处理过程

"确定"按钮 Command1 的 Click 事件处理过程：

```
public CurUser                         &&定义全局变量，用于保存登录成功的用户号
select 员工
go top
loca for alltrim(员工.员工号)==rtrim(thisform.text1.value)
if eof() then
    MessageBox("用户名不存在",0+48,"错误")
    thisform.text1.setfocus
else
    if alltrim(员工.登录密码) == rtrim(thisform.text2.value) then
        CurUser = thisform.text1.value
        loginOk = .T.                  &&登录成功后，设置 loginOk 使主程序显示主菜单
        thisform.release
    else
        MessageBox("密码错误",0+48,"错误")
        thisform.text2.setfocus
```

```
        endif
    endif
```

"取消"按钮 Command2 的 Click 事件处理过程：

```
Release CurUser
thisform.release
```

5. 主程序设计

按 9.2.3 节中主文件初始化环境、显示初始的用户界面、控制事件循环和恢复初始开发环境的四个功能要求，设计得到的主程序 main.prg 的代码如下：

```
CLEAR ALL                                   &&初始化环境
SET TALK OFF
SET DELETE ON
CD D:\商品进销存
SET PATH TO PROGS, FORMS, LIBS, MENUS, DATA, OTHER   &&设置系统文件搜索目录
OPEN DATABASE                               &&打开数据库
loginOK = .F.
DO FORM login WITH loginOK                  &&用户登录
IF loginOK                                  &&登录成功
    DO mainmenu.mpr         &&调用菜单,建立初始的用户界面
    READ EVENTS             &&事件循环,直到菜单中执行 CLEAR EVENTS 后结束事件循环。
ENDIF
CLEAR ALL                                   &&清理环境
SET TALK ON
```

在项目管理器中，单击"代码"选项卡，展开分层结构视图中的"程序"项，选中主程序 main 后右击，在快捷菜单中选"设置主文件"命令。

至此，一个系统的基本框架已经形成。运行主程序用户可以登录进入系统，并能使用主菜单的退出功能。要使用其他功能还需要进一步完善表单和报表。

6. 设计数据录入类表单

表 9-2 系统组成中需要设计的表单可分为数据录入类和查询类两类。设计表单时必须首先设计好数据录入类表单，以便通过数据录入类表单输入查询类表单测试时的测试数据。

数据录入类表单包括"商品目录"、"部门设置"、"员工管理"、"供应商管理"、"销售发票"、和"采购订单"。其中由于前 4 个表单只维护一个数据表，因此可以使用表单生成器完成这四种表单的设计，这类表单的设计过程可参考第 6 章例 6.10 的设计过程。销售发票表单的设计较为复杂，下面举例说明该表单的设计过程。

【例 9.1】设计一个发票输入表单，表单文件名为"发票.scx"。要求使用用户能方便地利用表单录入发票中相关商品数据，并自动查询各商品的价格和计算出各商品的金额以及发票的总金额。

操作步骤如下：

（1）在数据环境中添加"发票.dbf"、"发票明细.dbf"和"商品.dbf"，并将发票明细表的商品号字段拖拽到商品表的商品号字段上，以设置两个表的关系，如图 9-12 所示。

图 9-12 发票表单的数据环境

（2）在表单设计器中，单击表单设计器工具栏上的"表单生成器"按钮，在"表单生成器"对话框中，选择"发票"表，并选中所有字段，如图 9-13 所示。单击"确定"按钮后，在表单上生成了三个字段的绑定文本框。

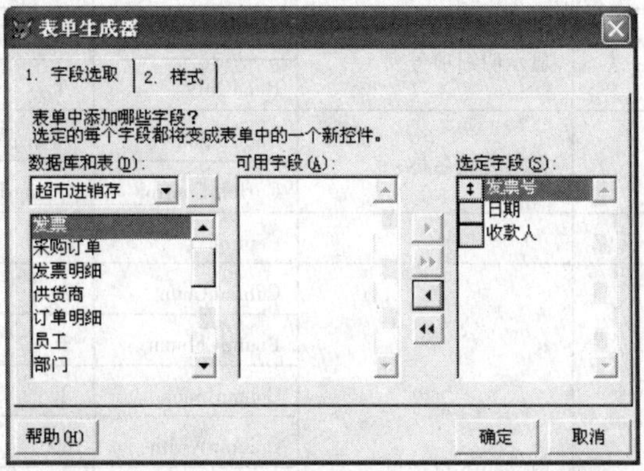

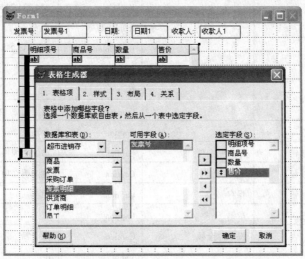

图 9-13 使用表单生成器向表单中添加对象

（3）在表单上创建表格对象 Grid1，右击该对象，在弹出的快捷菜单中选择"表格生成器"命令，在"表格生成器"对话框中，选择"发票明细"表，并将明细项号、商品号、数量和售价这四个字段选中，如图 9-14 所示。单击"确定"按钮后完成表格各列的设置（见图 9-14）。

图 9-14 使用表格生成器修改表格对象属性

（4）在"属性"窗口的对象框的下拉列表中选中表格的第二列 Column2 后，在控件工具栏上选"组合框"后，在表格上单击。这样在 Column2 中添加了一个组合框对象 Combo1。

（5）在表单上添加 4 个按钮 Command1、Command2、Command3 和 Command4，然后添加一个标签对象 label1 和一个文本框对象 Text1。并按表 9-6 修改各对象的属性。表单布局如图 9-15 所示。

表 9-6　辅助订单查询表单的属性

对　象	类　别	说　明	属　性	属　性　值
Grid1	表格	显示发票明细	ColumnCount	5
			ScrollBars	2-垂直
			DeleteMark	.F.
			RecordMar	.F.
Column1	列	显示明细项号列	BackColor	234 234 234
			ReadOnly	.T
Column2	列	显示商品名称	ControlSource	商品.品名
			CurrentControl	Combo1
Column2.Header1	列标签		Caption	品名
Combo1	组合框	商品的下拉选单	ColumnCount	2
			BoundColumn	2
			CoumnLines	.F.
			ColumnWidth	60.0
			Style	2-下拉列表框
			RowSource	Select 品名，商品号 from 商品
			RowSourceType	3-SQL
			ControlSource	发票明细.商品号
Column4	列	显示售价列	BackColor	234 234 234
			ReadOnly	.T
Column5	列	显示金额	BackColor	234 234 234
			ReadOnly	.T
			Bound	.F.
			ControlSource	发票明细.数量*发票明细.售价
Column5.Header1	列标签		Caption	金额
Command1	命令按钮	添加明细项	Caption	添加明细项
Command2	命令按钮	删除明细项	Caption	删除明细项
Command3	命令按钮	保存	Caption	保存
Command4	命令按钮	取消	Caption	取消
Label1	标签	提示总金额	Caption	总金额
Text1	文本框	显示总金额	Value	0
			ReadOnly	.T.

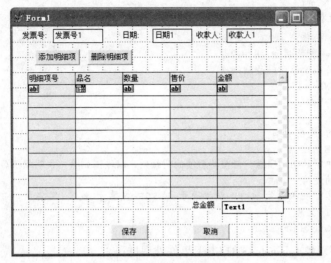

图 9-15 设计完成后的表单布局

（6）添加表单的 Init 事件处理过程。

```
APPEND BLANK
SELECT 发票明细
APPEND BLANK
REPLACE 发票号 WITH 发票.发票号,明细项号 WITH 1
SELECT 发票
```

（7）添加表单的 Refresh 方法。

```
* 通过Refresh方法计算发票的总金额
LOCAL LNSUM
SELECT 发票明细
SUM 发票明细.数量*发票明细.售价 FOR 发票号=发票.发票号 TO LNSUM
SELECT 发票
THISFORM.TEXT1.VALUE = LNSUM
```

（8）添加表格对象 Grid1 中 Column2 中组合框 Combo1 的 InteractiveChange 事件。

```
REPLACE 发票明细.商品号 WITH THIS.VALUE
GO  RECNO() IN 发票明细
REPLACE 发票明细.售价 WITH 商品.售价
THISFORM.REFRESH
```

（9）添加表格对象 Grid1 中 Column3 中文本框 Text1 的 LostFocus 事件。

```
THISFORM.REFRESH
```

（10）添加按钮对象 Command1 的 Click 事件处理过程。

```
LOCAL LNNO
SELECT 发票明细
*计算现有发票明细项的最大号,以确定新明细项号
CALC MAX(明细项号) FOR 发票号=THISFORM.发票号1.VALUE TO LNNO
APPEND BLANK
REPLACE 发票号 WITH 发票.发票号,明细项号 WITH LNNO + 1
SELECT 发票
THISFORM.REFRESH
```

（11）添加按钮对象 Command2 的 Click 事件处理过程。

```
LOCAL LNNO
LNNO = 发票明细.明细项号
*不允许删除最后一条明细项
IF LNNO<=1
    RETURN
ENDIF
SELECT 发票明细
DELETE
*删除中间的明细项后，修改其后续的明细项，以保证删除一条明细项后，在发票中的明细
*项号的连续
REPLACE 明细项号 WITH 明细项号-1 FOR 发票号=发票.发票号 AND 明细项号>LNNO
SELECT 发票
THISFORM.REFRESH
```

（12）添加按钮对象 Command3 的 Click 事件处理过程。

```
THISFORM.RELEASE
```

（13）添加按钮对象 Command4 的 Click 事件处理过程。

```
SELECT 发票明细
DELETE ALL FOR 发票号=发票.发票号
SELECT 发票
DELETE
THISFORM.RELESE
```

（14）运行测试，测试运行中的表单如图 9-16 所示。

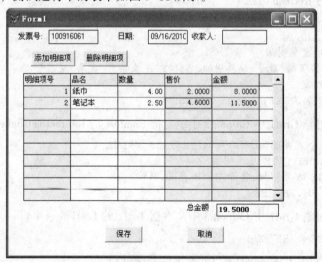

图 9-16 测试运行时的发票表单

7. 设计数据查询类表单

查询类表单是系统实现查询功能的主要组件，它包括"订单查询"、"发票查询"和"经营成果查询"。经营成果查询的设计过程可参考第 6 章的例 6.7 和例 6.8。发票查询与订单查询比较相似，其设计过程也是相同的。下面用例 9.2 说明订单查询的设计过程。

【例 9.2】设计一个订单查询表单，表单文件名为"订单查询.scx"。要求可根据用户设定的条

件进行查询。

在例 6.2 中已经设计出了订单查询表单，由于该表单还可以添加新订单和修改已有订单，为限制其添加和修改功能，因此还要对表单进行修改。

修改的步骤如下：

（1）将原来表单向导生成的命令按钮组 ButtonSet1 移动到表格对象下方，并设置其 Visible 属性为.F.，以避免用户使用该按钮组。在表单中添加一个命令按钮组 CmgQuery，以替代 ButtonSet1 的查询、记录浏览和退出这部分功能，从而达到对用户隐藏添加和修改功能，如图 9-17 所示。

图 9-17　设计时订单查询表单布局

（2）按图 6-30 所示，通过命令组生成器，将命令组的按钮数增加到 5 个，并分别设置其标题。

（3）编写命令按钮组 CmgQuery 的 Click 事件处理过程。它通过调用 ButtonSet1 的各个按钮的 Click 事件以完成其功能。

```
DO CASE
   CASE THIS.VALUE = 1
      THISFORM.BUTTONSET1.CMDTOP.CLICK
   CASE THIS.VALUE = 2
      THISFORM.BUTTONSET1.CMDPREV.CLICK
   CASE THIS.VALUE = 3
      THISFORM.BUTTONSET1.CMDNEXT.CLICK
   CASE THIS.VALUE = 4
      THISFORM.BUTTONSET1.CMDEND.CLICK
   CASE THIS.VALUE = 5
      THISFORM.BUTTONSET1.CMDFIND.CLICK
   CASE THIS.VALUE = 6
      THISFORM.BUTTONSET1.CMDEXIT.CLICK
ENDCASE
```

（4）测试运行，运行结果如图 9-18 所示。

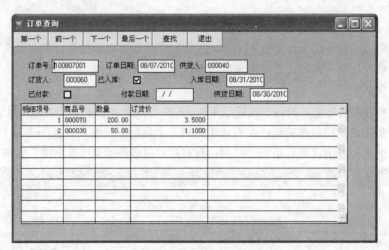

图 9-18 订单查询表单运行测试

9.3.3 商品进销存系统的连编、测试、发布

主程序设置完成后，就可以连编项目了，在商品进销存的项目管理器中单击"连编"按钮，在弹出的"连编选项"对话框中，选择"连编可执行文件"单选按钮，单击"确定"按钮，即可生成可执行文件。生成可执行程序后，必须对系统的所有功能经过运行测试。系统经测试并能保证可靠运行后，则可按 9.2.4 节所述步骤发布应用程序。在取得系统的安装程序，并交付给用户在实际的计算机系统上安装使用后，系统开发阶段的任务就完成了。

本 章 小 结

本章介绍了数据库应用系统开发的一般步骤，它包括需求分析、系统设计、数据库设计、系统实施、系统测试和运行维护几个阶段。同时根据 Visual FoxPro 的特点，介绍了 Visual FoxPro 应用程序的组成、组织管理，以及应用程序的联合调试与编译的操作。最后本章以商品进销存系统为例详细地介绍了应用系统的开发过程。

习　　题

一、简答题

1. 系统开发一般过程有哪些步骤？都分别完成什么任务？

2. 建立应用程序时，需要考虑哪些任务？

3. 简要说明项目管理器在系统开发时的作用。

4. 你在进行系统开发时遇到哪些问题？是如何解决的？

二、上机操作题

1. 请设计一个简单的图书管理系统，包括书籍的信息、学校在校学生的信息以及学生的借阅信息。完成书籍和学生的增加、删除和修改以及对学生借阅、续借、归还的确认。

2. 请为某空调机销售公司设计一个销售数据库系统，其公司的日常销售、收款和库存的数据和工作流程如下：

（1）公司进货时，在商品存入仓库前填写入库单。

（2）商品售出时，填写销售单并同时在库存中减去所售商品。

（3）收回已售商品的款项时，填写收款单。

因此，共有三种原始单据，其具体格式如下：

销 售 单

购货单位：			年 月 日			编号：	
商 品 来 源	商 品 名 称	单 位	数 量	单 价	金 额	备 注	

合计人民币大写	拾 万 仟 佰 拾 元 角 分

缴款人：

收 款 单

购货单位：					年 月 日						编号：	
商品来源	商品名称	单位	数量	售价	金额	收款状况	收款日期	收款单编号	实收金额	付款方式	进价	费用	备注

经手人：

入 库 单
编号：

日 期	商 品 来 源	商 品 名 称	数 量	单 价	金 额

经手人：

要求系统能实现以下功能：

（1）完成以上三种单据的记录。

（2）完成销售情况、收款情况、库存情况的查询。

（3）统计各商品的销售利润，并制表输出。

参 考 文 献

[1] 卢湘鸿. Visual FoxPro 6.0 数据库与程序设计[M]. 2 版. 北京：电子工业出版社，2007.

[2] 周山芙. 数据库程序设计教程：Visual FoxPro 6.0[M]. 2 版. 北京：中国人民大学出版社，2007.

[3] 教育部考试中心. 全国计算机等级考试二级教程：Visual FoxPro 数据库程序设计[M]. 2008 版. 北京：高等教育出版社，2007.

[4] 崔洪芳. Visual FoxPro 实用教程[M]. 北京：科学出版社，2003.

[5] 兰顺碧. Visual FoxPro 程序设计教程[M]. 北京：清华大学出版社，2006.